面向新工科普通高等教育系列教材

STM32 嵌入式系统设计与应用

李正军　李潇然　编著

机 械 工 业 出 版 社

本书以"新工科"教育理念为指导,以产教融合为突破口,结合最新技术,面向产业需求组织内容,从科研、教学和工程实际应用出发,理论联系实际,全面、系统地介绍了基于STM32F103系列微控制器的嵌入式系统设计与应用实例。

本书是作者在教学与科研实践经验的基础上,结合多年来STM32嵌入式系统的发展编写而成的。全书共11章,主要内容包括:绪论、STM32微控制器与最小系统设计、嵌入式开发环境的搭建、STM32通用输入/输出接口(GPIO)、STM32中断系统、STM32定时器系统、STM32通用同步/异步收发器(USART)、STM32 SPI控制器、STM32 I^2C 控制器、STM32模数转换器(ADC)、STM32 DMA控制器。

本书可作为高等院校自动化、机器人、自动检测、机电一体化、人工智能、电子与电气工程、计算机应用、信息工程、物联网等相关专业的本、专科学生及研究生教材,也可供从事STM32微控制器开发的工程技术人员参考。

为配合教学,本书配有教学用PPT、电子教案、课程教学大纲、试卷(含答案及评分标准)、习题参考答案等教学资源。需要的教师请登录机械工业出版社教育服务网(www.cmpedu.com),免费注册、审核通过后下载,或联系编辑索取(微信:13146070618;电话:010-88379739)。

图书在版编目(CIP)数据

STM32嵌入式系统设计与应用 / 李正军,李潇然编著. —北京:机械工业出版社,2023.5(2025.2重印)

面向新工科普通高等教育系列教材

ISBN 978-7-111-72886-3

Ⅰ. ①S… Ⅱ. ①李… ②李… Ⅲ. ①微控制器—高等学校—教材 Ⅳ. ①TP368.1

中国国家版本馆CIP数据核字(2023)第051085号

机械工业出版社(北京市百万庄大街22号 邮政编码100037)
策划编辑:李馨馨　　　　　责任编辑:李馨馨
责任校对:张爱妮　解　芳　　责任印制:刘　媛
北京中科印刷有限公司印刷

2025年2月第1版第4次印刷
184mm×260mm · 18.5印张 · 459千字
标准书号:ISBN 978-7-111-72886-3
定价:69.80元

近半个世纪以来，以计算机技术为代表的信息技术革命深刻地改变了人类社会的生产和生活方式。与人们"朝夕相处"的计算机也从传统意义上的 PC，依靠嵌入式系统衍生出手机、数字电视、无人机、工控设备等。伴随着物联网和人工智能等新兴交叉学科的兴起，具有信息收集、处理和联网功能且体积、成本严格可控的嵌入式系统，具有很强的实践性和综合性，是新工科教育最好的"试验田"。党的二十大报告指出："科技是第一生产力、人才是第一资源、创新是第一动力"。"新工科"作为人才培养的新理念、新模式，正成为我国大学教育的一种创新与探索。新工科教育要求全面落实"学生中心、成果导向、持续改进"的教育理念。作者正是在这一理念指导下，结合教学现状与需求编写了本书，希望为我国新工科教育略尽绵薄之力。

嵌入式系统的发展确实超乎人们的想象。从早期的 8 位单片机，到目前主流的 32 位单片机，嵌入式系统应用已渗透到生产、生活的各个方面。作为 ARM 单片机的一个典型系列，STM32 微控制器以其较高的性能和优越的性价比，毫无疑问地成为 32 位单片机市场的主流。把 STM32 微控制器引入大学的培养体系，已经成为高校的共识和共同实践。

ARM 公司基于市场需求率先推出了一款基于 ARMV7 架构的 32 位 ARM Cortex-M 微控制器内核。Cortex-M 系列内核支持两种运行模式，即线程模式（Thread Mode）与处理模式（Handler Mode），这两种模式都有各自独立的堆栈，使得内核更加支持实时操作系统。并且 Cortex-M 系列内核支持 Thumb-2 指令集，因此基于 Cortex-M 系列内核的微控制器的开发和应用可以在 C 语言环境中完成。

Cortex-M 系列内核诞生之后，意法半导体（ST）公司积极应对当今嵌入式产品市场的新要求和新挑战，推出了基于 Cortex-M 系列内核的 STM32 微控制器。它具有出色的微控制器内核和完善的系统结构设计，且具有易于开发、性能高、兼容性好、功耗低、实时处理能力和数字信号处理能力强等优点，这使得 STM32 微控制器一经上市就迅速占领了中低端微控制器市场。

本书以 ST 公司的基于 32 位 ARM 内核的 STM32F103 为背景机型，介绍嵌入式系统的原理与应用。

本书的特点包括以下几点：

1）基于流行的 STM32F103 系列微控制器介绍嵌入式系统的设计与应用。

2）内容精练、图文并茂、循序渐进、重点突出。

3）不介绍烦琐的 STM32 寄存器，重点讲述 STM32 库函数。

4）以理论为基础，以应用为主导，章节内容前后安排逻辑性强、层次分明、易教易学。

5）结合国内主流硬件开发板即正点原子 STM32F103（战舰），书中给出了各个外设模块的硬件设计和软件设计实例，其代码均在开发板上调试通过，并可通过 TFTLCD 或串口调试助手查看调试结果，可以很好地锻炼学生的硬件理解能力和软件编程能力，起到举一反三的效果。

本书共 11 章。第 1 章对嵌入式系统进行了概述，介绍了嵌入式系统的组成、嵌入式系统的软件、嵌入式系统的分类、嵌入式系统的应用领域、嵌入式系统的体系、嵌入式处理器分类、ARM 嵌入式微处理器、ARM Cortex-M3 处理器的调试、嵌入式系统的设计方法和嵌入式系统的发展；第 2 章对 STM32 微控制器与最小系统设计进行了概述，介绍了 STM32F1 系列产品系统架构和 STM32F103ZET6 内部架构、STM32F103ZET6 的存储器映像、STM32F103ZET6 的时钟结构、STM32F103VET6 的引脚、STM32F103VET6 最小系统设计和学习 STM32 微控制器的方法；第 3 章介绍了嵌入式开发环境的搭建，包括 Keil MDK5 安装配置、Keil MDK 下新工程的创建、J-Link 驱动安装、Keil MDK5 调试方法、Cortex-M3 微控制器软件接口标准（CMSIS）、STM32F103 开发板的选择和 STM32 仿真器的选择；第 4 章介绍了 STM32 通用输入/输出接口（GPIO），包括通用输入/输出接口概述、GPIO 的功能、GPIO 常用库函数、GPIO 使用流程、GPIO 按键输入应用实例和 GPIO LED 输出应用实例；第 5 章介绍了 STM32 中断系统，包括中断的基本概念、STM32F103 中断系统、STM32F103 外部中断/事件控制器（EXTI）、STM32F10x 的中断系统库函数、外部中断设计流程和外部中断设计实例；第 6 章介绍了 STM32 定时器系统，包括 STM32F103 定时器概述、基本定时器、通用定时器、高级定时器、定时器库函数、定时器应用实例和系统滴答定时器（SysTick）；第 7 章介绍了 STM32 通用同步/异步收发器（USART），包括串行通信基础、USART 工作原理、USART 库函数和 USART 串行通信应用实例；第 8 章介绍了 STM32 SPI 控制器，包括 STM32 的 SPI 通信原理、STM32F103 的 SPI 工作原理、SPI 库函数、SPI 串行总线应用实例；第 9 章介绍了 STM32 I²C 控制器，包括 I²C 通信原理、STM32F103 的 I²C 接口、STM32F103 的 I²C 库函数和 I²C 控制器应用实例；第 10 章介绍了 STM32 模数转换器（ADC），包括模拟量输入通道、模拟量输入信号类型与量程自动转换、STM32F103ZET6 集成的 ADC 模块、ADC 库函数和模数转换器（ADC）应用实例；第 11 章介绍了 STM32 DMA 控制器，包括 STM32 DMA 的基本概念、DMA 的结构和主要特征、DMA 的功能描述、DMA 库函数和 DMA 应用实例。

本书结合作者多年的科研和教学经验，遵循循序渐进、理论与实践并重、共性与个性兼顾的原则，将理论实践一体化的思想融入其中。书中实例开发过程用到的是目前使用最广泛的开发板，由此开发各种功能，对书中实例均进行了调试。读者也可以结合实际或者自有开发板开展实验，均能获得实验结果。实例由浅入深，层层递进，在帮助读者快速掌握某一外设功能的同时，有效融合其他外部设备，如按键、LED 显示、USART 串行通信、模数转换器和各类传感器等设计嵌入式系统，体现了学习的系统性。

由于水平有限，加上时间仓促，书中错误和不妥之处在所难免，敬请广大读者不吝指正。

作　者

目 录

第 1 章 绪 论

本章对嵌入式系统进行了概述，介绍了嵌入式系统的组成、嵌入式系统的软件、嵌入式系统的分类、嵌入式系统的应用领域、嵌入式系统的体系、嵌入式处理器分类、ARM 嵌入式微处理器、ARM Cortex-M3 处理器的调试、嵌入式系统的设计方法和嵌入式系统的发展。

1.1 嵌入式系统

随着计算机技术的不断发展，计算机的处理速度越来越快，存储容量越来越大，外围设备的性能越来越好，满足了人们对高速数值计算和海量数据处理的需要，形成了高性能的通用计算机系统。

以往按照体系结构、运算速度、结构规模和适用领域，计算机被分为大型机、中型机、小型机和微型机，并以此来组织学科和产业分工，这种分类沿袭了约 40 年。近 20 年来，随着计算机技术的迅速发展，以及计算机技术和产品对其他行业的广泛渗透，以应用为中心的分类方法变得更为切合实际。所以，嵌入式系统应运而生。

美国电气电子工程师学会（IEEE）对嵌入式系统（Embedded System）的定义是"用于控制、监视或者辅助操作机械和设备运行的装置"（原文为 "Devices used to control, monitor, or assist the operation of equipment, machinery or plants."）。这主要是从应用上加以定义的，从中可以看出嵌入式系统是软件和硬件的综合体，还可以涵盖机械等附属装置。

国内普遍认同的嵌入式系统定义是，以计算机技术为基础，以应用为中心，软件、硬件可剪裁，符合应用系统对功能可靠性、成本、体积和功耗严格要求的专业计算机系统。在构成上，嵌入式系统以微控制器及软件为核心部件，两者缺一不可；在特征上，嵌入式系统具有方便、灵活地嵌入其他应用系统的特征，即具有很强的可嵌入性。

按嵌入式微控制器类型划分，嵌入式系统可分为以单片机为核心的嵌入式单片机系统、以工业计算机主机板为核心的嵌入式计算机系统、以 DSP 为核心组成的嵌入式数字信号处理器系统、以 FPGA 为核心的嵌入式 SOPC（System on a Programmable Chip，可编程片上系统）等。

嵌入式系统在含义上与传统的单片机系统和计算机系统有很多重叠部分。为了方便区分，在实际应用中，嵌入式系统还应该具备以下三个特征：

1）嵌入式系统的微控制器通常是由 32 位及以上的 RISC（Reduced Instruction Set

Computer，精简指令集计算机）处理器组成的。

2）嵌入式系统的软件系统通常以嵌入式操作系统为核心，外加用户应用程序。

3）嵌入式系统具有明显的可嵌入性。

1.1.1 嵌入式系统概述

嵌入式系统的发展大致经历了以下三个阶段：

1）以嵌入式微控制器为基础的初级嵌入式系统。

2）以嵌入式操作系统为基础的中级嵌入式系统。

3）以 Internet 和 RTOS 为基础的高级嵌入式系统。

嵌入式技术与 Internet 技术的结合正在推动着嵌入式系统的飞速发展，为嵌入式系统市场展现出了美好的前景，也对嵌入式系统的生产厂商提出了新的挑战。

通用计算机具有计算机的标准形式，通过装配不同的应用软件，应用在社会的各个方面。在办公室、家庭中广泛使用的个人计算机（PC）就是通用计算机最典型的代表。而嵌入式计算机则是以嵌入式系统的形式隐藏在各种装置、产品和系统中。在许多应用领域，如工业控制、智能仪器仪表、家用电器和电子通信设备等，对计算机系统的应用有着不同的要求。主要要求如下。

1）能面向控制对象，例如面向物理量传感器的信号输入，面向人机交互的操作控制，面向对象的伺服驱动和控制。

2）可嵌入应用系统中。由于体积小，功耗低，价格低廉，可方便地嵌入应用系统和电子产品中。

3）能在工业现场环境中长时间可靠运行。

4）控制功能优良，对外部的各种模拟和数字信号能及时地捕捉，对多种不同的控制对象能灵活地进行实时控制。

可以看出，满足上述要求的计算机系统与通用计算机系统是不同的。换句话讲，能够满足和适合以上这些应用的计算机系统与通用计算机系统在应用目标上有巨大的差异。一般将具备高速计算能力和海量存储，用于高速数值计算和海量数据处理的计算机系统称为通用计算机系统。而将面向工控领域对象，嵌入各种控制应用系统、各类电子系统和电子产品中，实现嵌入式应用的计算机系统称为嵌入式计算机系统，简称嵌入式系统。

嵌入式系统将应用程序和操作系统与计算机硬件集成在一起，简单地讲，就是将系统的应用软件与系统的硬件一体化。这种系统具有软件代码小、高度自动化、响应速度快等特点，特别适用于面向对象的要求实时和多任务的应用。

特定的环境和特定的功能要求嵌入式系统与所嵌入的应用环境成为一个统一的整体，并且往往要满足紧凑、可靠性高、实时性好及功耗低等技术要求。面向具体应用的嵌入式系统，以及系统的设计方法和开发技术，构成了当今嵌入式系统的重要内涵，也是嵌入式系统发展成为一个相对独立的计算机研究和学习领域的原因。

1.1.2 嵌入式系统和通用计算机系统的比较

作为计算机系统的不同分支，嵌入式系统和人们熟悉的通用计算机系统既有共性也有差异。

1．嵌入式系统和通用计算机系统的共同点

嵌入式系统和通用计算机系统都属于计算机系统，都是由硬件和软件构成的，且工作原理相同，都是存储程序机制。从硬件上看，嵌入式系统和通用计算机系统都由 CPU、存储器、I/O 接口和中断系统等部件组成；从软件上看，嵌入式系统软件和通用计算机软件都可以划分为系统软件和应用软件两类。

2．嵌入式系统和通用计算机系统的不同点

作为计算机系统的一个新兴分支，嵌入式系统与人们熟悉和常用的通用计算机系统相比在以下方面存在差异。

1）形态。通用计算机系统具有基本相同的外形（如主机、显示器、鼠标和键盘等）并且独立存在；而嵌入式系统通常安装在某个具体产品或设备（也称为宿主对象，如空调、洗衣机、数字机顶盒等）中，它的形态会随着产品或设备的不同而不同。

2）功能。通用计算机系统一般具有通用而复杂的功能，任意一台通用计算机都具有文档编辑、影音播放、娱乐游戏、浏览网页和通信聊天等通用功能；而嵌入式系统嵌入在某个宿主对象中，功能由宿主对象决定，具有专用性，通常是为某个应用而量身定做的。

3）功耗。目前，通用计算机系统的功耗一般为 200W 左右；而许多嵌入式系统的宿主对象通常是小型移动应用系统，如手机、MP3 和智能手环等，这些设备不可能配置容量较大的电源，因此低功耗一直是嵌入式系统追求的目标，如日常生活中使用的智能手机，其待机功率为 100～200mW，即使在通话时功率也只有 4～5W。

4）资源。通用计算机系统通常拥有大而全的资源（如鼠标、键盘、硬盘、内存条和显示器等）；而嵌入式系统受限于嵌入的宿主对象，通常要求小型化和低功耗，其软硬件资源受到严格的限制。

5）价值。通用计算机系统的价值体现在"计算"和"存储"上，计算能力（处理器的字长和主频等）和存储能力（内存和硬盘的大小及读取速度等）是通用计算机的通用评价指标；而嵌入式系统往往嵌入某个设备或产品中，其价值一般不取决于其内嵌的处理器性能，而体现在它所嵌入和控制的设备。如一台智能洗衣机的性能往往用洗净比、洗涤容量和脱水转速等衡量，而不以其内嵌的微控制器的运算速度和存储容量等衡量。

1.1.3　嵌入式系统的发展方向

通过嵌入式系统的定义和嵌入式系统与通用计算机系统的比较，可以看出嵌入式系统具有以下特点。

1．专用性强

嵌入式系统通常是针对某种特定的应用场景，与具体应用密切相关，其硬件和软件都是面向特定产品或任务而设计的。不但一种产品中的嵌入式系统不能应用到另一种产品中，甚至同一款嵌入式系统都不能嵌入同一种产品的不同系列。例如，洗衣机的控制系统不能应用到洗碗机中，不同型号洗衣机中的控制系统也不能相互替换，因此嵌入式系统具有很强的专用性。

2．可裁剪性

受限于体积、功耗和成本等因素，嵌入式系统的硬件和软件必须高效率地设计，根据实际应用需求量体裁衣，去除冗余，使系统在满足应用要求的前提下达到最精简的配置。

3．实时性好

许多嵌入式系统应用于宿主对象的数据采集、传输与控制过程时，普遍要求具有较好的实时性。例如，现代汽车中的制动器、安全气囊控制系统、武器装备中的控制系统及某些工业装置中的控制系统等，这些应用对实时性有着极高的要求，一旦达不到应有的实时性，就有可能造成极其严重的后果。另外，虽然有些系统本身的运行对实时性要求不是很高，但实时性也会对用户体验产生影响，例如，需要避免人机交互和遥控反应迟钝等情况。

4．可靠性高

嵌入式系统的应用场景多种多样，面对复杂的应用环境，嵌入式系统应能够长时间稳定可靠地运行。

5．体积小、功耗低

由于嵌入式系统要嵌入具体的应用对象体中，其体积大小受限于宿主对象，因此往往对体积有着严格的要求，例如：心脏起搏器的大小就像一粒胶囊；2020 年 8 月，埃隆·马斯克发布的拥有 1024 个信道的 Neuralink 脑机接口只有一枚硬币大小。同时，由于嵌入式系统应用在移动设备、可穿戴设备以及无人机、人造卫星等设备中，不可能配置交流电源或大容量的电池，因此低功耗也是嵌入式系统所追求的一个重要指标。

6．注重制造成本

与其他商品一样，制造成本会对嵌入式系统设备或产品在市场上的竞争力产生很大的影响。同时嵌入式系统产品通常会大量生产，例如现在的消费类嵌入式系统产品，通常的年产量会在百万数量级、千万数量级甚至亿数量级。节约单个产品的制造成本，意味着总制造成本的节约，会产生可观的经济效益。因此，注重嵌入式系统硬件和软件的高效设计，量体裁衣、去除冗余，在满足应用需求的前提下有效降低单个产品的制造成本，也成为嵌入式系统所追求的重要目标之一。

7．生命周期长

随着计算机技术的飞速发展，像桌面计算机、笔记本计算机以及智能手机这样的通用计算机系统的更新换代速度大大加快，更新周期通常为 18 个月左右。然而嵌入式系统和实际具体应用装置或系统紧密结合，一般会伴随具体嵌入产品维持 8～10 年相对较长的使用时间，其升级换代往往是和宿主对象系统同步进行的。因此，相较于通用计算机系统而言，嵌入式系统产品一旦进入市场，不会像通用计算机系统那样频繁更新换代，通常具有较长的生命周期。

8．市场广阔

而嵌入式系统是将先进的计算机技术、半导体电子技术和网络通信技术与各个行业的具体应用相结合的产物，拥有更为广阔和多样化的应用市场，行业细分市场极其宽泛，这一点就决定了嵌入式系统必然是一个技术密集、资金密集、高度分散和不断创新的知识集成系统。特别是 5G 技术、物联网技术以及人工智能技术与嵌入式系统的快速融合，催生了嵌入式系统创新产品的不断涌现，没有一家企业能够形成对嵌入式系统市场的垄断，给嵌入式系统产品的设计研发提供了广阔的市场空间。

1.2 嵌入式系统的组成

嵌入式系统是一个在功能、可靠性、成本、体积和功耗等方面有严格要求的专用计算机系统，具有计算机系统组成结构的共性。从总体上看，嵌入式系统的核心部分由嵌入式硬件和嵌入式软件组成，而从层次结构上看，嵌入式系统可划分为硬件层、驱动层、操作系统层以及应用层四个层次，如图 1-1 所示。

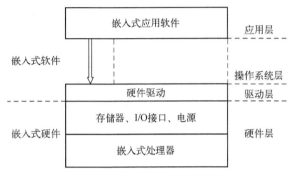

图 1-1　嵌入式系统的组成结构

1. 嵌入式硬件

嵌入式硬件（硬件层）是嵌入式系统的物理基础，主要包括嵌入式处理器、存储器、I/O（输入/输出）接口及电源等。其中，嵌入式处理器是嵌入式系统的硬件核心，通常可分为嵌入式微处理器、嵌入式微控制器、嵌入式数字信号处理器以及嵌入式片上系统等类型。

1）存储器是嵌入式硬件的基本组成部分，包括 RAM、Flash、EEPROM 等主要类型，承担着存储嵌入式系统程序和数据的任务。目前的嵌入式处理器中已经集成了较为丰富的存储器资源，同时也可通过 I/O 接口在嵌入式处理器外部扩展存储器。

2）I/O 接口是嵌入式系统对外联系的纽带，负责与外部世界进行信息交换。I/O 接口主要包括数字接口和模拟接口两大类，其中数字接口又可分为并行接口和串行接口，模拟接口包括模数转换器（ADC）和数模转换器（DAC）。并行接口可以实现数据的所有位同时并行传送，传输速度快，但通信线路复杂，传输距离短。串行接口则采用数据位一位位顺序传送的方式，通信线路简单，传输距离远，但传输速度相对较慢。常用的串行接口有通用同步/异步收发器（USART）接口、串行外设接口（SPI）、芯片间总线（I^2C）接口以及控制器局域网络（CAN）接口等，实际应用时可根据需要选择不同的接口类型。I/O 接口主要包括人机交互设备（按键、显示器件等）和机机交互设备（传感器、执行器等），可根据实际应用需求来选择所需的设备类型。

3）嵌入式处理器是一种在嵌入式系统中使用的微处理器。从体系结构来看，与通用CPU 一样，嵌入式处理器也分为冯·诺依曼（von Neumann）结构的嵌入式处理器和哈佛（Harvard）结构的嵌入式处理器。冯·诺依曼结构是一种将内部程序空间和数据空间合并在一起的结构，程序指令和数据的存储地址指向同一个存储器的不同物理位置，程序指令和数据的宽度相同，取指令和取操作数通过同一条总线分时进行。大部分通用处理器采用的是冯·诺依曼结构，如 Intel 8086，也有不少嵌入式处理器采用冯·诺依曼结构，如 ARM7、MIPS 和 PIC16 等。哈佛结构是一种将程序空间和数据空间分开在不同的存储器中的结构，每个空间的存储器独立编址，独立访问，设置了与两个空间存储器相对应的两套地址总线和数据总线，取指令和取操作数能够重叠进行，数据的吞吐率提高了一倍，同时指令和数据可以有不同的数据宽度。大多数嵌入式处理器采用了哈佛结构或改进的哈佛结构，如 Intel 8051、Atmel AVR、ARM9、ARM10、ARM11 和 ARM Cortex-M3 等系列嵌入式处理器。

2. 嵌入式软件

嵌入式软件运行在嵌入式硬件平台之上，指挥嵌入式硬件完成嵌入式系统的特定功能。嵌入式软件可包括硬件驱动（驱动层）、嵌入式操作系统（操作系统层）以及嵌入式应用软件（应用层）三个层次。另外，有些系统包含中间层，中间层也称为硬件抽象层（Hardware Abstract Layer，HAL）或板级支持包（Board Support Package，BSP），对于底层硬件，它主要负责相关硬件设备的驱动；而对上层的嵌入式操作系统或应用软件，它提供了操作和控制硬件的规则与方法。嵌入式操作系统（操作系统层）是可选的，简单的嵌入式系统无须嵌入式操作系统的支持，由应用层软件通过驱动层直接控制硬件层完成所需功能，也称为"裸金属"（Bare-Metal）运行。对于复杂的嵌入式系统而言，应用层软件通常需要在嵌入式操作系统内核以及文件系统、图形用户界面、通信协议栈等系统组件的支持下，完成复杂的数据管理、人机交互以及网络通信等功能。

从指令集的角度看，嵌入式处理器也有复杂指令集（Complex Instruction Set Computer，CISC）和精简指令集（Reduced Instruction Set Computer，RISC）两种指令集架构。早期的处理器全部采用的是 CISC 架构，它的设计动机是要用最少的机器语言指令来完成所需的计算任务。为了提高程序的运行速度和软件编程的方便性，CISC 处理器不断增加可实现复杂功能的指令和多种灵活的寻址方式，使处理器所含的指令数目越来越多。然而指令数量越多，完成微操作所需的逻辑电路就越多，芯片的结构就越复杂，元器件成本也相应越高。相比之下，RISC 架构是一套优化过的指令集架构，可以从根本上快速提高处理器的执行效率。在 RISC 处理器中，每一个机器周期都在执行指令，无论简单还是复杂的操作，均由简单指令的程序块完成。由于指令高度简约，RISC 处理器的晶体管规模普遍都很小而且性能强大。因此，继 IBM 公司推出 RISC 架构和处理器产品后，众多厂商纷纷开发出自己的RISC 系统，并推出自己的 RISC 架构处理器，如 DEC 公司的 Alpha、SUN 公司的 SPARC、HP 公司的 PA-RISC、MIPS 公司的 MIPS、ARM 公司的 ARM 等。RISC 处理器被广泛应用于消费电子产品、工业控制计算机和各类嵌入式设备中。RISC 处理器的热潮出现在 RISC-V 开源指令集架构推出后，涌现出了各种基于 RISC-V 架构的嵌入式处理器，国外的有 SiFive 公司的 U54-MC Coreplex、GreenWaves Technologies 公司的 GAP8、Western Digital 公司的 SweRV EH1，国内的有睿思芯科（深圳）技术有限公司的 Pygmy、芯来科技（武汉）有限公司的 Hummingbird（蜂鸟）E203、晶心科技（武汉）有限公司的 AndeStar V5 和 AndesCore N22，以及平头哥半导体有限公司的玄铁 910 等。

1.3　嵌入式系统的软件

　　嵌入式系统的软件（以下简称嵌入式软件）一般固化于嵌入式存储器中，是嵌入式系统的控制核心，控制着嵌入式系统的运行，实现嵌入式系统的功能。由此可见，嵌入式软件在很大程度上决定了整个嵌入式系统的价值。

1.3.1　嵌入式软件的分类

　　从软件结构上划分，嵌入式软件分为无操作系统和带操作系统两种。

1．无操作系统的嵌入式软件

　　对于通用计算机系统，操作系统是整个软件的核心，不可或缺；然而对于嵌入式系统，由于其专用性，在某些情况下无需配备操作系统。尤其在嵌入式系统发展的初期，由于较低的硬件配置、单一的功能需求以及有限的应用领域（主要集中在工业控制和国防军事领域），嵌入式软件的规模通常较小，没有专门的操作系统。

图 1-2　无操作系统的嵌入式软件结构

　　在组成结构上，无操作系统的嵌入式软件仅由引导程序和应用程序两部分组成，如图 1-2 所示。引导程序一般由汇编语言编写，在嵌入式系统上电后运行，完成自检、存储映射、时钟系统和外设接口配置等一系列硬件初始化操作。应用程序一般由 C 语言编写，直接架构在硬件之上，在引导程序之后运行，负责实现嵌入式系统的主要功能。

2．带操作系统的嵌入式软件

　　随着嵌入式应用在各个领域的普及和深入，嵌入式系统向多样化、智能化和网络化发展，对功能、实时性、可靠性和可移植性等方面的要求越来越高，使得嵌入式软件日趋复杂，越来越多地采用"嵌入式操作系统+应用软件"的模式。相比无操作系统的嵌入式软件，带操作系统的嵌入式软件规模较大，其应用软件架构于嵌入式操作系统上，而非直接面对嵌入式硬件，可靠性高，开发周期短，易于移植和扩展，适用于功能复杂的嵌入式系统。

　　带操作系统的嵌入式软件的体系结构如图 1-3 所示，自下而上包括设备驱动层、操作系统层和应用软件层。

图 1-3　带操作系统的嵌入式软件体系结构

1.3.2　嵌入式操作系统的分类

　　按照嵌入式操作系统对任务响应的实时性来分类，嵌入式操作系统可以分为嵌入式非实时操作系统和嵌入式实时操作系统（RTOS），这两类操作系统的主要区别在于任务调度处理方式不同。

1. 嵌入式非实时操作系统

嵌入式非实时操作系统主要面向消费类产品应用领域。大部分嵌入式非实时操作系统都支持多用户和多进程，负责管理众多的进程并为它们分配系统资源，属于不可抢占式操作系统。嵌入式非实时操作系统尽量缩短系统的平均响应时间并提高系统的吞吐率，在单位时间内为尽可能多的用户请求提供服务，注重平均表现性能，不关心个体表现性能。例如，对于整个系统来说，嵌入式非实时操作系统注重所有任务的平均响应时间，而不关心单个任务的响应时间；对于某个单个任务来说，嵌入式非实时操作系统注重每次执行的平均响应时间，而不关心某次特定执行的响应时间。典型的非实时操作系统有 Linux、iOS 等。

2. 嵌入式实时操作系统

嵌入式实时操作系统主要面向控制、通信等领域，除了要满足应用的功能需求，还要满足应用提出的实时性要求，属于抢占式操作系统。嵌入式实时操作系统能及时响应外部事件的请求，并以足够快的速度予以处理，其处理结果能在规定的时间内控制、监控生产过程或对处理系统做出快速响应，并控制所有任务协调、一致地运行。因此，嵌入式实时操作系统采用各种算法和策略，始终保证系统行为的可预测性。这要求在系统运行的任何时刻、任何情况下，嵌入式实时操作系统的资源调配策略都能为争夺资源（包括 CPU、内存、网络带宽等）的多个实时任务合理地分配资源，使每个实时任务的实时性要求都能得到满足。嵌入式实时操作系统总是执行当前优先级最高的进程，直至结束执行，中间的时间可以通过 CPU 频率等推算出来。由于虚存技术访问时间的不可确定性，在嵌入式实时操作系统中一般不采用标准的虚存技术。典型的嵌入式实时操作系统有 VxWorks、μC/OS-III、QNX、FreeRTOS、eCOS、RTX 及 RT-Thread 等。

1.3.3 嵌入式实时操作系统的功能

嵌入式实时操作系统满足了实时控制和实时信息处理领域的需要，在嵌入式领域的应用十分广泛，可用于实时内核、内存管理、文件系统、图形接口和网络组件等。在不同的应用中，可对嵌入式实时操作系统进行剪裁和重新配置。一般来讲，嵌入式实时操作系统需要完成以下管理功能。

1. 任务管理

任务管理是嵌入式实时操作系统的核心和灵魂，它决定了操作系统的实时性能。任务管理通常包含优先级设置、多任务调度机制和时间确定性等部分。

嵌入式实时操作系统支持多个任务，每个任务都具有优先级，任务越重要，被赋予的优先级越高。优先级的设置分为静态优先级和动态优先级两种。静态优先级指的是每个任务在运行前都被赋予一个优先级，而且这个优先级在系统运行期间是不能改变的；动态优先级则是指每个任务的优先级（特别是应用程序的优先级）在系统运行时可以动态地改变。任务调度主要是协调任务对计算机系统资源的争夺使用，任务调度直接影响到系统的实时性能，一般采用基于优先级抢占式调度。系统中每个任务都有一个优先级，内核总是将 CPU 分配给就绪态队列中优先级最高的任务运行。如果系统发现就绪队列中有比当前运行任务更高的优先级任务，就会把当前运行任务置于就绪队列，调入高优先级任务运行。系统采用优先级抢占方式进行调度，可以保证重要的突发事件得到及时处理。嵌入式实时操作系统调用的任务与服务的执行时间应具有可确定性，系统服务的执行时间不依赖于应用程序任务的多少，因此，系统完成某个确定任务的时间是可预测的。

2. 任务同步与通信机制

实时操作系统的功能一般要通过若干任务和中断服务程序共同完成。任务与任务之间、任务与中断之间、任务与中断服务程序之间必须协调动作、互相配合，这就涉及任务间的同步与通信问题。嵌入式实时操作系统通常是通过信号量、互斥信号量、事件标志和异步信号来实现任务同步的，是通过消息邮箱、消息队列、管道和共享内存来提供通信服务的。

3. 内存管理

通常在操作系统的内存中既有系统程序也有用户程序，为了使两者都能正常运行，避免程序间相互干扰，需要对内存中的程序和数据进行保护。存储保护通常需要硬件支持，很多系统采用内存管理单元（Memory Management Unit，MMU）并结合软件实现这一功能。但由于嵌入式系统的成本限制，内核和用户程序通常都在相同的内存空间中。内存分配方式可分为静态分配和动态分配。静态分配是在程序运行前一次性分配给相应内存，并且在程序运行期间不允许再申请或在内存中移动；动态分配则允许在程序运行的整个过程中进行内存分配。静态分配使系统失去了灵活性，但对实时性要求比较高的系统是必需的；而动态分配赋予了系统设计者更多自主性，系统设计者可以灵活地调整系统的功能。

4. 中断管理

中断管理是实时系统中一个很重要的部分，系统经常通过中断与外部事件交互。评估系统的中断管理性能主要考虑的是是否支持中断嵌套、中断处理、中断延时等。中断管理在整个运行系统中优先级最高，它可以抢占任何任务级代码运行，是多任务环境运行的基础，是系统实时性的保证。

1.3.4 典型嵌入式操作系统

使用嵌入式操作系统主要是为了有效地对嵌入式系统的软硬件资源进行分配、任务调度切换、中断处理，以及控制和协调资源与任务的并发活动。由于 C 语言可以更好地对硬件资源进行控制，嵌入式操作系统通常采用 C 语言来编写。当然，为了获得更快的响应速度，有时也需要采用汇编语言来编写一部分代码或模块，以达到优化的目的。嵌入式操作系统与通用操作系统相比在两个方面有很大的区别：一方面，通用操作系统为用户创建了一个操作环境，在这个环境中，用户可以和计算机交互，执行各种各样的任务；而嵌入式系统一般只是执行有限类型的特定任务，并且一般不需要用户干预。另一方面，在大多数嵌入式操作系统中，应用程序通常作为操作系统的一部分内置于操作系统中，随同操作系统启动时自动在 ROM 或 Flash 中运行；而在通用操作系统中，应用程序一般是由用户来选择加载到 RAM 中运行的。

随着嵌入式技术的快速发展，国内外先后问世了多种嵌入式操作系统，较为常见的国外嵌入式操作系统有 μC/OS、FreeRTOS、嵌入式 Linux、VxWorks、QNX、RTX、Windows

CE 和 Android 等。虽然国产嵌入式操作系统发展相对滞后，但在物联网技术与应用的强劲推动下，国内厂商也纷纷推出了多种嵌入式操作系统，并得到了日益广泛的应用。目前较为常见的国产嵌入式操作系统有华为 Lite OS、华为 Harmony OS（鸿蒙 OS）、阿里 AliOS Things、翼辉 SylixOS、睿赛德 RT-Thread 等。

1. 华为 Lite OS

Lite OS 是华为技术有限公司（简称华为）于 2015 年 5 月发布的轻量级物联网操作系统，遵循 BSD-3 开源许可协议，最新版本是 1.1.0。其内核包括任务管理、内存管理、时间管理、通信机制、中断管理、队列管理、事件管理、定时器和异常管理等操作系统的基础组件，组件均可以单独运行，另外还提供了软件开发工具包 Lite OS SDK。目前 Lite OS 支持 ARM Cortex-M0/M3/M4/M7 等芯片架构，适配了包括 ST、NXP、GD、MindMotion、Silicon、Atmel 等主流开发商的开发板，具备"零配置""自发现""自组网"的能力。

Lite OS 的特点主要包括：

1）高实时性、高稳定性。

2）超小内核，基础内核体积可以裁剪至不到 10KB。

3）低功耗，最低功耗可在 μW 级。

4）支持动态加载和分散加载。

5）支持功能静态裁剪。

6）开发门槛低，设备布置以及维护成本低，开发周期短，可广泛应用于智能家居、个人穿戴设备、车联网、城市公共服务和制造业等领域。

2. 华为 Harmony OS

Harmony OS 是华为推出的基于微内核的全场景分布式操作系统，2019 年推出 Harmony OS 1.0 版本，2020 年 9 月升级到 2.0 版本。Harmony OS 采用了微内核设计，通过简化内核功能，使内核只提供多进程调度和多进程通信等最基础的服务，而让内核之外的用户态尽可能多地实现系统服务，同时添加了相互之间的安全保护，拥有更强的安全特性和更低的时延。Harmony OS 使用确定时延引擎和高性能的进程间通信（IPC）两大技术来解决现有系统性能不足的问题。其确定时延引擎可在任务执行前分配任务执行优先级及时限，优先级高的任务资源将优先保障调度，同时微内核结构小巧的特性使 IPC 性能大大提高。Harmony OS 的"分布式 OS 架构"和"分布式软总线技术"具备公共通信平台、分布式数据管理、分布式能力调度和虚拟外设四大能力，能够将分布式应用底层技术的实现难度对应用开发者进行屏蔽，使开发者能够聚焦于自身业务逻辑，像开发同一终端应用那样开发跨终端分布式应用，实现跨终端的无缝协同。Harmony OS 2.0 已在智慧屏、PC、手表/智能手环和手机上获得应用，并将覆盖到音箱、耳机以及 VR 眼镜等应用产品中。

3. 阿里 AliOS Things

AliOS Things 是阿里巴巴集团控股有限公司（简称阿里巴巴）面向物联网领域推出的轻量级物联网嵌入式操作系统，2017 年 11 月发布 1.1.0 版本，2020 年 4 月迭代到 3.1.0 版本。除操作系统内核外，AliOS Things 包含了硬件抽象层、板级支持包、协议栈、中间件、AOS API 以及应用示例等组件，支持各种主流的 CPU 架构，包括 ARM Cortex-M0+/M3/

M4/M7/A7/A53/A72、RISC-V、C-SKY、MIPS-I 和 Renesas 等。AliOS Things 采用了阿里巴巴自主研发的高效实时嵌入式操作系统内核,该内核与应用在内存及硬件的使用上进行严格隔离,在保证系统安全性的同时,具备极致性能,如极简开发、云端一体、丰富组件和安全防护等关键能力。AliOS Things 支持终端设备到阿里云 Link 的连接,可广泛应用在智能家居、智慧城市、智能出行等领域,正在成长为国产自主可控、云端一体化的新型物联网嵌入式操作系统。目前,AliOS Things 已应用于互联网汽车、智能电视、手机和手表等不同终端,正在逐步形成强大的阿里云 IoT 生态。

4. 翼辉 SylixOS

SylixOS 是由北京翼辉信息技术有限公司推出的开源嵌入式实时操作系统。从 2006 年开始研发,经过多年的持续开发与改进,已成为一个功能全面、稳定可靠、易于开发的大型嵌入式实时操作系统平台。SylixOS 采用小巧的硬实时内核,支持 256 个优先级抢占式调度和优先级继承,支持虚拟进程和无限多任务数,调度算法先进、高效、性能强劲。目前已支持 ARM、MIPS、PowerPC、x86、SPARC、DSP、RISC-V 和 C-SKY 等架构的处理器,包括国产主流的飞腾全系列、龙芯全系列、中天微 CK810 和兆芯全系列等处理器,同时支持对称多处理器(SMP)平台,并针对不同的处理器提供优化的驱动程序,提高了系统的整体性能。SylixOS 支持 TPSFS(掉电安全)、FAT、YAFFS、ROOTFS、PROCFS、NFS 和 ROMFS 等多种常用文件系统,以及 Qt、MicroWindows、μC/GUI 等第三方图形库,SylixOS 还提供了完善的网络功能以及丰富的网络工具。此外,SylixOS 的应用编程接口符合 GJB 7714—2012《军用嵌入式实时操作系统应用编程接口》和 IEEE、ISO、IEC 相关操作系统的编程接口规范,用户现有应用程序可以很方便地进行迁移。目前,SylixOS 的应用已覆盖网络设备、国防安全、工业自动化、轨道交通、电力、医疗、航空航天及汽车电子等诸多领域。

5. 睿赛德 RT-Thread

RT-Thread 的全称是 Real Time-Thread,是由上海睿赛德电子科技有限公司推出的一个开源嵌入式实时多线程操作系统,目前最新版本是 4.0。3.1.0 及以前的版本遵循 GPL V2+开源许可协议,从 3.1.0 以后的版本遵循 Apache License 2.0 开源许可协议。RT-Thread 主要由内核层、组件与服务层、软件包三个部分组成。其中,内核层包括 RT-Thread 内核和 Libcpu/BSP(芯片移植相关文件/板级支持包)。RT-Thread 内核是整个操作系统的核心部分,包括多线程及其调度、信号量、邮箱、消息队列、内存管理和定时器等内核系统对象,而 Libcpu/BSP 与硬件密切相关,由外设驱动和 CPU 移植构成。组件与服务层是 RT-Thread 内核之上的上层软件,包括虚拟文件系统、FinSH 命令行界面、网络框架和设备框架等,采用模块化设计,做到组件内部高内聚、组件之间低耦合。软件包是运行在操作系统平台上且面向不同应用领域的通用软件组件,包括与物联网相关软件包、脚本语言相关软件包、多媒体相关软件包、工具类软件包、系统相关软件包以及外设库与驱动类软件包等。RT-Thread 支持所有主流的 MCU 架构,如 ARM Cortex-M/R/A、MIPS、x86、Xtensa、C-SKY 和 RISC-V,即支持市场上几乎所有主流的 MCU 和 WiFi 芯片。相较于 Linux 操作系统,RT-Thread 具有实时性高、占用资源少、体积小、功耗低、启动快速等特点,非常适用于各种资源受限的场合。经过多年的发展,RT-Thread 已经拥有一个国内较大的嵌入式开源社区,同时被广泛应用于能源、车载、医疗、消费电子等多个行业。

6. μC/OS-Ⅱ

μC/OS-Ⅱ（Micro Controller Operating System Ⅱ）是一种基于优先级的抢占式多任务实时系统。它属于一个完整、可移植、可固化及可裁剪的抢占式多任务内核，包含了任务调度、任务管理、时间管理、内存管理、任务间的通信和同步等基本功能。μC/OS-Ⅱ嵌入式系统可用于各类 8 位单片机，16 位和 32 位微控制器，和数字信号处理器。

嵌入式系统 μC/OS-Ⅱ 源于 Jean J. Labrosse 在 1992 年编写的一个嵌入式多任务实时操作系统（RTOS），1999 年改写后命名为 μC/OS-Ⅱ，并在 2000 年被美国航空航天局认证。μC/OS-Ⅱ系统具有足够的安全性和稳定性，可以运行在诸如航天器等对安全要求极为苛刻的系统之上。

μC/OS-Ⅱ系统是专门为计算机的嵌入式应用而设计的。μC/OS-Ⅱ系统中 90%的代码是用 C 语言编写的，CPU 硬件相关部分是用汇编语言编写的，总量约 200 行的汇编语言部分被压缩到最低限度，便于移植到各种不同的 CPU 上。用户只要有标准的美国国家标准学会（American National Standards Institute，ANSI）的 C 交叉编译器，有汇编器、链接器等软件工具，就可以将 μC/OS-Ⅱ系统嵌入所要开发的产品中。μC/OS-Ⅱ系统具有执行效率高、占用空间小、实时性能优良和可扩展性强等特点，目前已经移植到了几乎所有知名的CPU 上。

μC/OS-Ⅱ系统的主要特点如下：

（1）开源性　μC/OS-Ⅱ系统的源代码全部公开，用户可直接登录 μC/OS-Ⅱ的官方网站下载，网站上公布了针对不同微处理器的移植代码。用户也可以从有关出版物上找到详尽的源代码讲解和注释。这样使系统变得透明，极大地方便了 μC/OS-Ⅱ系统的开发，提高了开发效率。

（2）可移植性　绝大部分 μC/OS-Ⅱ系统的源代码是用移植性很强的 ANSI C 语言编写的，和微处理器硬件相关的部分是用汇编语言编写的。

μC/OS-Ⅱ系统能够移植到多种微处理器上的条件是，该微处理器有堆栈指针，有 CPU 内部寄存器入栈、出栈指令。另外，使用的 C 编译器必须支持内嵌汇编（in-line assembly）或者该 C 语言可扩展、可链接汇编模块，使得关中断、开中断能在 C 语言程序中实现。

（3）可固化　μC/OS-Ⅱ系统是为嵌入式应用而设计的，只要具备合适的软硬件工具，μC/OS-Ⅱ系统就可以固化到用户的产品中，成为产品的一部分。

（4）可裁剪　用户可以根据自身需求只使用 μC/OS-Ⅱ系统中应用程序需要的系统服务。这种可裁剪性是靠条件编译实现的。只要在用户的应用程序中（用 # define constants 语句）定义哪些 μC/OS-Ⅱ系统中的功能是应用程序需要的就可以了。

（5）抢占式　μC/OS-Ⅱ系统是完全抢占式的实时内核。μC/OS-Ⅱ系统总是运行就绪条件下优先级最高的任务。

（6）多任务　μC/OS-Ⅱ系统 2.8.6 版本可以管理 256 个任务，目前预留 8 个给系统，因此应用程序最多可以有 248 个任务。系统赋予每个任务的优先级是不相同的，μC/OS-Ⅱ系统不支持时间片轮转调度法。

（7）可确定性　μC/OS-Ⅱ系统全部的函数调用与服务的执行时间都具有可确定性。也就是说，μC/OS-Ⅱ系统的所有函数调用与服务的执行时间是可知的。即 μC/OS-Ⅱ系统服务的执行时间不依赖于应用程序任务的多少。

（8）任务栈 μC/OS-Ⅱ系统的每一个任务有自己单独的栈，μC/OS-Ⅱ系统允许每个任务有不同的栈空间，以便压低应用程序对随机存取存储器（RAM）的需求。使用 μC/OS-Ⅱ系统的栈空间校验函数，可以确定每个任务所需要的栈空间。

（9）系统服务 μC/OS-Ⅱ系统提供很多系统服务，例如邮箱、消息队列、信号量、块大小固定的内存的申请与释放、时间相关函数等。

（10）可中断、支持嵌套 中断可以使正在执行的任务暂时挂起。如果优先级更高的任务被该中断唤醒，则高优先级的任务将在中断嵌套全部退出后被立即执行，中断嵌套层数可达 255 层。

嵌入式操作系统 μC/OS-Ⅱ移植与应用随着嵌入式系统的开发成为行业热点。在嵌入式应用中移植 μC/OS-Ⅱ系统，大大减轻了应用程序设计人员的负担，不必每次从头开始设计软件，代码可重用率高。

7．嵌入式 Linux

嵌入式 Linux 系统就是利用 Linux 自身的特点，把它应用到嵌入式系统中。Linux 诞生于 1991 年 10 月 5 日（这是第一次正式对外公布的时间），是一套开源、免费使用和自由传播的类 UNIX 操作系统。Linux 是一个基于 POSIX 和 UNIX 的支持多用户、多任务、多线程和多 CPU 的操作系统。它能运行主要的 UNIX 工具软件、应用程序和网络协议，支持 32 位和 64 位硬件。Linux 继承了 UNIX 以网络为核心的设计思想，是一个性能稳定的多用户网络操作系统。Linux 存在许多不同的版本，但它们都使用了 Linux 内核。Linux 可安装在各类计算机中，如小型移动系统、路由器、视频游戏控制台、台式计算机、大型机和超级计算机。

Linux 遵守通用公共许可证（General Public License，GPL）协议，无须为每例应用交纳许可证费，并且拥有大量免费且优秀的开发工具和庞大的开发人员群体。Linux 有大量应用软件，源代码是开放且免费的，可以在稍加修改后应用于用户自己的系统，因此软件的开发和维护成本很低。Linux 完全使用 C 语言编写，应用入门简单，只要懂操作系统原理和 C 语言即可。Linux 运行所需资源少、稳定，并具备优秀的网络功能，十分适合嵌入式操作系统应用。

8．VxWorks

VxWorks 是美国 WindRiver 公司于 1983 年设计研发的一种嵌入式实时操作系统，有良好的持续发展能力、可裁剪微内核结构、高效的任务管理、灵活的任务间通信、微秒级的中断处理及友好的开发环境等优点。由于其良好的可靠性和卓越的实时性，VxWorks 被广泛地应用在通信军事、航空、航天等高精尖技术及实时性要求极高的领域，如卫星通信、军事演习、导弹制导、飞机导航等。VxWorks 不提供源代码，只提供二进制代码和应用接口。

9．Android

Android 是一种基于 Linux 的自由及开放源代码的操作系统，主要应用于移动设备，如智能手机和平板计算机，由 Google 公司和开放手机联盟领导及开发。

Android 逐渐扩展到其他领域中，如电视、数码相机、游戏机和手表等。

10．Windows CE

Windows CE 是微软公司嵌入式、移动计算平台的基础，它是一个抢占式、多任务、多线程并具有强大通信能力的 32 位嵌入式操作系统，是微软公司为移动应用、信息设备、消费电子和各种嵌入式应用设计的实时系统，目标是实现移动办公、便携娱乐和智能通信。

Windows CE 是模块化的操作系统，主要包括 4 个模块，即内核、文件子系统、图形窗口事件子系统（GWES）和通信模块。内核负责进程与线程调度、中断处理、虚拟内存管理等。文件子系统管理文件操作、注册表和数据库等。图形窗口事件子系统包括图形界面、图形设备驱动和图形显示 API 函数等。通信模块负责设备与 PC 间的互联和网络通信等。目前，Windows CE 的最高版本为 7.0，作为 Windows 10 操作系统的移动版。Windows CE 支持 4 种处理器架构，即 x86、MIPS、ARM 和 SH4，同时支持多媒体设备、图形设备、存储设备、打印设备和网络设备等多种外设。除了在智能手机方面得到广泛应用之外，Windows CE 也被应用于机器人、工业控制、导航仪、PDA 和示波器等设备上。

1.3.5 软件架构选择建议

从理论上讲，基于操作系统的开发模式具有快捷、高效的特点，所开发软件的移植性、后期维护性、程序稳健性等都比较好。但不是所有系统都要基于操作系统，因为这种模式要求开发者对操作系统的原理有比较深入的掌握，一般功能比较简单的系统，不建议使用操作系统，毕竟操作系统也占用系统资源；也不是所有系统都能使用操作系统，因为操作系统对系统的硬件有一定的要求。因此，在通常情况下，虽然 STM32 微控制器是 32 位系统，但不主张嵌入操作系统。如果系统足够复杂，任务足够多，有类似于网络通信、文件处理、图形接口需求加入，或者不得不引入操作系统来管理软硬件资源时，也要选择轻量化的操作系统，比如 μC/OS-Ⅱ，其相应的参考资源也比较多；不要选择 Linux、Android 和 Windows CE 这样的重量级的操作系统，因为 STM32F1 系列微控制器硬件系统在未进行扩展时，是不能满足此类操作系统的运行需求的。

1.4 嵌入式系统的分类

嵌入式系统应用非常广泛，其分类也可以有多种多样的方式，可以按嵌入式系统的应用对象进行分类，也可以按嵌入式系统的功能和性能进行分类，还可以按嵌入式系统的结构复杂度进行分类。

1.4.1 按应用对象分类

按应用对象来分类，嵌入式系统主要分为军用嵌入式系统和民用嵌入式系统两大类。

军用嵌入式系统又可分为车载、舰载、机载、弹载和星载等，通常以机箱、插件甚至芯片形式嵌入相应设备和武器系统之中。军用嵌入式系统除了体积小、重量轻、性能好等方面的要求之外，也对苛刻工作环境的适应性和可靠性提出了严格的要求。

民用嵌入式系统又可按其应用在商业、工业等领域来进行分类，应用过程中主要考虑的是温度适应能力、抗干扰能力以及价格等因素。

1.4.2 按功能和性能分类

按功能和性能来分类，嵌入式系统主要分为独立嵌入式系统、实时嵌入式系统、网络嵌入式系统和移动嵌入式系统。

独立嵌入式系统是指能够独立工作的嵌入式系统，它们从模拟或数字端口采集信号，经信号转换和计算处理后，通过所连接的驱动、显示或控制设备输出结果数据。常见的计算器、音视频播放机、数码相机、视频游戏机和微波炉等就是独立嵌入式系统的典型实例。

实时嵌入式系统是指在一定的时间约束（截止时间）条件下完成任务执行过程的嵌入式系统。根据截止时间的不同，实时嵌入式系统又可分为"硬实时嵌入式系统"和"软实时嵌入式系统"。硬实时嵌入式系统是指必须在给定的时间期限内完成指定任务，否则就会造成灾难性后果的嵌入式系统，例如，在军事、航空航天、核工业等一些关键领域中的嵌入式系统。软实时嵌入式系统是指偶尔不能在给定时间范围内完成指定的操作，或在给定时间范围外执行的操作仍然是有效和可接受的嵌入式系统，例如，人们日常生活中所使用的消费类电子产品、数据采集系统、监控系统等。

网络嵌入式系统是指连接着局域网、广域网或互联网的嵌入式系统。网络连接方式可以是有线的，也可以是无线的。嵌入式网络服务器就是一种典型的网络嵌入式系统，其中所有的嵌入式设备都连接到网络服务器，并通过 Web 浏览器进行访问和控制，如家庭安防系统、ATM、物联网设备等。这些系统中所有的传感器和执行器节点均通过某种协议来进行连接、通信与控制。网络嵌入式系统是目前嵌入式系统中发展最快的分类。

移动嵌入式系统是指具有便携性和移动性的嵌入式系统，如手机、手表、智能手环、数码相机、便携式播放器以及智能可穿戴设备等。移动嵌入式系统是目前嵌入式系统中最受欢迎的分类。

1.4.3 按结构复杂度分类

按结构复杂度来分类，嵌入式系统主要分为小型嵌入式系统、中型嵌入式系统和复杂嵌入式系统三大类。

小型嵌入式系统通常是指以 8 位或 16 位处理器为核心设计的嵌入式系统，其处理器的 RAM、只读存储器（ROM）和处理速度等资源都相对有限，应用程序一般用汇编语言或者嵌入式 C 语言来编写，通过汇编/编译器进行汇编/编译后生成可执行的机器码，并采用编程器将机器码烧写到处理器的程序存储器中。例如，电饭锅、洗衣机、微波炉和键盘等就应用了小型嵌入式系统。

中型嵌入式系统通常是指以 16 位、32 位处理器或数字信号处理器为核心设计的嵌入式系统。这类嵌入式系统相较于小型嵌入式系统具有更高的硬件和软件复杂性，嵌入式应用要用 C、C++、Java、调试器、模拟器和集成开发环境等工具进行开发，可用在 POS 机、不间断电源（UPS）、扫描仪和机顶盒等产品中。

复杂嵌入式系统与小型和中型嵌入式系统相比，具有较高的硬件和软件复杂性，可执行更为复杂的功能，需要采用性能更高的 32 位或 64 位处理器、专用集成电路（ASIC）或现场可编程逻辑阵列（FPGA）器件来进行设计。这类嵌入式系统有着很高的性能要求，需要通过软硬件协同设计的方式将图形用户界面、多种通信接口、网络协议、文件系统甚至数据库等软硬件组件进行有效封装。例如，应用于网络交换机、无线路由器、IP 摄像头、嵌入式 Web 服务器等的系统就属于复杂嵌入式系统。

1.5 嵌入式系统的应用领域

嵌入式系统主要应用在以下领域：

1）智能消费电子产品。嵌入式系统最为成功的是在智能消费电子产品中的应用，如智能手机、平板计算机、家庭音响和智能玩具等。

2）工业控制。目前已经有大量的 32 位嵌入式微控制器应用在工业设备中，如打印机、工业过程控制、数字机床、电网设备检测等。

3）医疗设备。嵌入式系统已经在医疗设备中取得广泛应用，如血糖仪、血氧计、人工耳蜗、心电监护仪等。

4）信息家电及家庭智能管理系统。信息家电及家庭智能管理系统方面将是嵌入式系统未来最大的应用领域之一。例如，冰箱、空调等的网络化、智能化将引领人们的生活步入一个崭新的空间，即使用户不在家，也可以通过电话线、网络进行远程控制。又如、水、电煤气表的远程自动抄表，以及安全防水、防盗系统，其中嵌入式专用控制芯片将代替传统的人工检查，并实现更高效、更准确和更安全的性能。目前在餐饮服务领域，如远程点菜器等，已经体现了嵌入式系统的优势。

5）网络与通信系统。嵌入式系统已广泛用于网络与通信系统之中。例如，ARM 把针对移动互联网市场的产品分为两类，一类是智能手机，一类是平板计算机。平板计算机是介于笔记本计算机和智能手机之间的一类产品。ARM 过去在 PC 上的业务很少，但现在市场对更低功耗的移动计算平台的需求带来了新的机会，因此，ARM 在不断推出性能更高的 CPU 来拓展市场。ARM 新推出的 Cortex-A9、Cortex-A55、Cortex-A75 等处理器可以用于高端智能手机，也可用于平板计算机。现在已经有很多半导体芯片厂商在采用 ARM 开发产品并应用于智能手机和平板计算机，如高通骁龙处理器、华为海思处理器均采用了 ARM 架构。

6）环境工程。嵌入式系统在环境工程中的应用也很广泛，如水文资源实时监测、防洪体系及水土质量检测、堤坝安全、地震监测网、实时气象信息网、水源和空气污染监测。在很多环境恶劣、地况复杂的地区，依靠嵌入式系统将能够实现无人监测。

7）机器人。嵌入式芯片的发展将使机器人在微型化、高智能方面的优势更加明显，同时会大幅度降低机器人的价格，使其在工业领域和服务领域获得更广泛的应用。

1.6 嵌入式系统的体系

嵌入式系统是专用计算机应用系统，是软件和硬件集合体。图 1-4 描述了一个典型嵌入式系统的组成结构。

嵌入式系统的硬件层一般由嵌入式处理器、内存、人机接口、复位/看门狗电路、I/O 接口电路等组成，它是整个系统运行的基础，通过人机接口和 I/O 接口实现与外部的通信。嵌入式系统的软件层主要由应用程序、硬件抽象层、嵌入式操作系统、驱动程序和板级支持包组成。嵌入式操作系统主要实现对应用程序和硬件抽象层的管理，在一些应用场合可以不使用，直接编写裸机应用程序。嵌入式系统软件运行在嵌入式处理器中，在嵌入式操作系统的管理下，设备驱动层将硬件层中电路接收的控制指令和感知的外部信息传递给应用层，经过应用层处理后，将控制结果或数据再反馈给硬件层，完成存储、传输或执行等功能要求。

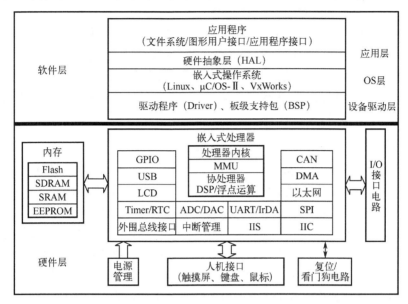

图 1-4　典型嵌入式系统的组成结构

1.6.1　硬件架构

嵌入式系统的硬件架构以嵌入式处理器为核心，由存储器、外围设备、通信模块、电源及复位等必要的辅助接口组成。嵌入式系统是高度定制的专用计算机应用系统，它不同于普通计算机组成，在实际应用中的硬件配置非常精简。除了微处理器和基本的外围设备，其余的电路都可根据需要和成本进行裁剪、定制，因此嵌入式系统硬件要非常经济、可靠。

随着计算机技术、微电子技术及纳米芯片加工工艺技术的发展，以微处理器为核心的集成多种功能的 SoC（System-on-a-Chip，片上系统）芯片已成为嵌入式系统的核心。这些 SoC 集成了大量的外围 USB、以太网、ADC/DAC 和 IIS 等功能模块。SOPC 结合了 SoC 和 PLD 的技术优点，使得系统具有可编程的功能，是可编程逻辑器件在嵌入式应用中的完美体现，极大地提高了系统在线升级、换代的能力。以 SoC/SOPC 为核心，用最少的外围器件和连接器件构成一个应用系统，以满足系统的功能需求，是嵌入式系统发展的一个方向。

因此，嵌入式系统设计是以嵌入式微处理器/SoC/SOPC 为核心，结合外围接口设备，包括存储设备、通信扩展设备、扩展设备接口和辅助的设备（电源、传感、执行等），构成硬件系统以完成系统设计的。

1.6.2　软件层次

嵌入式系统软件可以是直接面向硬件的裸机程序开发，也可以是基于操作系统的嵌入式程序开发。当嵌入式系统应用功能简单时，硬件平台结构也相对简单，这时可以使用裸机程序开发方式，不仅能够降低系统复杂度，还能够实现较好的系统实时性，但是，要求程序设计人员对硬件构造和原理比较熟悉。如果嵌入式系统应用较复杂，相应的硬件平台结构也相对复杂，这时可能就需要一个嵌入式操作系统来管理和调度内存、多任务、周边资源等。在进行基于操作系统的嵌入式程序设计开发时，操作系统通过对驱动程序的管理，将硬件各组成部分抽象成一系列 API 函数，这样在编写应用程序时，程序设计人员就可以减少对硬件细节的关注，只专注于程序设计，从而减轻程序设计人员的工作负担。

嵌入式系统软件结构一般包含 3 个层面：设备驱动层、OS 层、应用层（包括硬件抽象层、应用程序）。由于嵌入式系统应用的多样性，需要根据不同的硬件电路和嵌入式系统应用特点，对软件部分进行裁剪。现代高性能嵌入式系统的应用越来越广泛，嵌入式操作系统的使用成为必然发展趋势。

1. 设备驱动层

设备驱动层一般由板级支持包和驱动程序组成，是嵌入式系统中不可或缺的部分，设备驱动层的作用是为上层程序提供外围设备的操作接口，并且实现设备的驱动程序。上层程序不必考虑设备内部的实现细节，只需调用设备驱动的操作接口即可。

应用程序运行在嵌入式操作系统上，利用嵌入式操作系统提供的接口完成特定功能。嵌入式操作系统具有应用的任务调度和控制等核心功能。根据不同的应用，硬件平台所具备的功能各不相同，而且各平台所使用的硬件也不相同，具有复杂的多样性，因此，针对不同硬件平台，进行嵌入式操作系统的移植是极为耗时的工作，为简化不同硬件平台间操作系统的移植问题，在嵌入式操作系统和应用程序之间增加了硬件抽象层（Hardware Abstraction Layer，HAL）。有了硬件抽象层，嵌入式操作系统和应用程序就不需要关心底层的硬件平台信息，内核与硬件相关的代码也不必因硬件的不同而修改，只要硬件抽象层能够提供必需的服务即可，从而屏蔽底层硬件，方便进行系统的移植。通常硬件抽象层是以板级支持包的形式来完成对具体硬件的操作的。

（1）板级支持包 板级支持包（Board Support Package，BSP）位于主板硬件层和嵌入式操作系统中驱动程序之间。BSP 是所有与硬件相关的代码体的集合，为嵌入式操作系统的正常运行提供了最基本、最原始的硬件操作的软件模块，BSP 和嵌入式操作系统息息相关，前者为上层的驱动程序提供了访问硬件的寄存器的函数包，使之能够更好地运行。

BSP 具有以下三大功能：

1）系统启动时的硬件初始化。例如，对系统内存、寄存器及设备的中断进行设置。这是比较系统化的工作，硬件启动初始化后要根据嵌入式开发所选的 CPU 类型、硬件及嵌入式操作系统的初始化等多方面决定 BSP 应实现什么功能。

2）为嵌入式操作系统访问硬件驱动程序提供支持。驱动程序经常需要访问硬件的寄存器，如果整个系统为统一编址，那么开发人员可直接在驱动程序中用 C 语言的函数访问硬件的寄存器。但是，如果系统为单独编址，那么 C 语言将不能直接访问硬件的寄存器，只有汇编语言编写的函数才能对硬件的寄存器进行访问。BSP 为上层的驱动程序提供了访问硬件的寄存器时所需的函数包。

3）集成硬件相关和硬件无关的嵌入式操作系统所需的软件模块。BSP 是相对于嵌入式操作系统而言的，不同的嵌入式操作系统对应不同定义形式的 BSP。例如，VxWorks 的 BSP 和 Linux 的 BSP 相对于某一 CPU 来说尽管实现的功能一样，但是写法和接口定义是完全不同的，所以编写 BSP 一定要按照该系统 BSP 的定义形式（BSP 的编程过程大多数是在某一个成型的 BSP 模板上进行修改的），这样才能与上层嵌入式操作系统保持正确的接口，为上层嵌入式操作系统提供良好的支持。

（2）驱动程序　只有安装了驱动程序，嵌入式操作系统才能操作硬件平台，驱动程序控制嵌入式操作系统和硬件之间的交互。驱动程序提供一组嵌入式操作系统可理解的抽象接口函数，例如，设备初始化、打开、关闭、发送和接收等。一般而言，驱动程序和设备的控制芯片有关。驱动程序运行在高特权级的处理器环境中，可以直接对硬件进行操作，但正因为如此，任何一个设备驱动程序的错误都可能导致嵌入式操作系统的崩溃，因此好的驱动程序需要有完备的错误处理函数。

2. OS 层

嵌入式操作系统是一种支持嵌入式系统应用的操作系统软件，是嵌入式系统的重要组成部分。嵌入式操作系统通常包括与硬件相关的底层驱动软件、系统内核、设备驱动接口、通信协议、图形界面和标准化浏览器等。嵌入式操作系统具有通用操作系统的基本特点，例如，能有效管理越来越复杂的系统资源；能把硬件虚拟化，使开发人员从繁忙的驱动程序移植和维护中解脱出来；能提供库函数、驱动程序、工具集及应用程序。与通用操作系统相比较，嵌入式操作系统在系统实时高效性、硬件的相关依赖性、软件固态化及应用的专用性等方面具有较为突出的特点。嵌入式操作系统具有通用操作系统的基本特点，能够有效管理复杂的系统资源，并且把硬件虚拟化。

在一般情况下，嵌入式开发操作系统可以分为两类，一类是面向控制、通信等领域的嵌入式实时操作系统（RTOS），如 VxWorks、PSOS、QNX、μC/OS-Ⅱ、RT-Thread、FreeRTOS 等；另一类是面向消费电子产品的嵌入式非实时操作系统，如 Linux、Android、iOS 等，这类产品包括智能手机、机顶盒、电子书等。

3. 应用层

（1）硬件抽象层　硬件抽象层本质上就是一组对硬件进行操作的 API，是对硬件功能抽象的结果。硬件抽象层通过 API 为嵌入式操作系统和应用程序提供服务。但是，在 Windows 和 Linux 操作系统下，硬件抽象层的定义是不同的。

Windows 操作系统下的硬件抽象层定义：位于嵌入式操作系统的最底层，直接操作硬件，隔离与硬件相关的信息，为上层的嵌入式操作系统和驱动程序提供一个统一的接口，起到对硬件的抽象作用。硬件抽象层简化了驱动程序的编写，使嵌入式操作系统具有更好的可移植性。

Linux 操作系统下的硬件抽象层定义：位于嵌入式操作系统和驱动程序之上，是一个运行在用户空间中的服务程序。

Linux 和所有的 UNIX 一样，习惯用文件来定义抽象设备，任何设备都可以是一个文件，如/dev/mouse 是鼠标的设备文件名。这种方法看起来不错，每个设备都有统一的形式，但使用起来并没有那么容易，设备文件名没有规范，用户从简单的一个文件名，无法得知它是什么设备，具有什么特性。形式不一的设备文件，让设备的管理和应用程序的开发变得很麻烦，所以有必要提供一个硬件抽象层，来为上层应用程序提供一个统一的接口，Linux 的硬件抽象层就这样应运而生了。

（2）应用程序　应用程序是为完成某项或某几项特定任务而被开发运行于嵌入式操作

系统之上的程序，如文件操作、图形操作等。在嵌入式操作系统上编写应用程序一般需要一些应用程序接口。应用程序接口（Application Programming Interface，API）又称为应用编程接口，是软件系统不同部分衔接的约定。应用程序接口的设计十分重要，良好的接口设计可以降低系统各部分的相互依赖性，提高组成单元的内聚性，降低组成单元间的耦合程度，从而提高系统的维护性和扩展性。

根据嵌入式系统应用需求，应用程序通过调用嵌入式操作系统的 API 函数操作系统硬件，从而实现应用需求。一般而言，嵌入式应用程序建立在主任务基础之上，可以是多任务的，通过嵌入式操作系统管理工具（信号量、队列等）实现任务间通信和管理，进而实现应用需要的特定功能。

1.7　嵌入式处理器分类

处理器可分为通用处理器与嵌入式处理器两类。通用处理器以 x86 体系架构的产品为代表，基本被 Intel 和 AMD 两家公司垄断。通用处理器追求更快的计算速度、更大的数据吞吐率，有 8 位处理器、16 位处理器、32 位处理器和 64 位处理器。

在嵌入式应用领域中应用较多的还是各种嵌入式处理器。嵌入式处理器是嵌入式系统的核心，是控制、辅助系统运行的硬件单元。根据其现状，嵌入式处理器可以分为嵌入式微处理器、嵌入式微控制器、嵌入式 DSP 和嵌入式 SoC。因为嵌入式系统有应用针对性的特点，不同系统对处理器的要求千差万别，因此嵌入式处理器种类繁多。据不完全统计，全世界嵌入式处理器的种类已经超过 1000 种，流行的体系架构有 30 多个。现在几乎每个半导体制造商都生产嵌入式处理器，越来越多的公司有自己的处理器设计部门。

1.7.1　嵌入式微处理器

嵌入式微处理器的处理能力较强、可扩展性好、寻址范围大、支持各种灵活设计，且不限于某个具体的应用领域。嵌入式微处理器是 32 位以上的处理器，具有体积小、重量轻、成本低和可靠性高的优点，在功能、价格、功耗、芯片封装、温度适应性和电磁兼容方面更适合嵌入式系统应用要求。嵌入式微处理器目前主要有 ARM、MIPS、PowerPC 和 xScale、ColdFire 系列等。

1.7.2　嵌入式微控制器

嵌入式微控制器（Embedded Microcontroller Unit，EMCU）又称单片机，在嵌入式设备中有着极其广泛的应用。嵌入式微控制器芯片内部集成了 ROM/EPROM、RAM、总线、总线逻辑、定时/计数器、看门狗、I/O、串行口、脉宽调制输出、A/D、D/A、Flash RAM 和 EEPROM 等各种必要功能和外设。和嵌入式微处理器相比，嵌入式微控制器最大的特点是单片化，体积大大减小，从而使功耗和成本下降、可靠性提高。嵌入式微控制器的片上外设资源丰富，适合嵌入式系统工业控制的应用领域。嵌入式微控制器从 20 世纪 70 年代末出现至今，出现了很多种类，比较有代表性的嵌入式微控制器产品有 Cortex-M 系列、8051、AVR、PIC、MSP430、C166 和 STM8 系列等。

1.7.3　嵌入式 DSP

嵌入式 DSP 又称嵌入式数字信号处理器（Embedded Digital Signal Processor，EDSP），是专门用于信号处理的嵌入式处理器，它在系统结构和指令算法方面经过特殊设计，具有很高的编译效率和指令执行速度。嵌入式 DSP 内部采用程序和数据分开的哈佛结构，具有专门的硬件乘法器，广泛采用流水线操作，提供特殊的数字信号处理指令，可以快速实现各种数字信号处理算法。在数字化时代，数字信号处理是一门应用广泛的技术，如数字滤波、FFT、谱分析、语音编码、视频编码、数据编码和雷达目标提取等。传统微处理器在进行这类计算操作时的性能较低，而嵌入式 DSP 的系统结构和指令系统针对数字信号处理进行了特殊设计，因而嵌入式 DSP 在执行相关操作时具有很高的效率。比较有代表性的嵌入式 DSP 产品是 Texas Instruments（TI）公司的 TMS320 系列和 Analog Devices 公司的 ADSP 系列。

1.7.4　嵌入式 SoC

嵌入式 SoC（System on Chip）又称嵌入式片上系统，是针对嵌入式系统的某一类特定的应用，对嵌入式系统的性能、功能、接口有相似的要求的特点，用大规模集成电路技术将某一类应用需要的大多数模块集成在一个芯片上，在芯片上实现一个嵌入式系统大部分核心功能的处理器。

SoC 把微处理器和特定应用中常用的模块集成在一个芯片上，应用时往往只需要在 SoC 外部扩充内存、接口驱动、一些分立元件及供电电路，就可以构成一套实用的系统，极大地简化了系统设计的难度，还有利于减小电路板面积、降低系统成本、提高系统可靠性。SoC 是嵌入式处理器的一个重要发展趋势。

1.8　ARM 嵌入式微处理器

1.8.1　ARM 概述

ARM 这个词包含两个意思：一是指 ARM 公司；二是指 ARM 公司设计的低功耗 CPU 及其架构，包括 ARM1～ARM11 与 Cortex，其中，被广泛应用的是 ARM7、ARM9、ARM11 以及 Cortex 系列。

ARM 公司是全球领先的 32 位嵌入式 RISC 芯片内核设计公司。RISC 的特点是所有指令的格式都是一致的，所有指令的指令周期也是相同的，并且采用流水线技术。

ARM 的设计具有典型的 RISC 风格。ARM 的体系架构已经经历了 6 个版本，版本号分别是 V1～V6。每个版本各有特色，定位也不同，不能简单地相互替代。其中，ARM9、ARM10 对应的是 V5 架构，ARM11 对应的是发表于 2001 年的 V6 架构，时钟频率为 350～500MHz，最高可达 1GHz。

Cortex 是 ARM 的全新一代处理器内核，它在本质上是 ARM V7 架构的实现，它完全有别于 ARM 的其他内核，是全新开发的。按照 3 类典型的嵌入式系统应用，即高性能、微控制器、实时类，它又分成 3 个系列，即 Cortex-A、Cortex-M、Cortex-R。而 STM32 就属于 Cortex-M 系列。

Cortex-M 旨在提供一种高性能、低成本的微处理器平台，以满足最小存储器、小引脚数和低功耗的需求，同时兼顾卓越的计算性能和出色的中断管理能力。目前典型的、使用最为广泛的是 Cortex-M0、Cortex-M3、Cortex-M4。

与 MCS-51 单片机采用的哈佛结构不同，Cortex-M 采用的是冯·诺依曼结构，即程序存储器和数据存储器不分开，统一编址。

ARM 公司在 1990 年成立，最初的名字是 Advanced RISC Machines Ltd.，当时它由三家公司——苹果电脑公司、Acorn 电脑公司以及 VLSI 技术（公司）合资成立。1991 年，ARM 公司推出了 ARM6 处理器家族，VLSI 则是第一个制造 ARM 芯片的公司。后来，TI、NEC、Sharp、ST 等公司陆续获取了 ARM 授权，使得 ARM 处理器广泛应用在手机、硬盘控制器、PDA、家庭娱乐系统以及其他消费电子产品中。

ARM 公司是一家出售 IP（技术知识产权）的公司。所谓技术知识产权，有些像是房屋的结构设计图，要怎样修改，例如在哪边开窗户，以及要怎样加盖其他的花园，就由买了设计图的厂商自己决定。而有了设计图，当然还要有实现设计图的厂商，而这些将设计图转变为实际应用的厂商就是 ARM 架构的授权客户群。ARM 公司本身并不靠自有的设计来制造或出售 CPU，而是将处理器架构授权给有兴趣的厂商。许多半导体公司持有 ARM 授权，Intel、TI、Qualcomm、华为、中兴、Atmel、Broadcom、Cirrus Logic、恩智浦半导体（于2006 年从飞利浦公司独立出来）、富士通、英特尔、IBM、NVIDIA、新唐科技（Nuvoton Technology）、英飞凌、任天堂、OKI 电气工业、三星电子、Sharp、STMicroelectronics 和VLSI 等公司均拥有不同形式的 ARM 授权。ARM 公司与获得授权的半导体公司的关系如图 1-5 所示。

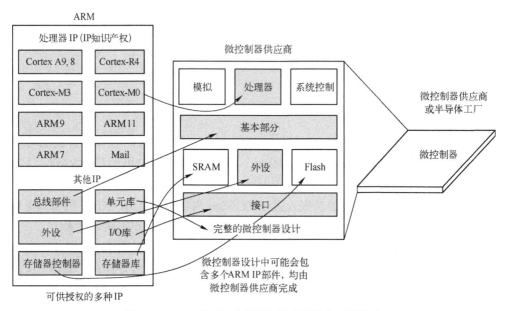

图 1-5　ARM 公司与获得授权的半导体公司的关系

1.8.2　CISC 和 RISC

ARM 公司在经典处理器 ARM11 以后开发的产品都改用 Cortex 命名，主要分成 A、R

和 M 三类，旨在为不同的市场提供服务，A 系列处理器面向尖端的基于虚拟内存的操作系统和用户应用，R 系列处理器针对实时系统，M 系列处理器针对微控制器。

指令的强弱是 CPU 的重要指标，指令集是提高处理器效率的最有效工具之一。从现阶段的主流体系架构来讲，指令集可分为 CISC 和 RISC 两部分。

CISC 是一种为了便于编程和提高存储器访问效率的芯片设计体系。在 20 世纪 90 年代中期之前，大多数的处理器都采用 CISC 体系，包括 Intel 的 80x86 和 Motorola 的 68K 系列等，即通常所说的 x86 架构就是属于 CISC 体系的。随着 CISC 处理器的发展和编译器的流行，一方面指令集越来越复杂，另一方面编译器却很少使用这么多复杂的指令集。而且如此多的复杂指令，CPU 难以对每一条指令都做出优化，甚至部分复杂指令本身耗费的时间反而更多，这就是著名的"80/20"定律，即在所有指令集中，只有 20%的指令常用，而 80%的指令基本上很少用。

20 世纪 80 年代，RISC 开始出现，它的优势在于将计算机中最常用的 20%的指令集中优化，而剩下的不常用的 80%的指令，则采用拆分为常用指令集的组合等方式运行。RISC 的关键技术在于流水线操作，在一个时钟周期里完成多条指令，而超流水线及超标量技术在芯片设计中已普遍使用。RISC 体系多用于非 x86 阵营高性能处理器 CPU，例如，ARM、MIPS、PowerPC 和 RISC-V 等。

1. CISC 体系

CISC 体系的指令特征为使用微代码，计算机性能的提高往往是通过增加硬件的复杂性来获得的。随着集成电路技术，特别是 VLSI（超大规模集成电路）技术的迅速发展，为了软件编程方便和提高程序的运行速度，硬件工程师采用的办法是不断增加可实现复杂功能的指令和多种灵活的寻址方式，甚至某些指令可支持高级语言语句归类后的复杂操作，因此硬件越来越复杂，造价也越来越提高。为实现复杂操作，CISC 处理器除了向程序员提供类似各种寄存器和机器指令功能，还通过存于 ROM 中的微代码来实现其极强的功能，指令集直接在微代码存储器（比主存储器的速度快很多）中执行。庞大的指令集可以减少编程所需要的代码行数，减轻程序员的负担。

优点：指令丰富，功能强大，寻址方式灵活，能够有效缩短新指令的微代码设计时间，允许设计师实现 CISC 体系机器的向上兼容。

缺点：指令集及芯片的设计比上一代产品更复杂，不同的指令需要不同的时钟周期来完成，执行较慢的指令，将影响整台机器的执行效率。

2. RISC 体系

RISC 体系的指令特征为其包含了简单、基本的指令，这些指令可以组合成复杂指令。每条指令的长度都是相同的，可以在一个单独操作里完成。大多数指令都可以在一个机器周期里完成，并且允许处理器在同一时间内执行一系列的指令。

优点：在使用相同的芯片技术和相同运行时钟下，RISC 系统的运行速度是 CISC 的 2～4 倍。由于 RISC 处理器的指令集是精简的，它的存储管理单元、浮点单元等都能设计在同一块芯片上。RISC 处理器比相对应的 CISC 处理器设计更简单，程序运行所需要的时间将变得更短，并可以比 CISC 处理器应用更多先进的技术，开发更快的下一代处理器。

缺点：指令集的精简导致指令数的增多，使得程序开发者必须小心地选用合适的编译器，而且编写的代码量会变得非常大。另外就是 RISC 处理器需要更快的存储器，并将其集成于处理器内部，如一级缓存（L1 Cache）。

3．RISC 和 CISC 的比较

综合 RISC 和 CISC 的特点，可以由以下几点来分析两者之间的区别：

（1）指令系统　RISC 设计者把主要精力放在那些经常使用的指令上，尽量使它们具有简单高效的特点。对不常用的功能，常通过组合指令来完成，因此，在 RISC 机器上实现特殊功能时，效率可能较低。但可以利用流水线技术和超标量技术加以改进和弥补。而 CISC 机器的指令系统比较丰富，有专用指令来完成特定的功能，因此，处理特殊任务效率较高。

（2）存储器操作　RISC 对存储器的操作有限制，使控制简单化；而 CISC 机器的存储器操作指令多，且操作直接。

（3）程序　RISC 汇编语言程序一般需要较大的内存空间，实现特殊功能时程序复杂，不易设计；而 CISC 汇编语言程序编程相对简单，科学计算及复杂操作的程序设计相对容易，效率较高。

（4）CPU　RISC CPU 包含较少的单元电路，因而面积小、功耗低；CISC CPU 包含丰富的电路单元，因而功能强、面积大、功耗大。

（5）设计周期　RISC 处理器结构简单，布局紧凑，设计周期短，且易于采用最新技术；CISC 处理器结构复杂，设计周期长。

（6）用户使用　RISC 处理器结构简单，指令规整，性能容易掌握，易学易用；CISC 处理器结构复杂，功能强大，实现特殊功能容易。

（7）应用范围　由于 RISC 指令系统的确定与特定的应用领域有关，故 RISC 机器更适合专用机，而 CISC 机器更适合通用机。

1.8.3　ARM 架构的演变

1985 年以来，ARM 公司陆续发布了多个 ARM 内核架构版本，从 ARM V4 架构开始的 ARM 架构发展历程如图 1-6 所示。

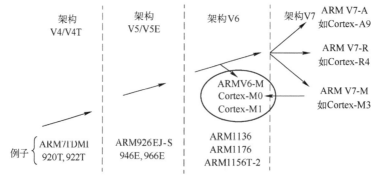

图 1-6　ARM 架构的发展历程

目前，ARM 体系结构已经经历了 6 个版本。从 V6 版本开始，各个版本都在实际中得到了应用，各个版本中还有一些变种，如支持 Thumb 指令集的 T 变种、长乘法指令（M）变种、ARM 媒体功能扩展（SIMI）变种、支持 Java 的 J 变种和增强功能的 E 变种等。例如，ARM7TDMI 表示该处理器支持 Thumb 指令集（T）、片上 Debug（D）、内嵌硬件乘法器（M）、嵌入式 ICE（I）。

每个系列都有其子集的架构，例如，用于 ARM V6-M 系列（所使用的 Cortex-M0/M0+/M1）的一个子集 ARM V7-M 架构（支持较少的指令）。

Cortex 是 ARM 的新一代处理器内核，本质上是 ARM V7 架构的实现。与以前的向下兼容、逐步升级策略不同，Cortex 系列处理器是全新开发的。正是由于 Cortex 放弃了向前兼容，老版本的程序必须经过移植才能在 Cortex 处理器上运行，因此，对软件和支持环境提出了更高的要求。

从 Cortex 系列的核心开始，存在 3 种系列：应用系列，即 Cortex-A 系列，适用于需要运行复杂应用程序的场合；实时控制系列，即 Cortex-R 系列，适用于实时性要求较高的应用场合；微控制器系列，即 Cortex-M 系列，适合于要求高性能、低成本的应用场合。许多厂商提供的 Cortex-M 系列芯片内集成了大量 Flash 存储器（数十 KB 到数百 KB）、ADC、USART、SPI、I^{2}C、DAC、CAN、USB 和定时器等组件，在实际工程中使用非常方便，深受广大工程师的欢迎。

各种架构的 ARM 应用领域如图 1-7 所示。

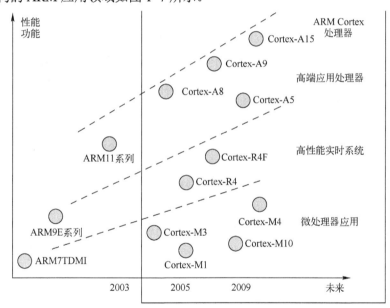

图 1-7　各种架构的 ARM 应用领域

在 ARM 公司的 Cortex 内核授权中，Cortex-M3 内核的授权数量最多。在诸多获得 Cortex-M3 内核授权的公司中，意法半导体公司是较早在市场上推出基于 CortexM3 内核微控制器的厂商，STM32F1 系列是其典型的产品系列。本书后续介绍的 ARM Cortex-M3 是诸多 ARM 内核架构中的一种，并以基于该内核的意法半导体公司的 STM32F103ZT6 微控制器为背景进行原理介绍，以 STM32F103ZT6 微控制器开发为背景进行应用实例讲解。

1.8.4　ARM 体系结构与特点

从宏观角度看，微处理器是一个有着丰富引脚的芯片，体积一般比较大，形状比较方正。再进一步看其组成结构，就是计算单元+存储单元+总线+外部接口的架构。细化些，计算单元中会有 ALU 和寄存器组。再细化些，ALU 是由组合逻辑构成的，有与门、非门；寄存器是由时序电路构成的，有逻辑、时钟。再往下细化，与门就是一个逻辑单元。

如图 1-8 所示，任何微处理器都至少由内核、存储器、总线和 I/O 构成。ARM 芯片的特点是内核部分都是统一的，由 ARM 公司设计，但是其他部分，各个芯片制造商可以有自己的设计，有的甚至包含一些外设。

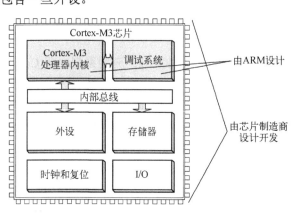

图 1-8　微处理器构成

Cortex-M3 处理器内核是微处理器的中央处理单元（CPU）。完整的基于 Cortex-M3 的 MCU 还需要很多其他组件。芯片制造商在得到 Cortex-M3 处理器内核的使用授权后，就可以把 Cortex-M3 内核用在自己的芯片设计中，添加存储器、外设、I/O 以及其他功能块。不同厂商设计出的微处理器会有不同的配置，包括存储器容量、类型、外设等都各具特色。本书主讲处理器内核本身。如果想要了解某个具体型号的处理器，还需查阅相关厂商提供的文档。

如果把微处理器内核更加详细地画出来，图 1-9 表示出了微处理器内核中包含中断控制器、取指单元、指令解码器、寄存器组、算术逻辑单元（ALU）、存储器接口和跟踪接口等。如果把总线细分下去，总线可以分成指令总线和数据总线，并且这两种总线之间带有存储器保护单元。这两种总线从内核的存储器接口接到总线网络上，再与指令存储器、存储器系统和外设等连接在一起。存储器也可细分为指令存储器和其他存储器。外设可以分为私有外设和其他外设等。

如果从编程的角度来看待微处理器，如图 1-10 所示，则看到的主要就是一些寄存器和地址。对于 CPU 来说，编程就是使用指令对这些寄存器进行设置和操作；对内存来说，编程就是对地址的内容进行操作；对总线和 I/O 等来说，主要的操作包括初始化和读写操作，这些操作都是针对不同的寄存器进行设计和操作。另外有两个部分值得一提，一个是计数器，另一个是"看门狗"。在编程里计数器是需要特别关注的，因为计数器一般会产生中断，所以对于计数器的操作除了初始化以外，还要编写相应的中断处理程序。"看门狗"是为了防止程序跑飞，可以是硬件的也可以是软件的，对于硬件"看门狗"，需要设置初始状态和阈值；对于软件"看门狗"，则需要用软件来实现具体功能，并通过软中断机制来产生异常，改变 CPU 的模式。如果是专门的数模转换接口，那么编程也是针对其寄存器进行操作，从而完成数模转换。对于串口编程，也就是对它的寄存器进行编程，还会包含具体的串口协议。

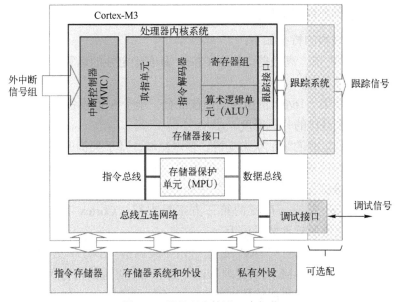

图 1-9　微处理内核进一步细化

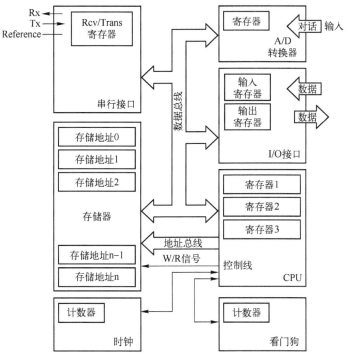

图 1-10　从编程角度看到的微处理器内核

1.8.5　Cortex-M 系列处理器

Cortex-M 系列处理器应用主要集中在低性能端领域，但是这些处理器相比于传统处理器（如 8051 处理器、AVR 处理器等）性能仍然很强大，不仅具备强大的控制功能、丰富的片上外设、灵活的调试手段，一些处理器还具备一定的 DSP 运算能力（如 Cortex-M4 处理器和 Cortex-M7 处理器），这使其在综合信号处理和控制领域也具备较大的竞争力。

1. Cortex-M 系列处理器的特征

Cortex-M 系列处理器的特征如下：

（1）RISC 处理器内核　高性能 32 位 CPU、具有确定性的运算、低延迟三级流水线，可达 1.25DMIPS/MHz。

（2）Thumb-2 指令集　16/32 位指令的最佳混合、小于 8 位设备 3 倍的代码大小、对性能没有负面影响，提供最佳的代码密度。

（3）低功耗模式　集成的睡眠状态支持、多电源域、基于架构的软件控制。

（4）嵌套向量中断控制器（NVIC）　低延迟、低抖动中断响应，不需要汇编编程，以纯 C 语言编写中断服务例程，能完成出色的中断处理。

（5）工具和 RTOS 支持　广泛的第三方工具支持、Cortex 微控制器软件接口标准（CMSIS）、最大限度地增加软件成果重用。

（6）CoreSight 调试和跟踪　JTAG 或 2 针串行线调试（SWD）连接、支持多处理器、支持实时跟踪。此外，Cortex-M 系列处理器还提供了一个可选的内存保护单元（MPU），提供低成本的调试、追踪功能和集成的休眠状态，以增加灵活性。

Cortex-M0 处理器、Cortex-M0+ 处理器、Cortex-M3 处理器、Cortex-M4 处理器、Cortex-M7 处理器之间有很多的相似之处，例如：

1）基本编程模型。

2）NVIC 的中断响应管理。

3）架构设计的休眠模式，包括睡眠模式和深度睡眠模式。

4）操作系统支持特性。

5）调试功能。

2. Cortex-M3 处理器

Cortex-M3 处理器是基于 ARM V7-M 架构的处理器，支持更丰富的指令集，包括许多 32 位指令，这些指令可以高效地使用高位寄存器。另外，Cortex-M3 处理器还支持：

1）查表跳转指令和条件执行（使用 IT 指令）。

2）硬件除法指令。

3）乘加指令（MAC 指令）。

4）各种位操作指令。

5）32 位 Thumb 指令，支持更大范围的立即数、跳转偏移和内存数据范围的地址偏移。基本的 DSP 操作（如支持若干条需要多个时钟周期的 MAC 指令，还有饱和运算指令）。

6）这些 32 位指令允许用单个指令对多个数据一起做桶形移位操作。

但是，支持更丰富的指令导致了更高的成本和功耗。

3. Cortex-M4 处理器

Cortex-M4 处理器在很多地方和 Cortex-M3 处理器相同，如流水线、编程模型等。Cortex-M4 处理器支持 Cortex-M3 处理器的所有功能，并额外支持各种面向 DSP 应用的指令，如 SIMD 指令、饱和运算指令、一系列单周期 MAC 指令（Cortex-M3 处理器只支持有限条数的 MAC 指令，并且是多周期执行的）和可选的单精度浮点运算指令。

Cortex-M4 处理器的 SIMD 操作可以并行处理 2 个 16 位数据和 4 个 8 位数据。在某些

DSP 运算中，使用 SIMD 指令可以加速计算 16 位和 8 位数据，因为这些运算可以并行处理。但是，在一般的编程中，C 编译器并不能充分利用 SIMD 运算能力，这是 Cortex-M3 处理器和 Cortex-M4 处理器典型基准点的分数差不多的原因。然而，Cortex-M4 处理器的内部数据通路和 Cortex-M3 处理器的内部数据通路不同，在某些情况下 Cortex-M4 处理器可以处理得更快（如单周期 MAC 指令，可以在一个周期中写回到两个寄存器）。

1.8.6 Cortex-M3 处理器的主要特性

Cortex-M3 是 ARM 公司在 ARM V7 架构的基础上设计出来的一款新型的芯片内核。相对于其他 ARM 系列的微控制器，Cortex-M3 内核拥有以下优势和特点。

1. 三级流水线和分支预测

现代处理器中，大多数处理器都采用了指令预存及流水线技术，来提高处理器的指令运行速度。执行指令的过程中，如果遇到了分支指令，由于执行的顺序也许会发生改变，指令预取队列和流水线中的一些指令就可能作废，需要重新取相应的地址，这样会使得流水线出现"断流现象"，处理器的性能会受到影响。尤其在 C 语言程序中，分支指令的比例能达到 10%～20%，这对于处理器来说无疑是一件很"恐怖"的事情。因此，现代高性能的流水线处理器都会有一些分支预测的部件，在处理器从存储器预取指令的过程中，当遇到分支指令时，处理器能自动预测跳转是否会发生，然后才从预测的方向进行相应的取值，从而让流水线能连续地执行指令，保证它的性能。

2. 哈佛结构

哈佛结构的处理器采用独立的数据总线和指令总线，处理器可以同时进行对指令和数据的读写操作，使得处理器的运行速度提高。

3. 内置嵌套向量中断控制器

Cortex-M3 首次在内核部分采用了嵌套向量中断控制器，即 NVIC。也正是采用了中断嵌套的方式，使得 Cortex-M3 能将中断延迟减小到 12 个时钟周期（一般 ARM7 需要 24～42 个时钟周期）。Cortex-M3 不仅采用了 NVIC 技术，还采用了尾链技术，从而使中断响应时间减小到了 6 个时钟周期。

4. 支持位绑定操作

在 Cortex-M3 内核出现之前，ARM 内核是不支持位操作的，而是要用逻辑与/或的操作方式来屏蔽对其他位的影响。这样的结果带来的是指令的增加和处理时间的增加。Cortex-M3 采用了位绑定的方式让位操作成为可能。

5. 支持串行调试（SWD）

一般的 ARM 处理器采用的都是 JTAG 调试接口，但是 JTAG 接口占用的芯片 I/O 端口过多，这对于一些引脚少的处理器来说很浪费资源。Cortex-M3 在原来的 JTAG 接口的基础上增加了 SWD 模式，只需要两个 I/O 端口即可完成仿真，节约了调试占用的引脚。

6. 支持低功耗模式

Cortex-M3 内核在原来只有运行/停止的模式上增加了休眠模式，使得 Cortex-M3 的运行功耗也很低。

7．拥有高效的 Thumb-2 16/32 位混合指令集

原有的 ARM7、ARM9 等内核使用的都是不同的指令，例如 32 位的 ARM 指令和 16 位的 Thumb 指令。Cortex-M3 使用了更高效的 Thumb-2 指令来实现接近 Thumb 指令的代码尺寸，达到 ARM 编码的运行性能。Thumb-2 是一种高效的、紧凑的新一代指令集。

8．32 位硬件除法和单周期乘法

Cortex-M3 内核加入了 32 位的除法指令，解决了一些除法密集型运用中性能不好的问题。同时，Cortex-M3 内核也改进了乘法运算的部件，使得 32 位×32 位的乘法在运行时间上减少到了一个时钟周期。

9．支持存储器非对齐模式访问

Cortex-M3 内核的 MCU 一般用的内部寄存器都是 32 位编址。如果处理器只能采用对齐的访问模式，那么有些数据就必须被分配，占用一个 32 位的存储单元，这是一种浪费的现象。为了解决这个问题，Cortex-M3 内核采用了支持非对齐模式的访问方式，从而提高了存储器的利用率。

10．内部定义了统一的存储器映射

在 ARM7、ARM9 等内核中没有定义存储器的映射，不同的芯片厂商需要自己定义存储器的映射，这使得芯片厂商之间存在不统一的现象，给程序的移植带来了麻烦。Cortex-M3 则采用了统一的存储器映射的分配，使得存储器映射得到了统一。

11．极高的性价比

Cortex-M3 内核的 MCU 性价比相对于其他的 ARM 系列的 MCU 性价比高许多。

1.8.7　Cortex-M3 处理器结构

ARM Cortex-M3 处理器是新一代的 32 位处理器，是一个高性能、低成本的开发平台，适用于微控制器、工业控制系统以及无线网络传感器等应用场合。Cortex-M3 处理器拥有以下特点：

（1）性能丰富成本低　专门针对微控制器应用特点而开发的 32 位 MCU，具有高性能、低成本、易应用等优点。

（2）低功耗　把睡眠模式与状态保留功能结合在一起，确保 Cortex-M3 处理器既可提供低能耗，又不影响其很高的运行性能。

（3）可配置性强　Cortex-M3 的 NVIC（Nested Vectored Interrupt Controller，嵌套向量中断控制器）提高了设计的可配置性，提供了多达 240 个具有单独优先级、动态重设优先级功能和集成系统时钟的系统中断。

（4）丰富的链接　功能和性能兼顾的良好组合，使基于 Cortex-M3 的设备可以有效处理多个 I/O 通道和协议标准。

Cortex-M3 处理器结构如图 1-11 所示。

Cortex-M3 处理器结构中各个部分的解释和功能如下所示：

（1）嵌套向量中断控制器（NVIC）　NVIC 负责中断控制，该控制器和内核是紧耦合的，提供可屏蔽、可嵌套、动态优先级的中断管理。

（2）Cortex-M3 处理器核（Cortex-M3 processor core）　Cortex-M3 处理器核是处理器的核心所在。

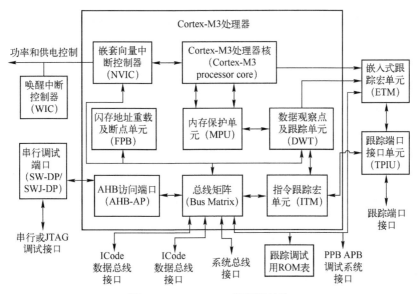

图 1-11 Cortex-M3 处理器结构

（3）闪存地址重载及断点单元（FPB） 实现硬件断点以及代码空间到系统空间的映射。

（4）内存保护单元（MPU） 内存保护单元 MPU 的主要作用是实施存储器的保护，它能够在系统或程序出现异常而非正常地访问不应该访问的存储空间时，通过触发异常中断而达到提高系统可靠性的目的。STM32 系统并没有使用该单元。

（5）数据观察点及跟踪单元（DWT） 调试中 DWT 用于数据观察功能。

（6）AHB 访问端口（AHB-AP） 高速总线 AHB 访问端口将 SW/SWJ 端口的命令转换为 AHB 的命令传送。

（7）总线矩阵（Bus Matrix） Bus Matrix 是 Cortex-M3 总线矩阵，CPU 内部的总线通过总线矩阵连接到外部的 ICode、DCode 及系统总线。

（8）指令跟踪宏单元（ITM） ITM 可以产生时间戳数据包并插入到跟踪数据流中，用于帮助调试器求出各事件的发生时间。

（9）唤醒中断控制器（WIC） WIC 可以使处理器和 NVIC 处于一个低功耗睡眠的模式。

（10）嵌入式跟踪宏单元（ETM） ETM 在调试中用于处理指令跟踪。

（11）串行调试端口（SW-DP/SWJ-DP）/串行或 JTAG 调试端口 串行调试的端口。

（12）跟踪端口接口单元（TPIU） TPIU 是跟踪端口的接口单元，用于向外部跟踪捕获硬件发送调试信息，作为来自 ITM 和 ETM 的 Cortex-M3 内核跟踪数据与片外跟踪端口之间的桥接。

Cortex-M3 既然是 32 位处理器核，地址线、数据线都是 32 位的，并采用了哈佛结构。哈佛的并行结构将程序指令和数据分开进行存储，其优点是因为在一个机器周期内处理器可以并行获得执行字和操作数，提高了执行速度。简单理解一下，指令存储器和其他数据存储器采用不同的总线（ICode 和 DCode 总线），可并行取得指令和数据。

1.8.8 存储器系统

1. 存储器系统的功能

Cortex-M3 存储器系统的功能与传统的 ARM 架构相比，有了以下明显的改变：

1）存储器映射是预定义的，并且还规定好了哪个位置使用哪条总线。

2）Cortex-M3 存储器系统支持"位带"（bit-band）操作。通过"位带"操作，实现了对单一比特的操作。

3）Cortex-M3 存储器系统支持非对齐访问和互斥访问。

4）Cortex-M3 存储器系统支持大端配置和小端配置。

2. 存储器映射

Cortex-M3 只有一个单一固定的存储器映射，极大地方便了软件在各种 Cortex-M3 单片机间的移植。举个简单的例子，各款 Cortex-M3 单片机的 NVIC 和 MPU 都在相同的位置布设寄存器，使它们变得与具体器件无关。存储空间的一些位置用于调试组件等私有外设，这个地址段被称为私有外设区。私有外设区的组件包括以下几种。

1）闪存地址重载及断点单元（FPB）。

2）数据观察点及跟踪单元（DWT）。

3）指令跟踪宏单元（ITM）。

4）嵌入式跟踪宏单元（ETM）。

5）跟踪端口接口单元（TPIU）。

6）跟踪调试用 ROM 表。

Cortex-M3 的地址空间是 4GB，程序可以在代码区、内部 SRAM 区以及 RAM 区执行。但是因为指令总线与数据总线是分开的，最理想的是把程序放到代码区，从而使取指和数据访问各自独立进行。

内部 SRAM 区的大小是 512MB，用于让芯片制造商连接芯片上的 SRAM（静态随机存取存储器），这个区通过系统总线来访问。在这个区的下部，有一个 1MB 的区间，称为位带区。该位带区还有一个对应的 32MB 的位带别名区，容纳了 8M 个"位变量"。位带区对应的是最低的 1MB 地址范围，而位带别名区里面的每个字对应位带区的一个比特。位带操作只适用于数据访问，不适用于取指。

地址空间的另一个 512MB 范围由片上外设的寄存器使用，这个区中也有一条 32MB 的位带别名区，以便快捷地访问外设寄存器，用法与内部 SRAM 区中的位带相同。例如，可以方便地访问各种控制位和状态位。要注意的是，外设区内不允许执行指令。

还有两个 1GB 的范围，分别用于连接外部 RAM 和外部设备，它们之中没有位带。两者的区别在于外部 RAM 区允许执行指令，而外部设备区不允许。

最后还剩下 0.5GB 的隐秘地带，Cortex-M3 内核的核心就在这里面，包括系统级组件、内部私有外设总线、外部私有外设总线。

其中私有外设总线有以下两条：

1）AHB 私有外设总线，只用于 Cortex-M3 内部的 AHB 外设，它们是 NVIC、FPB、DWT 和 ITM。

2）APB 私有外设总线，既用于 Cortex-M3 内部的 APB 设备，也用于外部设备（这里的"外部"是相对内核而言）。Cortex-M3 允许器件制造商再添加一些片上 APB 外设到 APB 私有总线上，它们通过 APB 接口来访问。

NVIC 所处的区域叫作系统控制空间（SCS），在 SCS 中除了 NVIC，还有 SysTick、MPU 以及代码调试控制所用的寄存器。

3．存储器的各种访问属性

Cortex-M3 除了为存储器做映射，还为存储器的访问规定了 4 种属性：可否缓冲（Bufferable）、可否缓存（Cacheable）、可否执行（Executable）和可否共享（Shareable）。

如果配备了 MPU，则可以通过它配置不同的存储区，并且覆盖默认的访问属性。Cortex-M3 片内没有配备缓存，也没有缓存控制器，但是允许在外部添加缓存。通常，如果提供了外部内存，芯片制造商还要附加一个内存控制器。它可以根据可否缓存的设置，来管理对片内和片外 RAM 的访问操作。地址空用可以通过另一种方式分为以下 8 个 512MB 等份使用。

（1）代码区（0m0000 0000～0x1FFF FFFF）　代码区是可以执行指令的，缓存属性为 WT（Write Through），即不可以缓存。此区也允许布设数据存储器，在此区上的数据操作是通过数据总线接口来完成的（读数据使用 DCode，写数据使用 Sytem）。且在此区上的写操作是缓冲的。

（2）SRAM 区（0x2000 0000～0m3FFF_FFFF）　SRAM 区用于片内 SRAM，写操作是缓冲的。并且可以选择 WB-WA（Write Back-Write Allocate）缓存属性。此区也可以执行指令，以允许把代码复制到内存中执行，常用于固件升级等维护工作。

（3）片上外设区（0x4000 0000～05FFF_FFFF）　片上外设区用于片上外设，因此是不可缓存的，也不可以在此区执行指令，此区也称为 eXecute Never（XN）。ARM 的参考手册大量使用此术语。

（4）外部 RAM 区的前半段（0x0000 0000～07VVV_FFFF）　外部 RAM 区的前半段可用于布设片上 RAM 或片外 RAM，可缓存（缓存属性为 WB-WA）并且可以执行指令。

（5）外部 RAM 区的后半段（0A8000_0000～0x9FFF_FFFF）　外部 RAM 区的后半段除了不可缓存（WT）外，与前半段相同。

（6）外部外设区的前半段（0KA000_0000～0ABFFF_FFFF）　外部外设区的前半段用于多核系统中的共享内存（需要严格按顺序操作，即不可缓冲）。该区也是个不可执行区。

（7）外部外设区的后半段（0A0000_0000～0ADFFF_FFFF）　外部外设区的后半段目前与前半段的功能完全一致。

（8）系统区（0xE000 0000～0AFFFF_FFFF）　系统区是私有外设和供应商指定功能区，此区不可执行代码。系统区涉及很多关键部位，因此访问都是严格序列化的（不可缓存、不可缓冲）。而供应商指定功能区则是可以缓存和缓冲的。

4．存储器的默认访问许可

Cortex-M3 有一个默认的存储访问许可，它能防止用户代码访问系统控制存储空间，保护 NVIC 和 MPU 等关键部件，默认访问许可在下列条件时生效：

1）没有配备 MPU。

2）配备了 MPU，但是 MPU 被禁止。

如果启用了 MPU，则 MPU 可以在地址空间中划出若干个区，并为不同的区规定不同的访问许可权。

5．位带操作

支持了位带操作后，可以使用普通的加载/存储指令来对单一的比特进行读写。在 Cortex-M3 中，有两个区中实现了位带。其中一个是 SRAM 区的最低 IMB 范围，第二个则是片内外设区的最低 1MB 范围。这两个位带中的地址除了可以像普通的 RAM 一样使用外，它们还都有自己的位带别名区，位带别名区把每比特映射成一个 32 位的字。当通过位带别名区访问这些字时，就可以达到访问原始比特的目的。

在位带区中每比特都映射到别名地址区的一个字，这是只有 LSB 有效的字。当一个别名地址被访问时，会先把该地址变换成位带地址。

对于读操作，读取位带地址中的一个字，再把需要的位右移到 LSB，并将 LSB 返回。

对于写操作，把需要写的位左移到对应的位序号处，然后执行一个原子（不可分割）"读改写"过程。

支持位带操作的两个内存区的范围是：0x2000_0000～0x200F_FFFF（SRAM 区中的最低 1MB）和 0x4000_0000～0x400F_FFFF（片上外设区中的最低 1MB）。

1.9　ARM Cortex-M3 处理器的调试

Cortex-M3 在内核水平上加载了若干种调试相关的特性。最主要的就是程序执行控制，包括停机（Haling）、单步执行（Stepping）、指令断点、数据观测点、寄存器和存储器访问、性能速写（Profiling），以及各种跟踪机制。

Cortex-M3 的调试系统基于 ARM 最新的 CoreSight 架构。不同于以往的 ARM 处理器，内核本身不再含有 JTAG 接口，取而代之的是称为调试访问接口（DAP）的总线接口。通过这个总线接口，可以访问芯片的寄存器，也可以访问系统存储器，甚至是在内核运行的时候访问。对该总线接口的使用，是由一个调试端口（DP）设备完成的，DP 不属于 Cortex-M3 内核，但它们是在芯片内部实现的。DP 还包括 SW-DP，去掉了对 JTAG 的支持。另外，也可以使用 ARM CoreSight 产品家族的 JTAG-DP 模块。这样就有 3 个 DP 可供选择，芯片制造商可以从中选择一个，以提供具体的调试接口。通常芯片制造商偏向于选用 SWJ-DP。

此外，Cortex-M3 还能挂载一个所谓的嵌入式跟踪宏单元（ETM）。ETM 可以不断地发出跟踪信息，这些信息通过一个称为跟踪端口接口单元（TPIU）的模块，被送到内核的外部，再在芯片外面使用一个跟踪信息分析仪，就可以把 TPIU 输出的"已执行指令信息"捕捉到，并且传送给调试主机。

在 Cortex-M3 中，调试动作能由一系列事件触发，包括断点、数据观察点、fault 条件，以及外部调试请求输入信号。当调试事件发生时，Cortex-M3 可能会停机，也可能进入调试监视器异常 Handler 状态。具体如何反应，取决于与调试相关的寄存器的配置。

另外，指令跟踪宏单元（ITM）也有自己的办法把数据送往调试器。通过把数据写到 ITM 的寄存器中，调试器能够通过跟踪接口来收集这些数据，并且显示或者处理它。此法不但容易使用，而且比 JTAG 的输出速度更快。

所有这些调试组件都可以由 DAP 总线接口来控制。此外，运行中的程序也能控制它们。所有的跟踪信息都能通过 TPIU 来访问。

1.10　嵌入式系统的设计方法

1.10.1　嵌入式系统的总体结构

在不同的应用场合，嵌入式系统呈现的外观和形式各不相同，但通过对其内部结构进行分析，可以发现，一个嵌入式系统一般都由嵌入式微处理器系统和被控对象组成。其中嵌入式微处理器系统是整个系统的核心，由硬件层、中间层、软件层和功能层组成。被控对象可以是各种传感器、电机、输入输出设备等，可以接收嵌入式微处理器系统发出的控制命令，执行所规定的操作或任务。下面对嵌入式系统的主要组成进行简单描述。

1．硬件层

硬件层由嵌入式微处理器、外围电路和外部设备组成。在一片嵌入式微处理器基础上增加电源电路、复位电路、调试接口和存储器电路，就构成一个嵌入式核心控制模块。其中操作系统和应用程序都可以固化在 ROM 或者 Flash 中，为方便使用，有的模块在此基础上增加了 LCD、键盘、USB 接口，以及其他一些功能的扩展电路和接口。

嵌入式系统的硬件层是以嵌入式处理器为核心的，最初的嵌入式处理器都是为通用目的而设计的。后来随着微电子技术的发展出现了 ASIC（专用集成电路），ASIC 是一种为具体任务而特殊设计的专用集成电路。由于 ASIC 在设计过程中进行了专门优化，其性能、性价比都非常高。采用 ASIC 可以减少系统软硬件设计的复杂度，降低系统成本。有的嵌入式微处理器利用 ASIC 来实现，但 ASIC 的前期设计费用非常高，而且 ASIC 一旦设计完成，就无法升级和扩展，一般只有在一些产量非常大的产品设计中才考虑使用 ASIC。

2．中间层

硬件层与软件层之间为中间层，也称为 BSP（板级支持包），它将系统软件与底层硬件部分隔离，使得系统的底层设备驱动程序与硬件无关，一般应具有相关硬件的初始化、数据的输入输出操作和硬件设备的配置等功能。BSP 是主板硬件环境和操作系统的中间接口，是软件平台中具有硬件依赖性的那一部分，主要目的是支持操作系统，使之能够更好地运行于硬件主板上。

纯粹的 BSP 所包含的内容一般说来是与系统有关的驱动程序，如网络驱动程序和系统中的网络协议，串口驱动程序和系统的下载调试等。离开这些驱动程序系统就不能正常工作。

3．软件层

软件层主要是操作系统，有的还包括文件系统、图形用户接口和网络系统等。操作系统是嵌入式应用软件的基础和开发平台，实际上是一段程序，系统复位后首先执行，相当于用户的主程序，用户的其他应用程序都建立在操作系统之上。操作系统是一个标准的内核，将中断、I/O、定时器等资源都封装起来，以方便用户使用。

操作系统的引入大大提高了嵌入式系统的功能，方便了应用软件的设计，但同时也占用了宝贵的嵌入式系统资源。一般在大型的或需要多任务的应用场合才考虑使用嵌入式操作系统。

4．功能层

功能层由基于操作系统开发的应用程序组成，用来完成对被控对象的控制功能。功能层面向被控对象和用户，为了方便用户操作，往往需要具有友好的人机界面。

对于一些复杂的系统，在系统设计的初期阶段就要对系统的需求进行分析，确定系统的功能。然后将系统的功能映射到整个系统的硬件、软件和执行装置的设计过程中，这个过程称为系统的功能实现。

1.10.2　嵌入式系统设计流程

嵌入式系统的应用开发是按照一定的流程进行的，一般由五个阶段构成：需求分析、体系结构设计、软件和硬件设计、系统集成和代码固化，各个阶段之间往往要求不断地重复和修改直至最终完成设计目标。

嵌入式系统开发已经逐步规范化，在遵循一般工程开发流程的基础上，必须将硬件、软件和人力等各方面资源综合起来。嵌入式系统开发都是软硬件的结合体和协同开发过程，这是其最大的特点。嵌入式系统设计流程如图 1-12 所示。

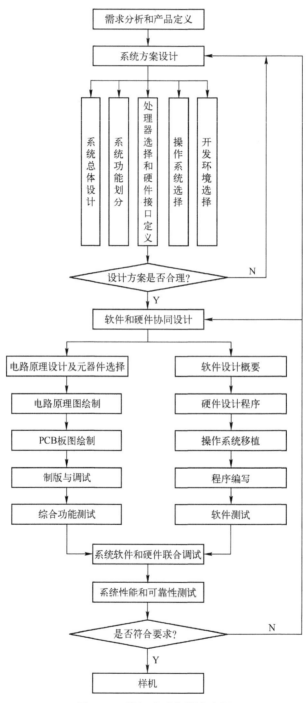

图 1-12　嵌入式系统设计流程

1．需求分析

嵌入式系统的特点决定了系统在开发初期的需求分析中就要搞清楚需要完成的任务。在此阶段需要分析系统的需求，系统的需求一般分为功能需求和非功能需求两方面。功能需求是系统的基本功能，如输入/输出信号、操作方式等；非功能需求包括系统性能、成本、功耗、体积和重量等因素。

根据系统的需求，确定设计任务和设计目标，并提炼出设计规格说明书，作为正式指导设计和验收的标准。

2．体系结构设计

需求分析完成后，根据提炼出的设计规格说明书。进行体系结构的设计。包括对硬件和软件的功能划分，以及系统的软件、硬件和操作系统的选型等。

3．软件和硬件设计

基于体系结构对系统的软件和硬件进行详细设计。为了缩短产品开发周期，设计往往是并行的。设计对于每一个处理器的硬件平台都是通用的、固定的、成熟的，在开发过程中减少了硬件系统错误的引入机会。同时，嵌入式操作系统屏蔽了低层硬件的很多复杂信息，开发者利用操作系统提供的 API 函数可以完成大部分功能。对于一个完整的嵌入式应用系统的开发而言，应用系统的程序设计是嵌入式系统设计一个非常重要的方面，程序的质量直接影响整个系统功能的实现，好的程序设计可以克服系统硬件设计的不足，提高应用系统的性能；反之，会使整个应用系统无法正常工作。

不同于基于 PC 平台的程序开发，嵌入式系统的程序设计具有其自身的特点，程序设计的方法也会因系统或人而异。

4．系统集成和代码固化

把系统中的软件和硬件集成在一起，进行调试，发现并改进单元设计过程中的错误。

嵌入式软件开发完成以后，大多数在目标环境的非易失性存储器中运行，程序写入到 Flash 固化，保证每次运行后下一次运行无误，所以嵌入式软件开发与普通软件开发相比，增加了固化阶段。嵌入式应用软件调试完成以后，编译器要对源代码重新编译一次，以产生固化到环境的可执行代码，再烧写到 Flash。可执行代码烧写到目标环境中固化后，整个嵌入式系统的开发就基本完成了，剩下的就是对产品的维护和更新了。

1.10.3 嵌入式系统的软件和硬件协同设计技术

传统的嵌入式系统设计方法，软件和硬件分为两个独立的部分，由软件工程师和硬件工程师按照拟定的设计流程分别完成。这种设计方法只能改善软件和硬件各自的性能，而有限的设计空间不可能对系统做出较好的性能综合优化。从理论上来说，每一个应用系统，都存在一个适合该系统的软件和硬件功能的最佳组合，如何从应用系统需求出发，依据一定的指导原则和分配算法对软件和硬件功能进行分析及合理的划分，从而使系统的整体性能、运行时间、能量耗损及存储能量达到最佳状态，已成为软件和硬件协同设计的重要研究内容之一。

系统协同设计与传统设计相比有两个显著的区别：

1）描述软件和硬件使用统一的表示形式。

2）软件和硬件划分可以选择多种方案，直到满足要求。

显然，系统协同设计方法对于具体的应用系统而言，是容易获得满足综合性能指标的最佳解决方案。传统方法虽然也可改进软件和硬件性能，但由于这种改进是各自独立进行的，不一定能使系统综合性能达到最佳。

传统的嵌入式系统开发采用的是软件开发与硬件开发分离的方式，其过程可描述如下：

1）需求分析。

2）软件和硬件分别设计、开发、调试、测试。

3）系统集成。

4）集成测试。

5）若系统正确，则结束，否则继续进行。

6）若出现错误，需要对软件和硬件分别验证和修改；返回过程 3），再继续进行集成测试。

虽然在系统设计的初始阶段考虑了软件和硬件的接口问题，但由于软件和硬件分别开发，各自部分的修改和缺陷很容易导致系统集成出现错误。由于设计方法的限制，这些错误不但难以定位，而且更重要的是，对它们的修改往往会涉及整个软件结构或硬件配置的改动。显然，这是灾难性的。

为避免上述问题，一种新的开发方法应运而生——软件和硬件协同设计方法。首先，应用独立于任何软件和硬件的功能性规格方法对系统进行描述，采用的方法包括有限态自动机（FSM）、统一化的规格语言（CSP、VHDL）或其他基于图形的表示工具，其作用是对软件和硬件统一表示，便于功能的划分和综合；然后，在此基础上对软件和硬件进行划分，即对软件和硬件的功能模块进行分配。但是，这种功能分配不是随意的，而是从系统功能要求和限制条件出发，依据算法进行的。完成软件和硬件功能划分之后，需要对划分结果做出评估。一种方法是性能评估，另一种方法是对软件和硬件综合之后的系统依据指令级评价参数做出评估。如果评估结果不满足要求，说明划分方案选择不合理，需重新划分软件和硬件模块，以上过程重复，直至系统获得一个满意的软件和硬件实现为止。

软件和硬件协同设计过程可归纳为：

1）需求分析。

2）软件和硬件协同设计。

3）软件和硬件实现。

4）软件和硬件协同测试和验证。

这种方法的特点是在协同设计、协同测试和协同验证上，充分考虑了软件和硬件的关系，并在设计的每个层次上进行测试验证，使得尽早发现和解决问题，避免灾难性错误的出现。

1.11 嵌入式系统的发展

1.11.1 嵌入式系统的发展历程

从 20 世纪 70 年代单片机出现到今天。嵌入式系统已经历了 40 余年的发展。一般认为，嵌入式系统的发展主要经历了以下四个阶段。

1. 以单板机为核心的嵌入式系统阶段

早期的嵌入式系统起源于 20 世纪 70 年代的微型计算机，然而微型计算机的体积、价格、可靠性都难以满足特定的嵌入式应用要求。到了 20 世纪 80 年代后，集成电路技术的进步极大地缩小了计算机的体积，使其向微型化方向发展。整个微型计算机系统中的 CPU、内存、存储器和串行/并行端口等芯片可以放在单个电路板上，用印制电路将各个功能芯片连接起来，构成一台单板计算机，简称"单板机"（Single Board Computer，SBC）。这一阶段的嵌入式系统虽然较微型计算机体积有所缩小，但依然难以嵌入普通家用电器产品中，同时价格相对较高，主要还是应用于工业控制领域。

2. 以单片机为核心的嵌入式系统阶段

到了 20 世纪 80 年代，随着微电子工艺水平的提高，Intel 和 Philips 等集成电路制造商开始寻求单片形态嵌入式系统的最佳体系结构。把嵌入式应用中所需要的微处理器、I/O 接口、A/D 转换、D/A 转换、串行接口以及 RAM、ROM 等部件统统集成到一个超大规模集成电路（VLSI）中，制造出了面向 I/O 设计的微控制器，也就是单片计算机，简称"单片机"。单片机成为当时嵌入式计算机系统一支异军突起的新秀，奠定了单片机与通用计算机完全不同的发展道路，并伴随后来 DSP 的出现进一步提升了嵌入式计算机系统的技术水平。在单片机出现后的一段时期，嵌入式应用软件通常采用汇编语言编写，对系统进行直接控制，之后开始出现了一些简单的"嵌入式操作系统"。这些嵌入式操作系统虽然比较简单，但已经初步具有了一定的兼容性和扩展性。这一阶段的嵌入式系统已从工业控制领域开始迅速渗透到仪器仪表、通信电子、医用电子、交通运输和家用电器等诸多领域。

3. 以多类嵌入式处理器和嵌入式操作系统为核心的嵌入式系统阶段

到了 20 世纪 90 年代，在分布式控制、柔性制造、数字化通信和消费电子等巨大需求的牵引下，嵌入式系统进一步加速发展，以 PowerPC、ARM、MIPS 等为代表的 8 位、16 位、32 位各种不同类型的高性能、低功耗的嵌入式处理器不断涌现。随着嵌入式应用对实时性要求的提高，嵌入式系统的软件也伴随硬件实时性的提高不断扩大其规模，逐渐形成了多任务的实时操作系统（RTOS）。这些操作系统不但能够运行在各种不同类型的嵌入式微处理器上，而且具备了文件管理、设备管理、多任务、网络和图形用户界面（GUI）等功能，还提供了大量的应用程序接口（API），具有实时性好、模块化程度高、可裁剪和可扩展等特点，使应用软件的开发变得更加简单和高效。在应用方面，除工业领域的应用外，掌上电脑、便携式计算机、机顶盒等民用产品也相继出现并快速发展，推动了嵌入式系统应用在广度和深度上的极大进步。

4. 面向互联网的嵌入式系统阶段

21 世纪以来，人类真正进入了互联网时代。在硬件上，随着微电子技术、通信技术、IC 设计技术、EDA 技术的迅猛发展，相继出现了品类繁多的 32 位、64 位嵌入式处理器，特别是在 ARM Cortex 系列内核架构发布以后，各种各样以 ARM Cortex 内核为基础设计生产的 MPU、MCU、SoC 如雨后春笋般不断涌现。这些嵌入式处理器内存容量足够大，I/O 功能足够丰富。其扩展方式从并行总线接口发展出了各种串行总线接口，形成了一系列的工业标准，如 IC 总线接口、SPI 总线接口、USB 接口、以太网接口及 CAN 接口等。甚至将网络协议的低两层或低三层都集成到了嵌入式处理器中，促使各种各样的嵌入式设备具备了接入互联网的能力。嵌入式系统不但具有 Ethernet/CAN/USB 有线网络和 ZigBee/NFC/RFID/Wi-Fi/Bluetooth/Lora 等近场无线通信功能，而且具有 GPRS/3G/4G/NB-IoT 的公共网络无线通信功能。软件上，嵌入式实时操作系统也纷纷添加了支持各种网络通信的协议栈，提供了支持各种通信功能的 API，转型为物联网实时操作系统。目前越来越多的嵌入式系统产品和设备接入了互联网，在云计算技术的支持下，嵌入式系统通过云平台不但可以实现与人的交互，也可实现与其他嵌入式系统的交互，开启了嵌入式系统的万物互联时代。随着 Internet 技术与信息家电、工业控制、航空航天等技术的结合日益密切，嵌入式设备与 Internet 的融合也更加深入。

1.11.2 嵌入式系统的发展趋势

嵌入式系统自诞生以来已经走过了漫长的道路，如今世界上 99% 的计算机系统都被认为是嵌入式系统。随着物联网技术、人工智能技术和 5G 通信等新技术的快速发展，以及各种创新应用形态的不断出现，嵌入式系统技术已成为智能和互联/物联网生态快速发展的推动者。那么，接下来的几年，嵌入式系统会朝着哪些方向发展？以下是对嵌入式系统今后一段时期发展趋势的一些思考。

1. 更智能的嵌入式人工智能

目前，人们周围已经能够见到多种多样的嵌入式智能设备，如智能手机、智能音箱、机器人、城市天眼系统和智能家居产品等。这些智能设备一般都可以通过语音识别、图像识别、生物特征识别和自然语言合成等技术实现与人的交互。但从现实体验看，目前各设备的智能水平还不够高，还有发展空间。例如，自动驾驶汽车，高等级（L4、L5）自动驾驶是指车辆能够完全实现自主驾驶，驾驶员能够在任何行驶环境下得到完全解放。但现阶段大多数量产智能汽车还处于 L2 级别，只有极少数可以达到 L3 级别。目前无论 L2 还是 L3 级别的智能汽车，都还处于人机共驾的阶段，驾驶员和系统共享对车辆的控制权，所以不能算是高等级的自动驾驶。因此在自动驾驶技术方面，嵌入式系统还有漫长的路要走。另外嵌入式人工智能是一种让 AI 算法可以在嵌入式终端设备上运行的技术概念，目前 AI 的算力主要集中在大数据中心和云端平台，但在诸多应用场景中，嵌入式系统可能无法可靠地采用云端算力进行 AI 计算，因此在边缘嵌入式设备上部署人工智能（边缘人工智能）成为嵌入式系统发展的一个趋势，也推动了边缘计算的兴起。

2. 更实时的连接——嵌入式系统与 5G 技术的融合

4G 通信的时延无法满足严苛的物联网应用中的实时性、安全性要求，成为物联网应用的技术瓶颈。5G 的诞生带来了低时延、高可靠和低功耗的信息传输技术，能够有效突破上述技术瓶颈。例如，在工业生产中，利用 5G 网络建立前端嵌入式系统设备与后端监控系统之间的低时延、高可靠通信连接，这对于有效监控生产流程和提高生产效率具有重大意义。又如，日常生活中的智能穿戴产品、智能家居、智能医疗、智能安防以及智能汽车等，通过 5G 连接，可以使每个嵌入式终端设备都能够自由连通，数据实时共享，孕育出更加丰富和更加灵活的应用模式。同时，5G 也将有助于产生一个由嵌入式 SoC 架构支持的全新生态系统，推动嵌入式处理器和嵌入式操作系统的技术升级。对于嵌入式系统而言，在 5G 时代，无论设备大小、功能强弱，都需要带有联网功能，因此现在正在使用的产品可能需要大批量进行更新换代，这样便会触发嵌入式产品的新一波巨大需求。因此，嵌入式系统与 5G 技术的融合正在成为嵌入式系统发展的一个趋势。

3. 更安全——嵌入式系统的安全性

随着嵌入式系统应用的日益广泛，连接互联网的嵌入式设备越来越多，嵌入式系统的安全性和隐私保护问题也变得越发重要。2010 年 7 月发生了"震网（Stuxnet）"蠕虫攻击西门子公司 SIMATIC WinCC 监控与数据采集系统的事件，引发了国际工业界和主流安全厂商的全面关注。嵌入式系统设备旨在执行一个或一组指定的任务，这些设备通常设计为最小化处理周期并减少存储器的使用，由于资源有限，为通用计算机开发的安全解决方案无法在嵌入式设备中使用。因此在嵌入式系统的设计过程中如何考虑设备安全性、数据安全性和通信安全性，成为一个新的挑战，需要思考诸多问题。开发阶段，如何确保代码的真实性和不可更改性；在设备部署阶段，如何建立一种信任机制，既要防止不受信任的二进制文件运行，又要确保正确的软件在正确的硬件上运行；在设备运行期间，如何防止未授权的控制访问，以及保证数据在网络传输时不被窃取；当设备处于停机状态时，如何防止设备上的数据不被非法访问等，这些都是保证嵌入式系统安全性必须解决的关键问题。目前，包括区块链技术在内的多种安全新技术融入嵌入式系统应用中，将促使嵌入式系统在其整个生命周期中更加安全。

4. 更丰富的形态——嵌入式系统虚拟化

虚拟化起源于大型计算机，随后在服务器中得到了极大的发展和应用。如今，虚拟化也正在进入嵌入式系统设备。嵌入式应用需求推动着嵌入式系统变得更大、更复杂，这本身与嵌入式系统的设计初衷相矛盾，因此人们越来越希望对系统进行高度整合，以期减少系统的体积、重量、功耗以及系统的整体成本，将虚拟化技术引入嵌入式系统也就成为一种新的选择。许多嵌入式应用期待能够拥有在单个硬件上运行多个应用程序的操作环境，这就需要一个像虚拟机管理程序这样的支持层，它可以虚拟化出多个嵌入式操作系统，并依靠使用公共的嵌入式硬件资源高效地运行这些操作系统，同时还要确保各个操作系统之间不会相互干扰。与传统的虚拟机管理程序不同，嵌入式虚拟机管理程序实现了一种不同的抽象，它需要具有极高的内存使用效率、更灵活的通信方法，需要针对不同嵌入式软件建立一个既共存又相互隔离的环境，同时还需要具备实时调度的能力。嵌入式系统虚拟化增加了系统的灵活性，提供了更多和更先进的功能，使嵌入式设备变成了一种新的嵌入式系统类别。一些用于嵌入式系统虚拟化的工具已经出现，如 VMware Mobile Virtualization Platform、PikeOS、OKL4、NOVA、Codezero 等。2020 年 9 月，华为公司发布了全球首个基于 ARM 芯片的"云手机"，成为"华为云+5G 网+显示屏"三位一体的全新嵌入式设备，也预示着嵌入式系统与虚拟化的融合将向更深层次发展。

习题

1. 嵌入式处理器有哪几种？如何选择？

2. 简述冯·诺依曼（von Neumann）结构和哈佛（Harvard）结构的区别。

3. 嵌入式系统与计算机系统有什么区别？

4. 简述 Cortex-M3 处理器的特点。

5. 什么是嵌入式系统？

6. 简述嵌入式系统与通用计算机系统的异同点。

7. 嵌入式系统的特点主要有哪些？

8. 嵌入式系统的软件分为哪两种体系结构？

9. 常见的嵌入式操作系统有哪几种？

第 2 章　STM32 微控制器与最小系统设计

本章对 STM32 微控制器进行了概述，介绍了 STM32F1 系列产品系统构架和 STM32F103ZET6 内部结构、STM32F103ZET6 的存储器映像、STM32F103ZET6 的时钟结构、STM32F103VET6 的引脚、STM32F103VET6 最小系统设计和学习 STM32 微控制器的方法。

2.1　STM32 微控制器概述

STM32 微控制器是意法半导体（ST Microelectronics）公司推向市场的基于 Cortex-M 内核的微处理器系列产品，该系列产品具有成本低、功耗低、性能高及功能多等优势，且方便用户选型，在市场上获得了广泛好评。

STM32 微控制器常用的是 STM32F103～107 系列，简称"1 系列"，高端系列 STM32F4xx 系列，简称"4 系列"。前者基于 Cortex-M3 内核，后者基于 Cortex-M4 内核。STM32F4xx 系列在以下方面做了优化：

1）增加了浮点运算。

2）可进行 DSP 处理。

3）存储空间更大，高达 1MB 以上。

4）运算速度更高，以 168MHz 高速运行时可达到 210DMIPS 的处理能力。

5）新增外设接口，例如照相机接口、USB 高速 OTG 接口等。

6）更快的通信接口速度，更高的采样率。

7）更高级的外设，如加密处理器、带 FIFO 的 DMA 控制器。

STM32 微控制器具有以下优点：

1）内核结构先进。

① 哈佛结构使处理器整数性能测试表现出色，可以达到 1.25DMIPS/MHz、而功耗仅为 0.19mW。

② Thumb-2 指令集以 16 位的代码密度带来了 32 位的性能。

③ 内置了快速的中断控制器，提供了优越的实时特性，中断的延迟时间降到只需 6 个 CPU 周期，从低功耗模式唤醒的时间也只需 6 个 CPU 周期。

④ 可执行单周期乘法指令和硬件除法指令。

2）三种功耗控制。STM32 微控制器经过特殊处理，针对应用中三种主要的功耗要求进行了优化，这三种功耗要求分别是运行模式下高效率的动态耗电机制、待机状态时极低的电能消耗和电池供电时的低电压工作能力。为此，STM32 微控制器提供了三种低功耗模式和灵活的时钟控制机制，用户可以根据自己所需要的耗电/性能要求进行合理的优化。

3）最大程度集成整合。

① STM32 内嵌电源监控器，包括上电复位、低电压检测、掉电检测和自带时钟的看门狗定时器，减少对外部器件的需求。

② 使用一个主晶振驱动整个系统、低成本的 4～16MHz 晶振即可驱动 CPU、USB 以及所有外设，使用内嵌锁相环（Phase Locked Loop，PLL）产生多种频率，可以为内部实时时钟选择 32kHz 的晶振。

③ 内嵌出厂前调校好的 8MHz RC 振荡电路，作为主时钟源。

④ 设计了专门针对实时时钟或看门狗的低频率 RC 电路。

⑤ LQPF100 封装芯片的最小系统只需要 7 个外部无源器件。

因此，使用 STM32 可以很轻松地完成产品的开发。ST 公司提供的完整、高效的开发工具和库函数，能够帮助开发者缩短系统开发时间。

4）外设出众。STM32 微控制器的优势还来源于两路高级外设总线，连接到该总线上的外设能以更高的速度运行。

① USB 接口速度可达 12Mbit/s。

② USART 接口速度高达 4.5Mbit/s。

③ SPI 接口速度可达 18Mbit/s。

④ I^2C 接口速度可达 400kHz。

⑤ GPIO 的最大翻转频率为 18MHz。

⑥ PWM（Pulse Width Modulation，脉冲宽度调制）定时器最高可使用 72MHz 时钟输入。

2.1.1 STM32 微控制器产品线

目前，市场上常见的基于 Cortex-M3 的 MCU 有意法半导体公司的 STM32F103 微控制器、德州仪器（TI）公司的 LM3S8000 微控制器和恩智浦（NXP）公司的 LPC1788 微控制器等，其应用遍及工业控制、消费电子、仪器仪表和智能家居等各个领域。

意法半导体公司于 1987 年 6 月成立，由意大利的 SGS 微电子公司和法国 THOMSON 半导体公司合并而成，1998 年 5 月公司改名为意法半导体公司，是世界最大的半导体公司之一。从成立至今，意法半导体公司的增长速度超过了半导体工业的整体增长速度。自 1999 年起，意法半导体公司始终是世界十大半导体公司之一。据最新的工业统计数据，意法半导体是全球第五大半导体厂商，在很多市场居世界领先水平。而且在分立器件、手机相机模块和车用集成电路领域居世界前列。

在诸多半导体制造商中，意法半导体公司是较早在市场上推出基于 Cortex-M 内核的 MCU 产品的公司，根据 Cortex-M 内核设计生产的 STM32 微控制器充分发挥了低成本、低功耗、高性价比的优势，以系列化的方式推出，方便用户选择，受到了广泛的好评。

　　STM32 微控制器适合的应用有：替代绝大部分 8/16 位 MCU 的应用、替代常用的 32 位 MCU（特别是 ARM7）的应用、小型操作系统相关的应用，以及简单图形和语音相关的应用等。

　　STM32 微控制器不适合的应用有：程序代码大于 1MB 的应用、基于 Linux 或 Android 的应用、基于高清或超高清的视频应用等。

　　STM32 微控制器的产品线包括高性能类型、主流类型和超低功耗类型三大类，分别面向不同的应用，其具体产品系列如图 2-1 所示。

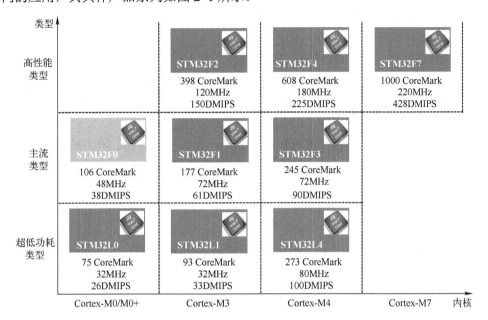

图 2-1　STM32 产品系列图

1．STM32F1 系列微控制器（主流类型）

　　STM32F1 系列微控制器基于 Cortex-M3 内核，利用一流的外设和低功耗、低电压操作实现了高性能，同时以可接受的价格，利用简单的架构和简便易用的工具实现了高集成度，能够满足工业、医疗和消费类市场的各种应用需求。凭借该产品系列，ST 公司在全球基于 ARM Cortex-M3 的微控制器领域处于领先地位。本书后续章节即是基于 STM32F1 系列中的典型微控制器 STM32F103 进行讲述的。

　　STM32F1 系列微控制器包含以下 5 个产品线，它们的引脚、外设和软件均兼容。

　　1）STM32F100：超值型，24MHz CPU，具有电机控制功能。

　　2）STM32F101：基本型，36MHz CPU，具有高达 1MB 的 Flash。

　　3）STM32F102：USB 基本型，48MHz CPU，具备 USBFS。

　　4）STM32F103：增强型，72MHz CPU，具有高达 1MB 的 Flash、电机控制、USB 和 CAN。

　　5）STM32F105/107：互联网型，72MHz CPU，具有以太网介质访问控制（Media Access Control，MAC）、CAN 和 USB2.0 OTG。

2. STM32F4 系列（高性能类型）

STM32F4 系列微控制器基于 Cortex-M4 内核，采用了 ST 公司的 90nm NVM 工艺和 ART 加速器，在高达 180MHz 的工作频率下通过闪存执行时，其处理性能达到 225 DMIPS/608CoreMark。由于采用了动态功耗调整功能，通过闪存执行时的电流消耗范围为 STM32F401 的 128μA/MHz 到 STM32F439 的 260μA/MHz。

截至 2016 年 3 月，STM32F4 系列包括 9 个互相兼容的数字信号控制器（Digital Signal Controller，DSC）产品线，是 MCU 实时控制功能与 DSP 信号处理功能的完美结合体。

1）STM32F401：84MHz CPU/105DMIPS，尺寸较小、成本较低的解决方案，具有很好的功耗（动态效率系列）。

2）STM32F410：100MHz CPU/125DMIPS，采用新型智能直接存储器存取（Direct Memory Access，DMA），优化了数据批处理的功耗（采用批采集模式的动态效率系列），配备的随机数发生器、低功耗定时器和 DAC，为卓越的功耗性能设立了新的里程碑（停机模式下 89μA/MHz）。

3）STM32F411：100MHz CPU/125DMIPS，具有卓越的功耗、更大的静态随机存取存储器（Static Random Access Memory，SRAM）和新型智能 DMA，优化了数据批处理的功耗（采用批采集模式的动态效率系列）。

4）STM32F405/415：168MHz CPU/210DMIPS，高达 1MB 的 Flash，具有先进连接功能和加密功能。

5）STM32F407/417：168MHz CPU/210DMIPS，高达 1MB 的 Flash，增加了以太网 MAC 和照相机接口。

6）STM32F446：180MHz CPU/225DMIPS，高达 512KB 的 Flash，具有 DualQuad SPI 和 SDRAM 接口。

7）STM32F429/439：180MHz CPU/225DMIPS，高达 2MB 的双区闪存，带 SDRAM 接口、Chrom-ART 加速器和 LCD-TFT 控制器。

8）STM32F427/437：180MHz CPU/225DMIPS，高达 2MB 的双区闪存，具有 SDRAM 接口、Chrom-ART 加速器、串行音频接口，性能更高，静态功耗更低。

9）SM32F469/479：180MHz CPU/225DMIPS，高达 2MB 的双区闪存，带 SDRAM 和 QSPI 接口、Chrom-ART 加速器、LCD-TFT 控制器和 MPI-DSI 接口。

3. STM32F7 系列（高性能类型）

STM32F7 系列微控制器是一款基于 Cortex-M7 内核的微控制器。它采用 6 级超标量流水线和浮点单元，并利用 ST 公司的 ART 加速器和 L1 缓存，实现了 Cortex-M7 的最大理论性能——无论是从嵌入式闪存还是外部存储器来执行代码，都能在 216MHz 处理器频率下使性能达到 462DMIPS/1082CoreMark。相对于 ST 公司推出的其他高性能微控制器，如 STMF2、STMF4 系列，STM32F7 系列的优势就在于其强大的运算性能，能够适用于那些对高性能计算有巨大需求的应用，对于可穿戴设备和健身应用来说，将会带来革命性的颠覆，起到巨大的推动作用。

4. STM32L1 系列（超低功耗类型）

STM32L1 系列微控制器基于 Cortex-M3 内核，采用 ST 公司专有的超低泄漏制程工艺，具有创新型自主动态电压调节功能和 5 种低功耗模式，为各种应用提供了平台灵活性。STM32L1 系列微控制器扩展了超低功耗的理念，并且不会牺牲性能。与 STM32L0 系列微控制器一样，STM32L1 系列微控制器提供了动态电压调节、超低功耗时钟振荡器、LCD 接口、比较器、DAC 及硬件加密等部件。

STM32L1 系列微控制器可以实现在 1.65～3.6V 范围内以 32MHz 的频率全速运行，其参考值如下：

1）动态运行模式，低至 177μA/MHz。

2）低功耗运行模式，低至 9μA。

3）超低功耗模式+备份寄存器+RTC，900nA（3 个唤醒引脚）。

4）超低功耗模式+备份寄存器，280nA（3 个唤醒引脚）。

除了超低功耗 MCU 以外，STM32L1 还提供了多种特性、存储容量和封装引脚数选项，如 32～512KB 闪存、80KB 的 SDRAM、16KB 的嵌入式 EEPROM、48～144 个引脚。为了简化移植步骤和为工程师提供所需的灵活性，STM32L1 系列微控制器与不同的 STM32F 系列微控制器均引脚兼容。

2.1.2　STM32 微控制器的命名规则

ST 公司在推出以上一系列基于 Cortex-M 内核的 STM32 微控制器产品时，也制定了它们的命名规则。通过名称，用户能直观、迅速地了解某款具体型号的 STM32 微控制器产品。STM32 微控制器的名称主要由以下几部分组成。

1．产品系列名

STM32 微控制器的名称通常以 STM32 开头，表示产品系列，代表 ST 公司基于 ARM Cortex-M 系列内核的 32 位 MCU。

2．产品类型名

产品类型名是 STM32 微控制器名称的第二部分，有 F（Flash，闪存型）、W（无线系统芯片型）、L（低功耗低电压型，1.65～3.6V）。

3．产品子系列名

产品子系列名是 STM32 微控制器名称的第三部分。

常见的 STM32F 产品子系列名有 050，ARM Cortex-M0 内核；051，ARM Cortex-M0 内核；100，ARM Cortex-M3 内核，超值型；101，ARM Cortex-M3 内核，基本型；102，ARM Cortex-M3 内核，USB 基本型；103，ARM Cortex-M3 内核，增强型；105，ARM Cortex-M3 内核，USB 互联网型；107，ARM Cortex-M3 内核，USB 互联网型和以太网型；108，ARM Cortex-M3 内核，IEEE802.15.4 标准；151，ARM Cortex-M3 内核，不带 LCD；152/162，ARM Cortex-M3 内核，带 LCD；205/207，ARM Cortex-M3 内核，摄像头；215/217，ARM Cortex-M3 内核，摄像头和加密模块；405/407，ARMCortex-M4 内核，MCU+FPU，摄像头；415/417，ARM Cortex-M4 内核，MCU+FPU，加密模块和摄像头。

4．引脚数

引脚数是 STM32 微控制器名称的第四部分，通常有以下几种：F（20 个引脚）、G（28 个引脚）、K（32 个引脚）、T（36 个引脚）、H（40 个引脚）、C（48 个引脚）、U（63 个引脚）、R（64 个引脚）、O（90 个引脚）、V（100 个引脚）、Q（132 个引脚）、Z（144 个引脚）和 I（176 个引脚）。

5．Flash 容量

Flash 容量是 STM32 微控制器名称的第五部分，通常有以下几种：4（16KB，小容量）、6（32KB，小容量）、8（64KB，中容量）、B（128KB，中容量）、C（256KB，大容量）、D（384KB，大容量）、E（512KB，大容量）、F（768KB，大容量）、G（1MB，大容量）。

6．封装方式

封装方式是 STM32 微控制器名称的第六部分，通常有以下几种：T（LQFP，Low-profile Quad Flat Package，薄型四侧引脚扁平封装）、H（BGA，Ball Grid Array，球栅阵列封装）、U（VFQFPN，Very Thin Fine Pitch Quad Flat Pack No-Lead Package，超薄细间距四方扁平无铅封装）、Y（WLCSP，Wafer Level Chip Scale Packaging，晶圆片级芯片规模封装）。

7．温度范围

温度范围是 STM32 微控制器名称的第七部分，通常有以下两种：6（-40～85℃）、7（-40～105℃）。

STM32F103 微控制器的命名规则如图 2-2 所示。

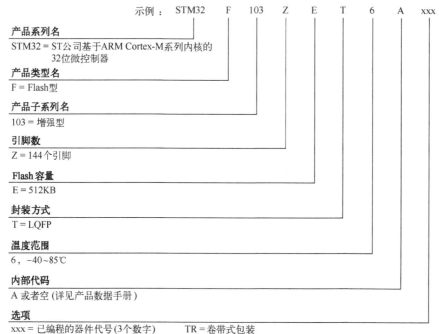

图 2-2　STM32F103 微控制器命名规则

STM32F103xx 闪存容量、封装及型号对应关系如图 2-3 所示。

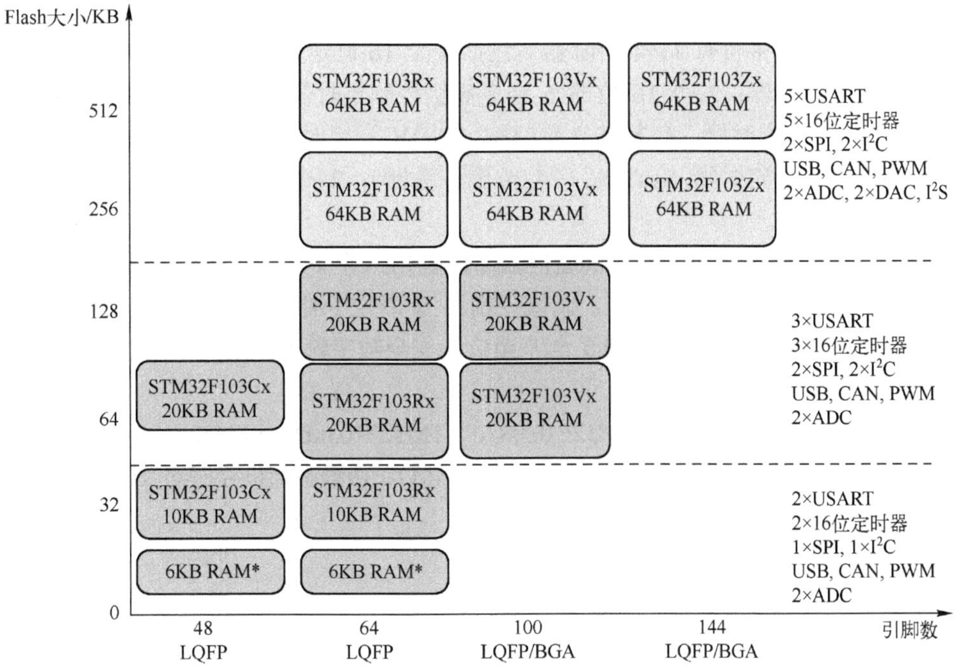

图 2-3　STM32F103xx 闪存容量、封装及型号对应关系

STM32 微控制器内部资源介绍如下：

（1）内核　ARM32 位 Cortex-M3 CPU，最高工作频率为 72MHz，执行频率为 1.25DMIPS/MHz，完成 32 位×32 位乘法计算只需用一个周期，并且硬件支持除法（有的芯片不支持硬件除法）。

（2）存储器　片上集成 32～512KB 的闪存，6～64KB 的静态随机存取存储器（SRAM）。

（3）电源和时钟复位电路　包括 2.0～3.6V 的供电电源（提供 I/O 端口的驱动电压）；上电/断电复位（POR/PDR）端口和可编程电压探测器（PVD）；内嵌 4～16MHz 的晶振；内嵌出厂前调校 8MHz 和 40kHz 的 RC 振荡电路；供 CPU 时钟的 PLL；带校准功能供 RTC 的 32kHz 晶振。

（4）调试端口　有 SWD 串行调试端口和 JTAG 端口可供调试使用。

（5）I/O 端口　根据型号的不同，双向快速 I/O 端口数目可为 26、37、51、80 或 112。翻转频率为 18MHz，所有的端口都可以映射到 16 个外部中断向量。除了模拟输入端口，其他所有的端口都可以接收 5V 以内的电压输入。

（6）DMA（直接内存存取）端口　支持定时器、ADC、SPI、I²C 和 USART 等外设。

（7）ADC　带有 2 个 12 位的微秒级逐次逼近型 ADC，每个 ADC 最多有 16 个外部通道和 2 个内部通道。2 个内部通道一个接内部温度传感器，另一个接内部参考电压。ADC 供电要求为 2.4～3.6V，测量范围为 V_{REF-}～V_{REF+}，V_{REF-}通常为 0V，V_{REF+}通常与供电电压一样。具有双采样和保持能力。

（8）DAC　STM32F103xC、STM32F103xD、STM32F103xE 单片机具有 2 通道 12 位 DAC。

（9）定时器　最多可有 11 个定时器，包括 4 个 16 位定时器，每个定时器有 4 个 PWM 定时器或者脉冲计数器；2 个 16 位的 6 通道高级控制定时器（最多 6 个通道可用于 PWM 输出）；2 个看门狗定时器，包括独立看门狗（IWDG）定时器和窗口看门狗（WWDG）定时器；1 个系统滴答定时器 SysTick（24 位倒计数器）；2 个 16 位基本定时器，用于驱动 DAC。

（10）通信端口　最多可有 13 个通信端口，包括 2 个 PC 端口；5 个通用异步收发传输器（UART）端口（兼容 IrDA 标准，调试控制）；3 个 SPI 端口（18Mbit/s），其中 IS 端口最多只能有 2 个；CAN 端口、USB 2.0 全速端口、安全数字输入/输出（SDIO）端口最多都只能有 1 个。

（11）FSMC　FSMC 嵌在 STM32F103xC、STM32F103xD、STM32F103xE 单片机中，带有 4 个片选端口，支持闪存、随机存取存储器（RAM）、伪静态随机存储器（PSRAM）等。

2.1.3　STM32 微控制器的选型

在微控制器选型过程中，常常会陷入这样一个困局：一方面受限于 8 位/16 位微控制器有限的指令和性能，另一方面受限于 32 位处理器的高成本和高功耗。能否有效地解决这个问题，使选型时不必在性能、成本、功耗等因素中做出取舍和折中？

基于 ARM 公司 2006 年推出的 Cortex-M3 内核，ST 公司于 2007 年推出的 STM32 系列微控制器就很好地解决了上述问题。因为 Cortex-M3 内核的计算能力是 1.25DMIPS/MHz，而 ARM7TDMI 只有 0.95DMIPS/MHz。而且 STM32 拥有 1μs 的双 12 位 ADC，4Mbit/s 的 UART，18Mbit/s 的 SPI，18MHz 的 I/O 翻转速度，更重要的是，STM32 在 72MHz 工作时功耗只有 36mA（所有外设处于工作状态），而待机时功耗只有 2μA。

在了解了 STM32 微控制器的分类和命名规则的基础上，根据实际情况的具体需求，可以大致确定所要选用的 STM32 微控制器的内核型号和产品系列。例如：一般的工程应用的数据运算量不是特别大，基于 Cortex-M3 内核的 STM32F1 系列微控制器即可满足要求；如果需要进行大量的数据运算，且对实时控制和数字信号处理能力要求很高，或者需要外接 RGB 大屏幕，则推荐选择基于 Cortex-M4 内核的 STM32F4 系列微控制器。

在明确了产品系列之后，可以进一步选择产品线。以基于 Cortex-M3 内核的 STM32F1 系列微控制器为例，如果仅需要用到电动机控制或消费类电子控制功能，则选择 STM32F100 或 STM32F101 系列微控制器即可；如果还需要用到 USB 通信、CAN 总线等模块，则推荐选用 STM32F103 系列微控制器；如果对网络通信要求较高，则可以选用 STM32F105 或 STM32F107 系列微控制器。对于同一个产品系列，不同的产品线采用的内核是相同的，但核外的片上外设存在差异。具体选型情况要视实际的应用场合而定。

确定好产品线之后，即可选择具体的型号。参照 STM32 微控制器的命名规则，可以先确定微控制器的引脚数。引脚多的微控制器的功能相对多一些，当然价格也贵一些，具体要根据实际应用中的功能需求进行选择，一般够用就好。

　　确定好了引脚数之后再选择 Flash 容量的大小。对于 STM32 微控制器而言,相同引脚数的微控制器有不同的 Flash 存储器容量可供选择,一般也要根据实际需要进行选择。程序大就选择容量大的 Flash,够用即可。到这里,根据实际的应用需求,确定了所需的微控制器的具体型号,下一步的工作就是开发相应的应用。

　　微控制器除可以选择 STM32 外,还可以选择国产芯片。ARM 技术发源于国外,但通过国内研究人员十几年的研究和开发,我国的 ARM 微控制器技术已经取得了很大的进步,国产品牌已获得了较高的市场占有率,相关的产业也在逐步发展壮大之中。

　　1)兆易创新科技集团股份有限公司于 2005 年在北京成立,是一家领先的无晶圆厂半导体公司,致力于开发先进的存储器技术和 IC 解决方案。公司的核心产品线为 Flash、32位通用型 MCU 及智能人机交互传感器芯片及整体解决方案,公司产品以"高性能、低功耗"著称,为工业、汽车、计算、消费类电子、物联网、移动应用以及网络和电信行业的客户提供全方位服务。与 STM32F103 兼容的产品为 GD32VF103。

　　2)华大半导体有限公司是中国电子信息产业集团有限公司(CEC)旗下专业的集成电路发展平台公司,围绕汽车电子、工业控制、物联网三大应用领域,重点布局控制芯片、功率半导体、高端模拟芯片和安全芯片等,形成整体芯片解决方案,形成了竞争力强劲的产品矩阵及全面的解决方案。可以选择的 ARM 微控制器有 HC32F0、HC32F1 和HC32F4 系列。

　　学习嵌入式微控制器的知识,掌握其核心技术,了解这些技术的发展趋势,有助于为我国培养该领域的后备人才,促进我国在微控制器技术上的长远发展,为国产品牌的发展注入新的活力。在学习中,应注意知识学习、能力提升、价值观塑造的有机结合,培养自力更生、追求卓越的奋斗精神和精益求精的工匠精神,树立民族自信心,为实现中华民族的伟大复兴贡献力量。

2.2　STM32F1 系列微控制器系统架构和 STM32F103ZET6 内部架构

　　STM32 微控制器与其他单片机一样,是单片计算机或单片微控制器。所谓单片就是在一个芯片上集成了计算机或微控制器该有的基本功能部件。这些功能部件通过总线连在一起。就 STM32 微控制器而言,这些功能部件主要包括 Cortex-M 内核、总线、系统时钟发生器、复位电路、程序存储器、数据存储器、中断控制、调试接口,以及各种功能部件(外设)。不同的芯片系列和型号,外设的数量和种类也不一样,常有的基本功能部件(外设)是通用输入/输出接口(GPIO)、实时时钟/计数器(TIMER/COUNTER)、通用同步异步收发器(USART)、串行总线(I^2C 和 SPI 或 I^2S)、SD 卡接口(SDIO)、USB 接口等。

2.2.1　STM32F1 系列微控制器系统架构

1. STM32F1 系列微控制器的完整架构

STM32F1 系列微控制器系统架构如图 2-4 所示。

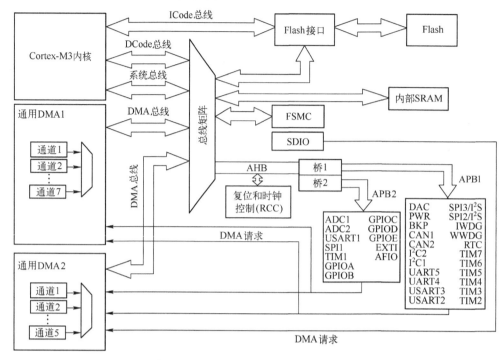

图 2-4　STM32F1 系列微控制器系统架构

STM32F1 系列微控制器主要由以下部分构成：

1）Cortex-M3 内核与 DCode 总线（D-bus）、ICode 总线和系统总线（S-bus）连接。

2）通用 DMA1 和通用 DMA2。

3）内部 SRAM。

4）内部 Flash。

5）FSMC。

6）AHB 到 APBx 的桥（AHB2APBx），它连接所有的 APB 设备。上述部分都是通过一个多级的 AHB 总线构架相互连接的。

7）ICode 总线：该总线将 Cortex-M3 内核的指令总线与 Flash 指令接口相连接。指令预取在此总线上完成。

8）DCode 总线：DCode 总线将 Cortex-M3 内核的 DCode 总线与 Flash 的数据接口相连接（常量加载和调试访问）。

9）系统总线：系统总线连接 Cortex-M3 内核的系统总线（外设总线）到总线矩阵，总线矩阵协调着内核和 DMA 总线间的访问。

10）DMA 总线：DMA 总线将 DMA 的 AHB 主控接口与总线矩阵相连，总线矩阵协调着 CPU 的 DCode 和 DMA 到 SRAM、闪存和外设的访问。

11）总线矩阵：总线矩阵协调内核系统总线和 DMA 总线之间的访问仲裁，仲裁采用轮换算法。总线矩阵包含 4 个主动部件（CPU 的 DCode、系统总线、DMA1 总线和 DMA2 总线）和 4 个被动部件（闪存存储器接口、SRAM、FSMC 和 AHB2APB 桥）。

AHB 外设通过总线矩阵与系统总线相连，允许 DMA 访问。

AHB/APB 桥（APB）：两个 AHB/APB 桥在 AHB 和两个 APB 总线间提供同步连接。

APB1 操作频率限于 36MHz，APB2 操作于全速（最高 72MHz）。

上述部分由 AMBA（Advanced Microcontroller Bus Architecture）总线连接到一起。AMBA 总线是 ARM 公司定义的片上总线，已成为一种流行的工业片上总线标准。它包括 AHB 和 APB，前者作为系统总线，后者作为外设总线。

2. STM32F1 系列微控制器的原理

为更加简明地理解 STM32 微控制器的内部结构，对图 2-4 进行抽象简化，其简化系统架构如图 2-5 所示。

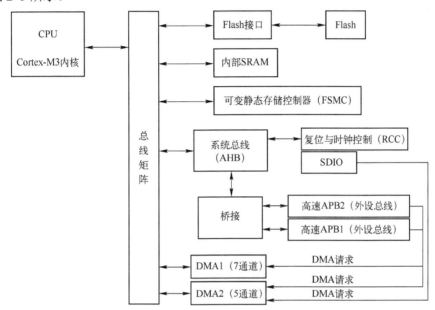

图 2-5　STM32F1 系列微控制器抽象简化系统架构

现结合图 2-5 对 STM32 的基本原理做简单分析，主要包括以下内容：

1）程序存储器、静态数据存储器及所有的外设都统一编址，地址空间为 4GB。但各自都有固定的存储空间区域，使用不同的总线进行访问。这一点与 51 单片机完全不一样（具体的地址空间请参阅 ST 官方手册）。如果采用固件库开发程序，则不必关注具体的地址问题。

2）可将 Cortex-M3 内核视为 STM32 的"CPU"，程序存储器、静态数据存储器、所有的外设均通过相应的总线再经总线矩阵与之相接。Cortex-M3 内核控制程序存储器、静态数据存储器、所有外设的读写访问。

3）STM32 的功能外设较多，分为高速外设、低速外设两类，各自通过桥接再通过 AHB 系统总线连接至总线矩阵，从而实现与 Cortex-M3 内核的连接。两类外设的时钟可各自配置，速度不一样。具体某个外设属于高速还是低速，已经被 ST 明确规定。所有外设均有两种访问操作方式：一是传统的方式，通过相应总线由 CPU 发出读写指令进行访问，这种方式适用于读写数据较小、速度相对较低的场合；二是 DMA 方式，即直接存储器存取，在这种方式下，外设可发出 DMA 请求，不再通过 CPU 而直接与指定的存储区发生数据交换，因此可大大提高数据访问操作的速度。

4）STM32 的系统时钟均由复位与时钟控制器 RCC 产生，它有一整套的时钟管理设备，由它为系统和各种外设提供所需的时钟以确定各自的工作速度。

2.2.2 STM32F103ZET6 的内部架构

根据程序存储容量，ST 芯片分为三大类：LD（小于 64KB）、MD（小于 256KB）、HD（大于 256KB），而 STM32F103ZET6 类型属于第三类，它是 STM32 微控制器中的一个典型型号。

STM32F103ZET6 的内部架构如图 2-6 所示。

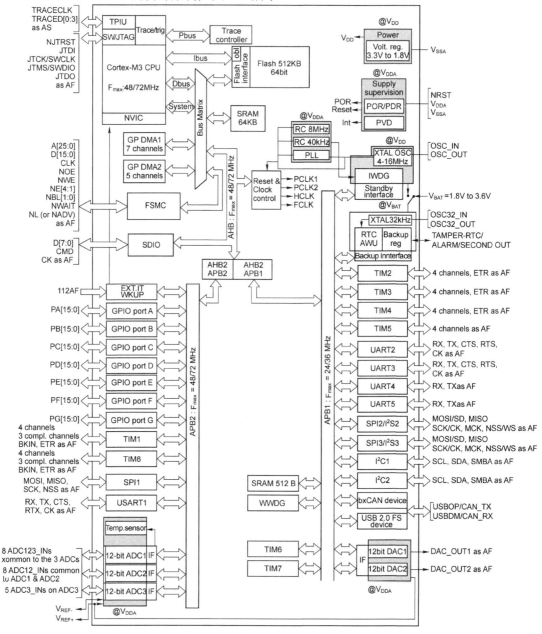

图 2-6　STM32F103ZET6 的内部架构

注：1. channels 通道 2. as AF 作为第二功能，可作为外设功能脚的 I/O 端口 3. port 端口 4. device 设备 5. interface 接口 6. IWDG 独立看门狗 7. system 系统 8. Power 电源 9. volt reg 电压寄存器 10. Bus Matrix 总线矩阵 11. Supply supervision 电源监视 12. Standby interface 备用接口 13. Backup interface 后备接口 14. Backup reg 后备寄存器

1．内核

1）ARM 32 位的 Cortex-M3 CPU，最高 72MHz 工作频率，在存储器的 0 等待周期访问时可达 1.25DMips/MHz（Dhrystone 2.1）。

2）单周期乘法和硬件除法。

2．存储器

1）512KB 的闪存程序存储器。

2）64KB 的 SRAM。

3）带有 4 个片选信号的灵活的静态存储器控制器，支持 Compact Flash、SRAM、PSRAM、NOR 和 NAND 存储器。

3．LCD 并行接口支持 8080/6800 模式

4．时钟、复位和电源管理

1）芯片和 I/O 引脚的供电电压为 2.0～3.6V。

2）上电/断电复位（POR/PDR）、可编程电压监测器（PVD）。

3）4～16MHz 晶体振荡器。

4）内嵌经出厂调校的 8MHz 的 RC 振荡器。

5）内嵌带校准的 40kHz 的 RC 振荡器。

6）带校准功能的 32kHz 的 RTC 振荡器。

5．功耗

1）支持睡眠、停机和待机模式。

2）V_{BAT} 为 RTC 和后备寄存器供电。

6．模数转换器（ADC）

1）3 个 12 位 ADC（16 个输入通道），转换时间为 1μs。

2）转换范围：0～3.6V。

3）采样和保持功能。

4）温度传感器。

7．数模转换器（DAC）

STM32F103ZET6 中有 2 个 12 位的 DAC。

8．DMA

1）12 通道 DMA 控制器。

2）支持的外设包括定时器、ADC、DAC、SDIO、I^2S（Inter-IC Sound，集成电路内置音频总线）、SPI、I^2C 和 USART。

9．调试模式

1）串行单线调试（SWD）和 JTAG 接口。

2）Cortex-M3 嵌入式跟踪宏单元（ETM）。

10．快速 I/O 端口（PA～PG）

多达 7 个快速 I/O 端口，每个端口包含 16 根 I/O 口线，所有 I/O 口可以映射到 16 个外部中端；几乎所有端口均可容忍 5V 信号。

11．定时器（11 个）

1）4 个 16 位通用定时器，每个定时器有多达 4 个用于输入捕获、输出比较、PWM 或脉冲计数的通道和增量编码器输入。

2）2 个 16 位带死区控制和紧急刹车，用于电机控制的 PWM 高级控制定时器。

3）2 个看门狗定时器（独立看门狗定时器和窗口看门狗定时器）。

4）1 个系统滴答定时器：24 位自减型计数器。

5）2 个 16 位基本定时器用于驱动 DAC。

12．通信接口（13 个）

1）2 个 I²C 接口（支持 SMBus/PMBus）。

2）5 个 USART 接口（支持 ISO7816 接口、LIN、IrDA 兼容接口和调制解调控制）。

3）3 个 SPI 接口（18Mbit/s），2 个带有 PS 切换接口。

4）1 个 CAN 接口（支持 2.0B 协议）。

5）1 个 USB 2.0 全速接口。

6）1 个 SDIO 接口。

13．其他

1）CRC 计算单元，96 位的芯片唯一代码。

2）LQFP144 封装形式。

3）工作温度：-40℃～+105℃。

以上特性，使得 STM32F103ZET6 非常适用于电机驱动、应用控制、医疗和手持设备、PC 和游戏外设、GPS 平台、工业应用、PLC、逆变器、打印机、扫描仪、报警系统、空调系统等领域。

2.3 STM32F103ZET6 的存储器映像

STM32F103ZET6 的存储器映像如图 2-7 所示。

程序存储器、数据存储器、寄存器和输入/输出端口被组织在同一个 4GB 的线性地址空间内。可访问的存储器空间被分成 8 个主要的块，每块为 512MB。

数据字节以小端格式存放在存储器中。一个字中的最低地址字节被认为是该字的最低有效字节，而最高地址字节是最高有效字节。

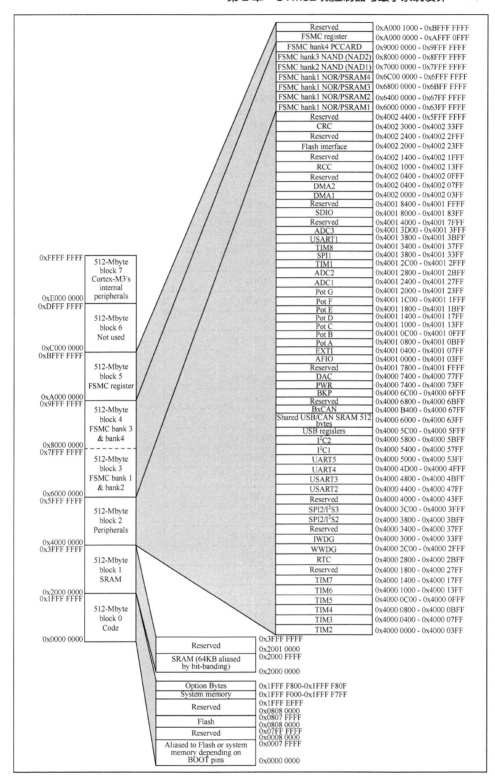

Reserved	0xA000 1000 - 0xBFFF FFFF
FSMC register	0xA000 0000 - 0xAFFF 0FFF
FSMC hank4 PCCARD	0x9000 0000 - 0x9FFF FFFF
FSMC hank3 NAND (NAD2)	0x8000 0000 - 0x8FFF FFFF
FSMC hank2 NAND (NAD1)	0x7000 0000 - 0x7FFF FFFF
FSMC hank1 NOR/PSRAM4	0x6C00 0000 - 0x6FFF FFFF
FSMC hank1 NOR/PSRAM3	0x6800 0000 - 0x6BFF FFFF
FSMC hank1 NOR/PSRAM2	0x6400 0000 - 0x67FF FFFF
FSMC hank1 NOR/PSRAM1	0x6000 0000 - 0x63FF FFFF
Reserved	0x4002 4400 - 0x5FFF FFFF
CRC	0x4002 3000 - 0x4002 33FF
Reserved	0x4002 2400 - 0x4002 2FFF
Flash interface	0x4002 2000 - 0x4002 23FF
Reserved	0x4002 1400 - 0x4002 1FFF
RCC	0x4002 1000 - 0x4002 13FF
Reserved	0x4002 0400 - 0x4002 0FFF
DMA2	0x4002 0400 - 0x4002 07FF
DMA1	0x4002 0000 - 0x4002 03FF
Reserved	0x4001 8400 - 0x4001 FFFF
SDIO	0x4001 8000 - 0x4001 83FF
Reserved	0x4001 4000 - 0x4001 7FFF
ADC3	0x4001 3D00 - 0x4001 3FFF
USART1	0x4001 3800 - 0x4001 3BFF
TIM8	0x4001 3400 - 0x4001 37FF
SPI1	0x4001 3800 - 0x4001 33FF
TIM1	0x4001 2C00 - 0x4001 2FFF
ADC2	0x4001 2800 - 0x4001 2BFF
ADC1	0x4001 2400 - 0x4001 27FF
Pot G	0x4001 2000 - 0x4001 23FF
Pot F	0x4001 1C00 - 0x4001 1FFF
Pot E	0x4001 1800 - 0x4001 1BFF
Pot D	0x4001 1400 - 0x4001 17FF
Pot C	0x4001 1000 - 0x4001 13FF
Pot B	0x4001 0C00 - 0x4001 0FFF
Pot A	0x4001 0800 - 0x4001 0BFF
EXTI	0x4001 0400 - 0x4001 07FF
AFIO	0x4001 0000 - 0x4001 03FF
Reserved	0x4001 7800 - 0x4001 FFFF
DAC	0x4000 7400 - 0x4000 77FF
PWR	0x4000 7400 - 0x4000 73FF
BKP	0x4000 6C00 - 0x4000 6FFF
Reserved	0x4000 6800 - 0x4000 6BFF
BxCAN	0x4000 B400 - 0x4000 67FF
Shared USB/CAN SRAM 512 bytes	0x4000 6000 - 0x4000 63FF
USB regislers	0x4000 5C00 - 0x4000 5FFF
I²C2	0x4000 5800 - 0x4000 5BFF
I²C1	0x4000 5400 - 0x4000 57FF
UART5	0x4000 5000 - 0x4000 53FF
UART4	0x4000 4D00 - 0x4000 4FFF
USART3	0x4000 4800 - 0x4000 4BFF
USART2	0x4000 4400 - 0x4000 47FF
Reserved	0x4000 4000 - 0x4000 43FF
SPI2/I²S3	0x4000 3C00 - 0x4000 3FFF
SPI2/I²S2	0x4000 3800 - 0x4000 3BFF
Reserved	0x4000 3400 - 0x4000 37FF
IWDG	0x4000 3000 - 0x4000 33FF
WWDG	0x4000 2C00 - 0x4000 2FFF
RTC	0x4000 2800 - 0x4000 2BFF
Reserved	0x4000 1800 - 0x4000 27FF
TIM7	0x4000 1400 - 0x4000 17FF
TIM6	0x4000 1000 - 0x4000 13FF
TIM5	0x4000 0C00 - 0x4000 0FFF
TIM4	0x4000 0800 - 0x4000 0BFF
TIM3	0x4000 0400 - 0x4000 07FF
TIM2	0x4000 0000 - 0x4000 03FF

左侧内存块：

- 0xFFFF FFFF / 0xE000 0000：512-Mbyte block 7 Cortex-M3's internal peripherals
- 0xDFFF FFFF / 0xC000 0000：512-Mbyte block 6 Not used
- 0xBFFF FFFF / 0xA000 0000：512-Mbyte block 5 FSMC register
- 0x9FFF FFFF / 0x8000 0000：512-Mbyte block 4 FSMC bank 3 & bank4
- 0x7FFF FFFF / 0x6000 0000：512-Mbyte block 3 FSMC bank 1 & bank2
- 0x5FFF FFFF / 0x4000 0000：512-Mbyte block 2 Peripherals
- 0x3FFF FFFF / 0x2000 0000：512-Mbyte block 1 SRAM
- 0x1FFF FFFF / 0x0000 0000：512-Mbyte block 0 Code

Reserved	0x3FFF FFFF / 0x2001 0000
SRAM (64KB aliased by bit-banding)	0x2000 FFFF / 0x2000 0000
Option Bytes	0x1FFF F800-0x1FFF F80F
System memory	0x1FFF F000-0x1FFF F7FF
Reserved	0x1FFF EFFF / 0x0808 0000
Flash	0x0807 FFFF / 0x0808 0000
Reserved	0x07FF FFFF / 0x0008 0000
Aliased to Flash or system memory depending on BOOT pins	0x0007 FFFF / 0x0000 0000

图 2-7　STM32F103ZET6 的存储器映像

注：1. block　块　2. bank　段　3. Reserved　保留　4. shared　共享　5. register　寄存器　6. Option Bytes　选项字节
　　7. System memory　系统存储器　8. Aliased　别名　9. depending on　取决于　10. pins　引脚

2.3.1　STM32F103ZET6 内置外设的地址范围

STM32F103ZET6 内置外设的地址范围见表 2-1。

表 2-1　STM32F103ZET6 内置外设的地址范围

地址范围	外设	所在总线
0x5000 0000～0x5003 FFFF	USB OTG 全速	AHB
0x4002 8000～0x4002 9FFF	以太网	
0x4002 3000～0x4002 33FF	CRC	
0x4002 2000～0x4002 23FF	Flash 接口	
0x4002 1000～0x4002 13FF	复位和时钟控制（RCC）	
0x4002 0400～0x4002 07FF	DMA2	
0x4002 0000～0x4002 03FF	DMA1	
0x4001 8000～0x4001 83FF	SDIO	
0x4001 3C00～0x4001 3FFF	ADC3	APB2
0x4001 3800～0x4001 3BFF	USART1	
0x4001 3400～0x4001 37FF	TIM8 定时器	
0x4001 3000～0x4001 33FF	SPI1	
0x4001 2C00～0x4001 2FFF	TIM1 定时器	
0x4001 2800～0x4001 2BFF	ADC2	
0x4001 2400～0x4001 27FF	ADC1	
0x4001 2000～0x4001 23FF	GPIO 端口 G	
0x4001 1C00～0x4001 1FFF	GPIO 端口 F	
0x4001 1800～0x4001 1BFF	GPIO 端口 E	
0x4001 1400～0x4001 17FF	GPIO 端口 D	
0x4001 1000～0x4001 13FF	GPIO 端口 C	
0x4001 0C00～0x4001 0FFF	GPIO 端口 B	
0x4001 0800～0x4001 0BFF	GPIO 端口 A	
0x4001 0400～0x4001 07FF	EXTI	
0x4001 0000～0x4001 03FF	AFIO	
0x4000 7400～0x4000 77FF	DAC	APB1
0x4000 7000～0x4000 73FF	电源控制（PWR）	
0x4000 6C00～0x4000 6FFF	后备寄存器（BKR）	
0x4000 6400～0x4000 67FF	bxCAN	
0x4000 6000～0x4000 63FF	USB/CAN 共享的 512B SRAM	
0x4000 5C00～0x4000 5FFF	USB 全速设备寄存器	
0x4000 5800～0x4000 5BFF	I²C2	
0x4000 5400～0x4000 57FF	I²C1	
0x4000 5000～0x4000 53FF	UART5	
0x4000 4C00～0x4000 4FFF	UART4	
0x4000 4800～0x4000 4BFF	USART3	
0x4000 4400～0x4000 47FF	USART2	

（续）

地址范围	外设	所在总线
0x4000 3C00～0x4000 3FFF	SPI3/I²S3	APB1
0x4000 3800～0x4000 3BFF	SPI2/I²S2	
0x4000 3000～0x4000 33FF	独立看门狗（IWDG）	
0x4000 2C00～0x4000 2FFF	窗口看门狗（WWDG）	
0x4000 2800～0x4000 2BFF	RTC	
0x4000 1400～0x4000 17FF	TIM7 定时器	
0x4000 1000～0x4000 13FF	TIM6 定时器	
0x4000 0C00～0x4000 0FFF	TIM5 定时器	
0x4000 0800～0x4000 0BFF	TIM4 定时器	
0x4000 0400～0x4000 07FF	TIM3 定时器	
0x4000 0000～0x4000 03FF	TIM2 定时器	

以下没有分配给片上存储器和外设的存储器空间都是保留的地址空间：

0x4000 1800～0x4000 27FF、0x4000 3400～0x4000 37FF、0x4000 4000～0x4000 43FF、0x4000 6800～0x4000 6BFF、0x4001 7800～0x4001 FFFF、0x4001 4000～0x4001 7FFF、0x4001 8400～0x4001 FFFF、0x4002 0400～0x4002 0FFF、0x4002 1400～0x4002 1FFF、0x4002 2400～0x4002 2FFF、0x4002 4400～0x5FFF FFFF、0xA000 1000～0xBFFF FFFF。

其中，每个地址范围的第一个地址为对应外设的首地址，该外设的相关寄存器地址都可以用"首地址+偏移量"的方式找到其绝对地址。

2.3.2　嵌入式 SRAM

STM32F103ZET6 内置 64KB 的静态 SRAM，它可以以字节、半字（16 位）或字（32 位）访问。SRAM 的起始地址是 0x2000 0000。

Cortex-M3 存储器映像包括两个位带区。这两个位带区将别名存储器区中的每个字映射到位带存储器区的一个位，在别名存储区写入一个字具有对位带区的目标位执行读-改写操作的相同效果。

在 STM32F103ZET6 中，外设寄存器和 SRAM 都被映射到位带区里，允许执行位带的写和读操作。

下面的映射公式给出了别名区中的每个字如何对应位带区的相应位：

bit_word_addr=bit_band_base+（byte_offset x32）+（bit_number x4）

其中：

bit_word_addr 是别名存储区中字的地址，它映射到某个目标位。

bit_band_base 是别名区的起始地址。

byte_offset 是包含目标位的字节在位带区中的序号。

bit_number 是目标位所在位置（0～31）。

2.3.3　嵌入式闪存

512KB 的 Flash 由主存储块和信息块组成：主存储块容量为 64KB×64 位，每个存储块划分为 256 个 2KB 的页。信息块容量为 256KB×64 位。

Flash 的组织见表 2-2。

表 2-2　Flash 的组织

模块	名称	地址	容量
主存储块	页 0	0x0800 0000～0x0800 07FF	2KB
	页 1	0x0800 0800～0x0800 0FFF	2KB
	页 2	0x0800 1000～0x0800 17FF	2KB
	页 3	0x0800 1800～0x0800 1FFF	2KB
	...	...	...
	页 255	0x0807 F800～0x0807 FFFF	2KB
信息块	系统存储器	0x1FFF F000～0x1FFF F7FF	2KB
	选择字节	0x1FFF F800～0x1FFF F80F	16B
Flash 接口寄存器	Flash_ACR	0x4002 2000～0x4002 2003	4
	Flash_KEYR	0x4002 2004～0x4002 2007	4
	Flash_OPTKEYR	0x4002 2008～0x4002 200B	4
	Flash_SR	0x4002 200C～0x4002 200F	4
	Flash_CR	0x4002 2010～0x4002 2013	4
	Flash_AR	0x4002 2014～0x4002 2017	4
	保留	0x4002 2018～0x4002 201B	4
	Flash_OBR	0x4002 201C～0x4002 201F	4
	Flash_WRPR	0x4002 2020～0x4002 2023	4

Flash 接口的特性为：

1）带预取缓冲器的读接口（每字为 2×64 位）。

2）选择字节加载器。

3）闪存编程/擦除操作。

4）访问/写保护。

闪存的指令和数据访问是通过 AHB 总线完成的。预取模块通过 ICode 总线读取指令。仲裁作用在闪存接口，并且 DCode 总线上的数据访问优先。读访问可以有以下配置选项：

1）等待时间可以随时更改，用于读取操作的等待状态的数量。

2）预取缓冲区（2 个 64 位）是在每一次复位以后被自动打开，由于每个缓冲区的大小（64 位）与闪存的带宽相同，因此只需通过一次读闪存的操作即可更新整个内容。由于预取缓冲区的存在，CPU 可以在更高的主频工作。CPU 每次取指最多为 32 位的字，取一条指令时，下一条指令已经在缓冲区中等待。

 2.4 **STM32F103ZET6 的时钟结构**

1．时钟源与时钟频率

STM32 系列微控制器中，有 5 个时钟源，分别是高速内部（High Speed Internal，HSI）时钟、高速外部（High Speed External，HSE）时钟、低速内部（Low Speed Internal，LSI）时钟、低速外部（Low Speed External，LSE）时钟、锁相环（Phase Locked Loop，PLL）时钟。STM32F103ZET6 的时钟系统呈树状结构，因此也称为时钟树。

STM32F103ZET6 具有多个时钟频率，分别供给内核和不同外设模块使用。高速时钟供中央处理器等高速设备使用，低速时钟供外设等低速设备使用。HSI、HSE 或 PLL 可用来驱动系统时钟（SYSCLK）。

LSI、LSE 作为二级时钟源。40kHz 低速内部 RC 时钟可以用于驱动独立看门狗和通过程序选择驱动 RTC。RTC 用于从停机/待机模式下自动唤醒系统。

32.768kHz 低速外部晶体也可用来通过程序选择驱动 RTC。

当某个部件不用时，任一时钟源都可被独立地启动或关闭，由此优化系统功耗。

用户可通过多个预分频器配置 AHB、高速 APB（APB2）和低速 APB（APB1）的频率。AHB 和 APB2 的最大频率是 72MHz。APB1 的最大允许频率是 36MHz。SDIO 接口的时钟频率固定为 HCLK/2。

RCC 通过 AHB 时钟（HCLK）8 分频后作为 Cortex 系统定时器（SysTick）的外部时钟。通过对 SysTick 控制与状态寄存器的设置，可选择 AHB 时钟或 Cortex 时钟（HCLK）作为 SysTick 时钟。ADC 时钟由高速 APB2 时钟经 2、4、6 或 8 分频后获得。

SysTick 时钟频率分配由硬件按以下两种情况自动设置：

1）如果相应的 APB 预分频系数是 1，定时器的时钟频率与所在 APB 的总线频率一致。

2）若相应的 APB 预分频系数不是 1，则定时器的时钟频率被设为与其相连 APB 的总线频率的 2 倍。

FCLK 是 Cortex-M3 内核的自由运行时钟。

2．时钟树

STM32 处理器因为低功耗的需要，各模块需要分别独立开启时钟。因此，当需要使用某个外设模块时，务必先使能对应的时钟，否则，这个外设不能工作。STM32 微控制器时钟树如图 2-8 所示。

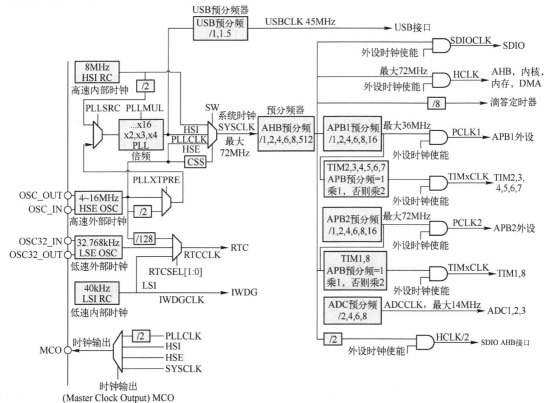

图 2-8　STM32 微控制器时钟树

（1）HSE 时钟　时钟信号 HSE 可以由外部晶体/陶瓷谐振器产生，也可以由用户产生。一般采用外部晶体/陶瓷谐振器产生 HSE 时钟。在 OSC_IN 和 OSC_OUT 引脚之间连接 4～16MHz 外部振荡器为系统提供精确的主时钟。

为了减少时钟输出失真并缩短启动稳定时间，晶体/陶瓷谐振器和负载电容器必须尽可能地靠近振荡器引脚。负载电容值必须根据所选择的振荡器来调整。

（2）HSI 时钟　HSI 时钟信号由内部 8MHz 的 RC 振荡器产生，可直接作为系统时钟或在 2 分频后作为 PLL 信号输入。

HSI RC 振荡器能够在不需要任何外部器件的条件下提供系统时钟。它的启动时间比 HSE 晶体振荡器短。然而，即使在校准之后它的时钟频率精度仍较差。如果 HSE 晶体振荡器失效，HSI 时钟会被作为备用时钟源。

（3）PLL 时钟　内部 PLL 可以用来倍频 HSI RC 的输出时钟或 HSE 晶体输出时钟。PLL 的设置（选择 HSI 振荡器的频率除以 2 或 HSE 振荡器为 PLL 的输入时钟，及选择倍频因子）必须在 PLL 被激活前完成。一旦 PLL 被激活，这些参数就不能被改动。

如果需要在应用中使用 USB 接口，PLL 必须被设置为输出 48MHz 或 72MHz 时钟，用于提供 48MHz 的 USBCLK 时钟。

（4）LSE 时钟　LSE 时钟是一个 32.768kHz 的低速外部晶体或陶瓷谐振器。它为实时时钟或者其他定时功能提供一个低功耗且精确的时钟源。

（5）LSI 时钟　LSI 时钟担当着低功耗时钟源的角色，它可以在停机和待机模式下保持运行，为独立看门狗和自动唤醒单元提供时钟。LSI 时钟频率大约为 40kHz（在 30kHz 和 60kHz 之间）。

（6）系统时钟（SYSCLK）　系统复位后，HSI 时钟被选为系统时钟。当时钟源被直接或通过 PLL 间接作为系统时钟时，它将不能被停止。只有当目标时钟源准备就绪了（经过启动稳定阶段的延迟或 PLL 稳定），从一个时钟源到另一个时钟源的切换才会发生。在目标时钟源没有就绪时，系统时钟的切换不会发生。

（7）RTC 时钟　通过设置备份域控制寄存器（RCC_BDCR）里的 RTCSEL [1:0] 位，RTC 时钟可以由 HSE/128、LSE 或 LSI 时钟提供。除非备份域复位，此选择不能被改变。LSE 时钟在备份域里，但 HSE 和 LSI 时钟不是。因此：

1）如果 LSE 时钟被选为 RTC 时钟，只要 V_{BAT} 维持供电，尽管 V_{DD} 供电被切断，RTC 仍可继续工作。

2）LSI 时钟被选为自动唤醒单元（AWU）时钟时，如果切断 V_{DD} 供电，则不能保证 AWU 的状态。

3）如果 HSE 时钟 128 分频后作为 RTC 时钟，V_{DD} 供电被切断或内部电压调压器被关闭（1.8V 域的供电被切断）时，RTC 状态不确定，必须设置电源控制寄存器的 DPB 位（取消后备区域的写保护）为 1。

（8）看门狗时钟　如果独立看门狗已经由硬件选项或软件启动，LSI 振荡器将被强制在打开状态，并且不能被关闭。在 LSI 振荡器稳定后，时钟供应给 IWDG。

（9）时钟输出　微控制器允许输出时钟信号到外部 MCO 引脚。相应的 GPIO 端口寄存器必须被配置为相应功能。可被选作 MCO 时钟的有 SYSCLK、HISCLK、HSECLK、PLLCLK/2。

2.5　STM32F103VET6 的引脚

STM32F103VET6 比 STM32F103ZET6 少了两个口：PF 口和 PG 口，其他资源一样。

为了简化描述，后续的内容以 STM32F103VET6 为例进行介绍。STM32F103VET6 采用 LQFP100 封装，引脚图如图 2-9 所示。

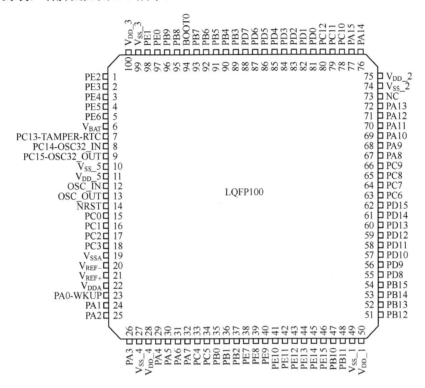

图 2-9　STM32F103VET6 的引脚图

1. 引脚定义

STM32F103VET6 的引脚定义见表 2-3。

表 2-3　STM32F103VET6 的引脚定义

引脚编号	引脚名称	类型	I/O电平	复位后的引脚名称	复用功能	
					默认情况	重映射后
1	PE2	I/O	FT	PE2	TRACECK/FSMC_A23	
2	PE3	I/O	FT	PE3	TRACED0/FSMC_A19	
3	PE4	I/O	FT	PE4	TRACED1/FSMC_A20	
4	PE5	I/O	FT	PE5	TRACED2/FSMC_A21	
5	PE6	I/O	FT	PE6	TRACED3/FSMC_A22	
6	V_{BAT}	S		V_{BAT}		
7	PC13-TAMPER-RTC	I/O		PC13	TAMPER-RTC	
8	PC14-OSC32_IN	I/O		PC14	OSC32_IN	

（续）

引脚编号	引脚名称	类型	I/O电平	复位后的引脚名称	复用功能	
					默认情况	重映射后
9	PC15-OSC32_OUT	I/O		PC15	OSC32_OUT	
10	V_{SS}_5	S		VSS_5		
11	V_{DD}_5	S		VDD_5		
12	OSC_IN	I		OSC_IN		
13	OSC_OUT	O		OSC_OUT		
14	NRST	I/O		NRST		
15	PC0	I/O		PC0	ADC123_IN10	
16	PC1	I/O		PC1	ADC123_IN11	
17	PC2	I/O		PC2	ADC123_IN12	
18	PC3	I/O		PC3	ADC123_IN13	
19	V_{SSA}	S		V_{SSA}		
20	V_{REF-}	S		V_{REF-}		
21	V_{REF+}	S		V_{REF+}		
22	V_{DDA}	S		V_{DDA}		
23	PA0-WKUP	I/O		PA0	WKUP/USART2_CTS/ADC123_IN0/TIM2_CH1_ETR/TIM5_CH1/TIM8_ETR	
24	PA1	I/O		PA1	USART2_RTS/ADC123_IN1/TIM5_CH2/TIM2_CH2	
25	PA2	I/O		PA2	USART2_TX/TIM5_CH3/ADC123_IN2/TIM2_CH3	
26	PA3	I/O		PA3	USART2_RX/TIM5_CH4/ADC123_IN3/TIM2_CH4	
27	V_{SS}_4	S		V_{SS}_4		
28	V_{DD}_4	S		V_{DD}_4		
29	PA4	I/O		PA4	SPI1_NSS/USART2_CK/DAC_OUT1/ADC12_IN4	
30	PA5	I/O		PA5	SPI1_SCK/DAC_OUT2/ADC12_IN5	TIM1_BKIN
31	PA6	I/O		PA6	SPI1_MISO/TIM8_BKIN/ADC12_IN6/TIM3_CH1	TIM1_CH1N
32	PA7	I/O		PA7	SPI1_MOSI/TIM8_CH1N/ADC12_IN7/TIM3_CH2	
33	PC4	I/O		PC4	ADC12_IN14	
34	PC5	I/O		PC5	ADC12_IN15	
35	PB0	I/O		PB0	ADC12_IN8/TIM3_CH3/TIM8_CH2N	TIM1_CH2N
36	PB1	I/O		PB1	ADC12_IN9/TIM3_CH4/TIM8_CH3N	TIM1_CH3N
37	PB2	I/O	FT	PB2/BOOT1		
38	PE7	I/O	FT	PE7	FSMC_D4	TIM1_ETR
39	PE8	I/O	FT	PE8	FSMC_D5	TIM1_CH1N
40	PE9	I/O	FT	PE9	FSMC_D6	TIM1_CH1
41	PE10	I/O	FT	PE10	FSMC_D7	TIM1_CH2N
42	PE11	I/O	FT	PE11	FSMC_D8	TIM1_CH2
43	PE12	I/O	FT	PE12	FSMC_D9	TIM1_CH3N

（续）

引脚编号	引脚名称	类型	I/O电平	复位后的引脚名称	复用功能	
					默认情况	重映射后
44	PE13	I/O	FT	PE13	FSMC_D10	TIM1_CH3
45	PE14	I/O	FT	PE14	FSMC_D11	TIM1_CH4
46	PE15	I/O	FT	PE15	FSMC_D12	TIM1_BKIN
47	PB10	I/O	FT	PB10	I^2C2_SCL/USART3_TX	TIM2_CH3
48	PB11	I/O	FT	PB11	I^2C2_SDA/USART3_RX	TIM2_CH4
49	V_{SS}_1	S		V_{SS}_1		
50	V_{DD}_1	S		V_{DD}_1		
51	PB12	I/O	FT	PB12	SPI2_NSS/I2S2_WS/I2C2_SMBA/USART3_CK/TIM1_BKIN	
52	PB13	I/O	FT	PB13	SPI2_SCK/I2S2_CK/USART3_CTS/TIM1_CH1N	
53	PB14	I/O	FT	PB14	SPI2_MISO/TIM1_CH2N/USART3_RTS	
54	PB15	I/O	FT	PB15	SPI2_MOSI/I2S2_SD/TIM1_CH3N	
55	PD8	I/O	FT	PD8	FSMC_D13	USART3_TX
56	PD9	I/O	FT	PD9	FSMC_D14	USART3_RX
57	PD10	I/O	FT	PD10	FSMC_D15	USART3_CK
58	PD11	I/O	FT	PD11	FSMC_A16	USART3_CTS
59	PD12	I/O	FT	PD12	FSMC_A17	TIM4_CH1/USART3_RTS
60	PD13	I/O	FT	PD13	FSMC_A18	TIM4_CH2
61	PD14	I/O	FT	PD14	FSMC_D0	TIM4_CH3
62	PD15	I/O	FT	PD15	FSMC_D1	TIM4_CH4
63	PC6	I/O	FT	PC6	I^2S2_MCK/TIM8_CH1/SDIO_D6	TIM3_CH1
64	PC7	I/O	FT	PC7	I^2S3_MCK/TIM8_CH2/SDIO_D7	TIM3_CH2
65	PC8	I/O	FT	PC8	TIM8_CH3/SDIO_D0	TIM3_CH3
66	PC9	I/O	FT	PC9	TIM8_CH4/SDIO_D1	TIM3_CH4
67	PA8	I/O	FT	PA8	USART1_CK/TIM1_CH1/MCO	
68	PA9	I/O	FT	PA9	USART1_TX/TIM1_CH2	
69	PA10	I/O	FT	PA10	USART1_RX/TIM1_CH3	
70	PA11	I/O	FT	PA11	USARTI_CTS/USBDM/CAN_RX/TIM1_CH4	
71	PA12	I/O	FT	PA12	USART1_RTS/USBDP/CAN_TX/TIM1_ETR	
72	PA13	I/O	FT	JTMS-WDIO		PA13
73	NC（Not connected）					
74	V_{SS}_2	S		V_{SS}_2		
75	V_{DD}_2	S		V_{DD}_2		
76	PA14	I/O	FT	JTCK-SWCLK		PA14
77	PA15	I/O	FT	JTDI	SPI3_NSS/I2S3_WS	TIM2_CH1_ETR PA15/SPI1_NSS
78	PC10	I/O	FT	PC10	UART4_TX/SDIO_D2	USART3_TX

（续）

引脚编号	引脚名称	类型	I/O 电平	复位后的引脚名称	复用功能	
					默认情况	重映射后
79	PC11	I/O	FT	PC11	UART4_RX/SDIO_D3	USART3_RX
80	PC12	I/O	FT	PC12	UART5_TX/SDIO_CK	USART3_CK
81	PD0	I/O	FT	OSC_IN	FSMC_D2	CAN_RX
82	PD1	I/O	FT	OSC_OUT	FSMC_D3	CAN_TX
83	PD2	I/O	FT	PD2	TIM3_ETR/UART5_RX/SDIO_CMD	
84	PD3	I/O	FT	PD3	FSMC_CLK	USART2_CTS
85	PD4	I/O	FT	PD4	FSMC_NOE	USART2_RTS
86	PD5	I/O	FT	PD5	FSMC_NWE	USART2_TX
87	PD6	I/O	FT	PD6	FSMC_NWAIT	USART2_RX
88	PD7	I/O	FT	PD7	FSMC_NE1/FSMC_NCE2	USART2_CK
89	PB3	I/O	FT	JTDO	SPI3_SCK/I2S3_CK	PB3/TRACESWO TIM2_CH2/SPI1_SCK
90	PB4	I/O	FT	NJTRST	SPI3_MISO	PB4/TIM3_CH1 SPI1_MISO
91	PB5	I/O		PB5	I^2C1_SMBA/SPI3_MOSI/I2S3_SD	TIM3_CH2/SPI1_MOSI
92	PB6	I/O	FT	PB6	I^2C1_SCL/TIM4_CH1	USART1_TX
93	PB7	I/O	FT	PB7	I^2C1_SDA/FSMC_NADV/TIM4_CH2	USART1_RX
94	BOOT0	I		BOOT0		
95	PB8	I/O	FT	PB8	TIM4_CH3/SDIO_D4	I^2C1_SCL/CAN_RX
96	PB9	I/O	FT	PB9	TIM4_CH4/SDIO_D5	I^2C1_SCA/CAN_TX
97	PE0	I/O	FT	PE0	TIM4_ETR/FSMC_NBL0	
98	PE1	I/O	FT	PE1	FSMC_NBL1	
99	V_{SS}_3	S		V_{SS}_3		
100	V_{DD}_3	S		V_{DD}_3		

注: 1. I=输入（Input），O=输出（Output），S=电源（Supply）。

2. FT=可耐受 5V。

2. 启动配置引脚

在 STM32F103VET6 中，可以通过 BOOT [1:0] 引脚选择 3 种不同的启动模式。STM32F103VET6 的启动配置见表 2-4。

表 2-4　STM32F103VET6 的启动配置

启动模式选择引脚		启动模式	说明
BOOT1	BOOT0		
X	0	从主 Flash 启动	主 Flash 被选为启动区域
0	1	从系统存储器启动	系统存储器被选为启动区域
1	1	从内置 SRAM 启动	内置 SRAM 被选为启动区域

系统复位后，在 SYSCLK 的第 4 个上升沿，BOOT 引脚的值将被锁存。用户可以通过设置 BOOT1 和 BOOT0 引脚的状态，来选择复位后的启动模式。

在从待机模式退出时，BOOT 引脚的值将被重新锁存，因此，在待机模式下 BOOT 引脚应保持为需要的启动配置。在启动延迟之后，CPU 从地址 0x0000 0000 获取堆栈顶的地址，并从系统存储器的 0x0000 0004 指示的地址开始执行代码。

因为固定的存储器映像，代码区始终从地址 0x0000 0000 开始（通过 ICode 和 DCode 总线访问），而数据区（SRAM）始终从地址 0x2000 0000 开始（通过系统总线访问）。Cortex-M3 的 CPU 始终从 ICode 总线获取复位向量，即启动仅适合于从代码区开始（一般从 Flash 启动）。STM32F103VET6 微控制器实现了一个特殊的机制，系统不仅可以从 Flash 或系统存储器启动，还可以从内置 SRAM 启动。

根据选定的启动模式，主 Flash、系统存储器或内置 SRAM 可以按照以下方式访问。

1）从主 Flash 启动：主 Flash 被映射到启动空间（0x0000 0000），但仍然能够在原有的地址（0x0800 0000）访问它，即 Flash 的内容可以在（0x0000 0000 或 0x0800 0000）两个地址区域被访问。

2）从系统存储器启动：系统存储器被映射到启动空间（0x0000 0000），但仍然能够在它原有的地址（互联型产品原有地址为 0x1FFF B000，其他产品原有地址为 0x1FFF F000）访问它。

3）从内置 SRAM 启动：只能在 0x2000 0000 开始的地址区访问 SRAM。从内置 SRAM 启动时，在应用程序的初始化代码中，必须使用 NVIC 的异常表和偏移寄存器，重新映射向量表到 SRAM 中。

内嵌的自举程序存放在系统存储区，在 ST 公司的生产线上写入，用于通过串行接口 USART1 对闪存存储器进行重新编程。

2.6　STM32F103VET6 最小系统设计

STM32F103VET6 最小系统是指能够让 STM32F103VET6 正常工作的包含最少元器件的系统。STM32F103VET6 内集成了电源管理模块（包括滤波复位输入、集成的上电复位/掉电复位电路、可编程电压检测电路）、8MHz 高频内部 RC 振荡器、40kHz 低频内部 RC 振荡器等部件，外部只需 7 个无源器件就可以让 STM32F103VET6 工作。然而，为了使用方便，在最小系统中加入了 USB 转 TTL 串口、发光二极管等功能模块。

最小系统核心电路原理图如图 2-10 所示，其中包括了复位电路、晶体振荡电路和启动设置电路等。

在最小系统中，包含以下模块。

1. 复位电路

STM32F103VET6 的 NRST 引脚输入中使用 CMOS 工艺，它连接了一个不能断开的上拉电阻 Rpu，其典型值为 40kΩ，外部连接了一个上拉电阻 R4、按键 RST 及电容 C5，当 RST 按键按下时，NRST 引脚电位变为 0，通过这个方式实现手动复位。

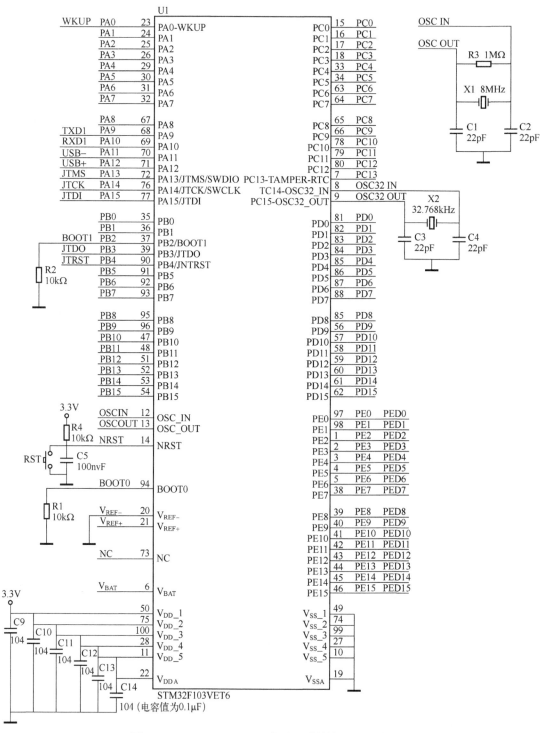

图 2-10 STM32F103VET6 的最小系统核心电路原理图

2. 晶体振荡电路

STM32F103VET6 一共外接了两个晶振：一个 8MHz 的晶振 X1 提供给高速外部时钟，一个 32.768kHz 的晶振 X2 提供给低速外部时钟。

3．启动设置电路

启动设置电路由启动设置引脚 BOOT1 和 BOOT0 组成，二者均通过 10kΩ 的电阻接地，从用户 Flash 启动。

4．JTAG 接口电路

为了方便系统采用 JLINK 仿真器进行下载和在线仿真，在最小系统中预留了 JTAG 接口电路，用来实现 STM32F103VET6 与 JLINK 仿真器的连接。JTAG 接口电路原理图如图 2-11 所示。

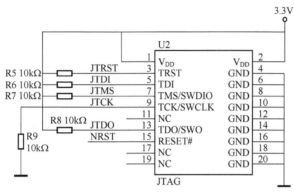

图 2-11　JTAG 接口电路原理图

5．流水灯电路

最小系统载有 16 个 LED 流水灯，对应 STM32F103VET6 的 PE0～PE15 引脚，电路原理图如图 2-12 所示。

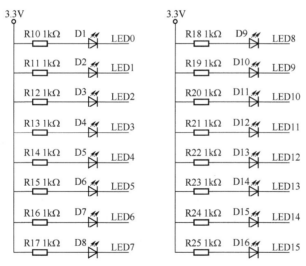

图 2-12　流水灯电路原理图

另外，最小系统中还设计有 USB 转 TTL 串口电路（采用 CH340G）、独立按键电路、ADC 采集电路（采用 10kΩ 电位器）和 5V 转 3.3V 电源电路（采用 AMS1117-3.3V），具体电路从略。

2.7 学习 STM32 微控制器的方法

学习 STM32 微控制器和其他微控制器的最好方法是"学中做、做中学"。

1）大致学习一下 STM32 单片机的英文或者中文手册，对它的特点和工作原理有个大概的了解。通过这一步，达到基本了解或理解 STM32 微控制器最小系统原理、程序烧写和运行机制的目的。

2）从一个简单的项目开始，例如发光二极管的控制，从而熟悉 STM32 微控制器应用系统开发的全过程，找到开发的感觉。

3）继续对上述的简单项目进行深化和改造，例如，两个发光二极管的控制、发光时间的调整，还可以进一步推广到通过定时器、中断等控制发光二极管，以进一步熟悉和巩固开发过程，熟悉开发的基本特点。

一个好的建议是，在学习的过程中，需要使用什么功能部件，就去重点学习这一部分的相关知识，慢慢积累，这样就慢慢入门了。也就是说，用蚂蚁搬家式的学习方法，把难度分解，学习难度就变小了。

学习 STM32 微控制器一定要动手做，只有动手做，才能真正学会 STM32 微控制器开发。

习题

1．基于 Cortex-M3 内核的 STM32F1 微控制器具有哪些特点？

2．STM32F103x 微控制器结构主要包括哪些部分？

3．在 STM32F103x 中，有哪几种启动模式？说明启动过程。

4．STM32F103x 的低功耗模式有几种？

5．哪几种事件发生时会产生一个系统复位？

6．STM32F103x 微控制器支持几种时钟源？

7．简要说明 HSE 时钟的启动过程。

8．如果 HSE 晶体振荡器失效，哪个时钟被作为备用时钟源？

9．简要说明 LSI 时钟校准的过程。

10．当 STM32F103x 微控制器采用 8MHz 的高速外部时钟源时，通过 PLL 倍频后能够得到的最高系统频率是多少？此时 AHB、APB1、APB2 总线的最高频率分别是多少？

11．简要说明在 STM32F103x 上不使用外部晶振时 OSC_IN 和 OSC_OUT 的接法。

12．简要说明在使用 HSE 时钟时程序设置时钟参数的流程。

第3章 嵌入式开发环境的搭建

本章介绍了嵌入式开发环境的搭建，包括 Keil MDK5 安装配置、Keil MDK 下新工程的创建、J-Link 驱动安装、Keil MDK5 调试方法、Cortex-M3 微控制器软件接口标准（CMSIS）、STM32F103 开发板的选择和 STM32 仿真器的选择。

3.1 Keil MDK5 安装配置

3.1.1 Keil MDK 简介

Keil 公司是一家业界领先的微控制器（MCU）软件开发工具独立供应商，由两家私人公司联合运营，分别是德国慕尼黑的 Keil Elektronik GmbH 和美国得克萨斯的 Keil Software Inc.。Keil 公司制造和销售种类广泛的开发工具，包括 ANSI C 编译器、宏汇编程序、调试器、链接器、库管理器、固件和实时内核（Real-Time Kernel）。

MDK 即 RealView MDK 或 MDK-ARM（Microcontroller Development Kit），是 ARM 公司收购 Keil 公司以后，基于 μVision 界面推出的针对 ARM7、ARM9、Cortex-M 系列、Cortex-R4 等 ARM 处理器的嵌入式软件开发工具。

Keil MDK 的全称是 Keil Microcontroller Development Kit，中文名称为 Keil 微控制器开发套件，经常能看到的 Keil MDK-ARM、Keil MDK、RealView MDK、I-MDK、μVision5（老版本为 μVision4 和 μVision3），都是指 Keil MDK。Keil MDK 支持 40 多个厂商超过 5000 种的基于 ARM 的微控制器器件和多种仿真器，集成了行业领先的 ARM C/C++编译工具链，符合 ARM Cortex 微控制器软件接口标准（Cortex Microcontroller Software Interface Standard, CMSIS）。Keil MDK 提供了软件包管理器和多种实时操作系统（RTX、Micrium RTOS、RT-Thread 等）、IPv4/IPv6、USB Device 和 OTG 协议栈、IoT 安全连接以及 GUI 库等中间件组件。Keil MDK 还提供了性能分析器，可以评估代码覆盖、运行时间以及函数调用次数等，指导开发者进行代码优化；同时 Keil MDK 提供了大量的项目例程，帮助开发者快速掌握 Keil MDK 的强大功能。Keil MDK 是一个适用于 ARM7、ARM9、Cortex-M、Cortex-R 等系列微控制器的完整软件开发套件，具有强大的功能且方便易用，深得广大开发者认可，成为目前常用的嵌入式集成开发环境之一，能够满足大多数苛刻的嵌入式应用开发的需要。

1．Keil MDK 的核心组成部分及支持的 ARM 处理器

（1）μVision IDE　μVision IDE 是一个集项目管理器、源代码编辑器、调试器于一体的强大的集成开发环境。

（2）RVCT　RVCT 是 ARM 公司提供的编译工具链，包含编译器、汇编器、链接器和相关工具。

（3）RL-ARM　RL-ARM 为实时库，可将其作为工程的库来使用。

（4）ULINK/JLINK USB-JTAG 仿真器　ULINK/JLINK USB-JTAG 仿真器用于连接目标系统的调试接口（JTAG 或 SWD 方式），帮助用户在目标硬件上调试程序。

其中 μVision IDE 是一个基于 Windows 操作系统的嵌入式软件开发平台，集编译器、调试器、项目管理器和一些 Make 工具于一体。具有如下组成部分及主要特征：

1）项目管理器，用于开发和维护项目。

2）处理器数据库，集成了一个能自动配置选项的工具。

3）带有用于汇编、编译和链接的 Make 工具。

4）全功能的源码编辑器。

5）模板编辑器，可用于在源码中插入通用文本序列和头文件。

6）源码浏览器，用于快速寻找、定位和分析应用程序中的代码和数据。

7）函数浏览器，用于在程序中对函数进行快速导航。

8）函数略图（Function Sketch），可形成某个源文件的函数视图。

9）带有一些内置工具，例如"Find in Files"等。

10）集模拟调试和目标硬件调试于一体。

11）配置向导，可实现图形化的快速生成启动文件和配置文件。

12）可与多种第三方工具和软件版本控制系统接口。

13）带有 Flash 编程工具对话窗口。

14）丰富的工具设置对话窗口。

15）完善的在线帮助和用户指南。

Keil MDK 支持的 ARM 处理器如下：

1）Cortex-M0/M0+/M3/M4/M7。

2）Cortex-M23/M33 non-secure。

3）ICortex-M23/M33 secure/non-secure。

4）ARM7、ARM9、Cortex-R4、SecurCore® SC000 和 SC300。

5）ARMv8-M architecture。

2．Keil MDK 的开发步骤

使用 Keil MDK 作为嵌入式开发工具，其开发的流程与其他开发工具基本一样，一般可以分以下几步：

1）新建一个工程，从处理器库中选择目标芯片。

2）自动生成启动文件或使用芯片厂商提供的基于 CMSIS 的启动文件及固件库。

3）配置编译器环境。

4）用 C 语言或汇编语言编写源文件。

5）编译目标应用程序。

6）修改源程序中的错误。

7）调试应用程序。

Keil MDK 集成了业内最领先的技术，包括 μVision5 集成开发环境与 Real View 编译工具 RVCT（Real View Compilation Tool）。Keil MDK 支持 ARM7、ARM9 和最新的 Cortex-M 系列内核微控制器，支持自动配置启动代码，集成 Flash 编程模块，且具有强大的 Simulation 设备模拟和性能分析等单元。出众的性价比使得 Keil MDK 开发工具迅速成为 ARM 软件开发工具的标准。

3. Keil MDK 能够为开发者提供的组成部件及开发优势

（1）启动代码生成向导　启动代码和系统硬件结合紧密，只能使用汇编语言编写，Keil MDK 的 μVision5 可以自动生成完善的启动代码，并提供图形化的窗口，方便开发者的修改。无论是对于初学者还是对于有经验的开发者而言，都能大大节省开发时间，提高系统设计效率。

（2）设备模拟器　Keil MDK 的设备模拟器可以仿真整个目标硬件，如快速指令集仿真、外部信号和 I/O 端口信号仿真、中断过程仿真、片内外围设备仿真等。这使开发者在没有硬件的情况下也能进行完整的软件设计开发与调试工作，软硬件开发可以同步进行，大大缩短了开发周期。

（3）性能分析器　Keil MDK 的性能分析器可辅助开发者查看代码覆盖情况、程序运行时间、函数调用次数等高端控制功能，帮助开发者轻松地进行代码优化，提高嵌入式系统设计开发的质量。

（4）Real View 编译工具　Keil MDK 的 Real View 编译工具与 ARM 公司以前的 ADS1.2 编译工具相比，其代码尺寸比 ADS1.2 的代码尺寸小 10%，其代码性能也比 ADS1.2 的代码性能提高了至少 20%。

（5）ULINK2/Pro 仿真器和 Flash 编程模块　Keil MDK 无须寻求第三方编程软硬件的支持，通过配套的 ULINK2 仿真器与 Flash 编程模块，可以轻松地实现 CPU 片内 Flash 和外扩 Flash 烧写。Keil MDK 支持用户自行添加 Flash 编程算法，而且支持 Flash 的整片删除、扇区删除、编程前自动删除和编程后自动校验等功能。

（6）Cortex 系列内核　Cortex 系列内核具备高性能和低成本等优点。是 ARM 公司最新推出的微控制器内核，是单片机应用的热点和主流。而 Keil MDK 是第一款支持 Cortex 系列内核开发的开发工具。并为开发者提供了完善的工具集，因此，可以用它设计与开发基于 Cortex-M3 内核的 STM32 嵌入式系统。

（7）提供专业的本地化技术支持和服务　Keil MDK 的国内用户可以享受专业的本地化技术支持和服务，如电话、E-mail、论坛和中文技术文档等，这将为开发者设计出更有竞争力的产品提供更多的助力。

此外，Keil MDK 还具有自己的实时操作系统，即 RTX。传统的 8 位或 16 位单片机往往不适合使用实时操作系统，但 Cortex-M3 内核除了为用户提供更强劲的性能、更高的性价比，还具备对小型操作系统的良好支持，因此在设计和开发 STM32 时，开发者可以在 Keil MDK 上使用 RTX。使用 RTX 可以为工程组织提供良好的结构，并提高代码的重复使用率，使程序调试更加容易、项目管理更加简单。

3.1.2 MDK 下载

1. 打开官方网站，单击下载 MDK

官方下载地址：http://www2.keil.com/mdk5。

MDK 下载界面如图 3-1 所示。

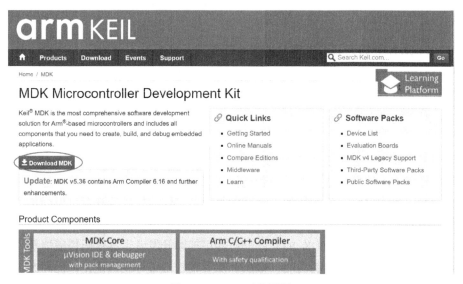

图 3-1 MDK 下载界面

2. 按照要求填写信息

信息填写界面如图 3-2 所示，并单击 Submit 按钮。

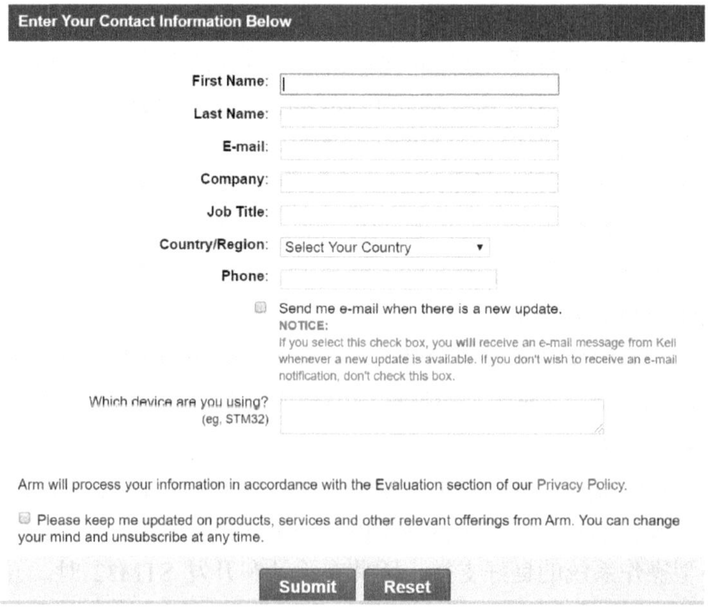

图 3-2 信息填写界面

3．单击 MDKxxx.EXE 下载

MDKxxx.EXE 下载界面如图 3-3 所示。这里下载的是 MDK536.EXE，单击后等待下载完成。

图 3-3　MDKxxx.EXE 下载界面

3.1.3　MDK 安装

1．双击安装文件

双击 MDK 安装文件，MDK 安装文件图标如图 3-4 所示。

2．MDK 安装过程

图 3-4　MDK 安装文件图标

MDK 安装界面如图 3-5 所示。

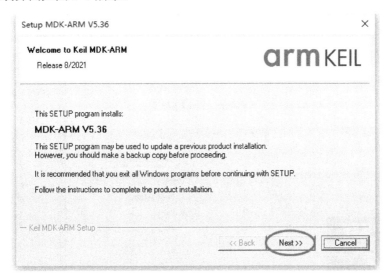

图 3-5　MDK 安装界面

在欢迎界面单击 Next（下一步）按钮；勾选"同意协议"，单击 Next（下一步）按钮；选择安装路径，建议选择默认路径，单击 Next（下一步）按钮；填写用户信息，单击 Next

（下一步）按钮；等待安装。MDK 安装进程如图 3-6 所示。

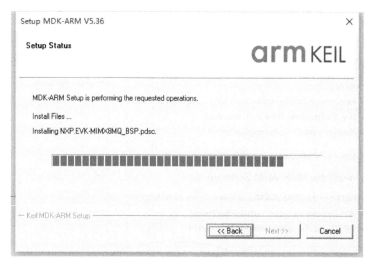

图 3-6　MDK 安装进程

需要显示版本信息，单击 Finish（完成）按钮，完成安装。

安装完成后，弹出 Pack Installer 欢迎界面。先关闭此界面，解压缩后再安装 Pack 工具包。

MDK 安装成功后，计算机桌面会出现 Keil μVision5（以下简称 Keil5）的图标，如图 3-7 所示。

安装好 Keil5 之后，可以管理员身份运行 Keil5，打开后单击菜单栏中的 File→License Management 命令，安装 License，如图 3-8 所示。

至此就可以使用 Keil5 了。

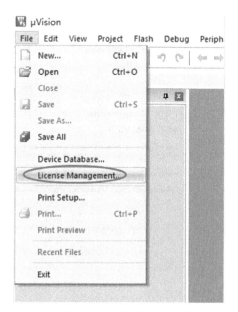

图 3-7　Keil μVision5 的图标　　　　图 3-8　安装 License 界面

Keil5 功能限制见表 3-1。

表 3-1　Keil5 功能限制

特性	Lite 轻量版	Essential 基本版	Plus 升级版	Professional 专业版
带有包安装器的 μVision.IDE	√	√	√	√
带源代码的 CMSIS RTX5 RTOS	√	√	√	√
调试器	32KB	√	√	√
C/C++ Arm 编译器	32KB	√	√	√
中间件：IPv4 网络、USB 设备、文件系统、图形			√	√
TÜV SÜD 认证的 Arm 编译器和功能安全认证套件				√
中间件：IPv6 网络、USB 主设备、IoT 连接				√
固定虚拟平台模型				√
快速模型连接				√
ARM 处理器支持				
Cortex-M0/M0+/M3/M4/M7	√	√	√	√
Cortex-M23/M33 非安全		√	√	√
Cortex-M23/M33 安全/非安全			√	√
ARM7、ARM9、Cortex-R4、SecurCoreR.SC000、SC300			√	√
ARMv8-M 架构				√

3.1.4　安装库文件

步骤 1：双击打开 Keil5 界面，单击图 3-9 中圆圈内的 Pack Installer 按钮。

图 3-9　单击工具按钮 Pack Installer

步骤 2：之前关闭的 Pack Installer 窗口将弹出，Pack Installer 窗口如图 3-10 所示。

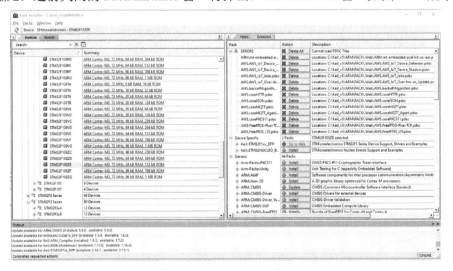

图 3-10　Pack Installer 窗口

步骤 3：在窗口左侧选择所使用的 STM32F103 系列微控制器，在窗口右侧单击 Device Specific→Keil::STM32F1xx_DFP 处的 Install 按钮安装库文件，窗口的下方 output 区域可看到库文件的下载进度。

步骤 4：等待库文件下载完成。

当 Keil::STM32F1xx_DFP 处 Action 状态变为 Up to date 状态时，表示该库文件下载完成。这时可以打开一个工程，测试编译是否成功。

3.2 Keil MDK 下新工程的创建

创建一个新工程，对 STM32 嵌入式系统的 GPIO 功能进行简单的测试。

3.2.1 建立文件夹

建立文件夹 GPIO_TEST，存放整个工程项目。在 GPIO_TEST 工程目录下，建立四个子文件夹来存放不同类别的文件，工程目录如图 3-11 所示。

图中四个子文件夹存放文件类型分别是：lib，存放库文件；obj，存放工程文件；out，存放编译输出文件；user，存放用户源代码文件。

图 3-11　GPIO_TEST 工程目录

3.2.2 打开 Keil μVision

打开 Keil μVision 后，将显示上一次使用的工程，如图 3-12 所示。

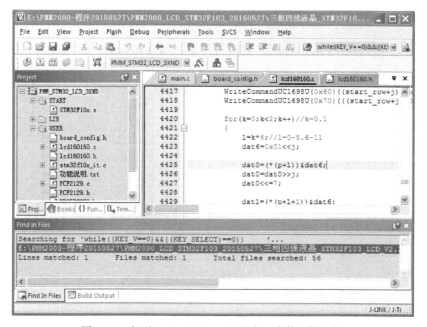

图 3-12　打开 Keil μVision，显示上一次使用的工程

3.2.3　新建工程

选择菜单栏中的 Project→New μVision Project 命令，新建工程，如图 3-13 所示。

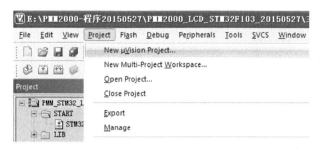

图 3-13　新建工程

把该工程存放在刚刚建好的 obj 子文件夹下，并输入工程文件名称，如图 3-14 和图 3-15 所示。

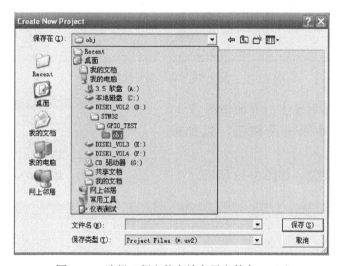

图 3-14　选择工程文件存放在子文件夹 obj 下

图 3-15　工程文件命名

　　单击保存按钮后会弹出选择器件对话框，选择 STMicroelectronics 的型号为 STM32F103VB（选择使用芯片型号），如图 3-16 所示。

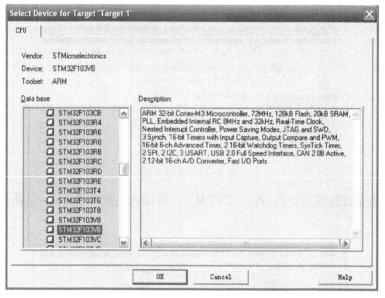

图 3-16　芯片型号选择

　　单击 OK 按钮后弹出的界面如图 3-17 所示，在该界面中单击是按钮，以加载 STM32 的启动代码。

　　至此工程建立成功，如图 3-18 所示。

图 3-17　加载 STM32 的启动代码

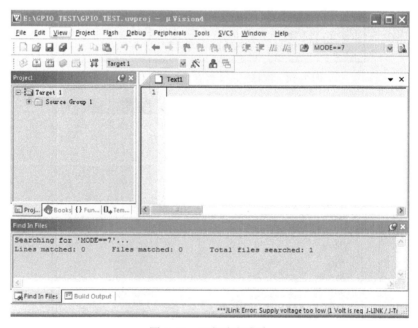

图 3-18　工程建立成功

3.3　J-Link 驱动安装

安装 J-Link 驱动，以便 Keil5、J-Scope 能够使用 J-Link。

3.3.1　J-Link 简介

J-Link 是 SEGGER 公司为支持仿真 ARM 内核推出的 JTAG 仿真器，它与 IAR EWAR、ADS、Keil MDK、WINARM、RealView 等几乎所有主流集成开发套件配合，可支持所有 ARM7/ARM9/ARM11 系列、Cortex M0/M1/M3/M4/M7/M23/M33 系列，Cortex A5/A8/A9/A12/A15/A17 系列以及 Cortex-R4/R5 系列等内核的仿真。它与 IAR、Keil 等编译环境可无缝连接，因此操作方便、连接方便、简单易学，是学习开发 ARM 最好、最实用的开发工具。

J-Link 具有 J-Link Plus，J-Link ultra，J-Link ultra+，J-Link Pro，J-Link EDU，J-Trace 等多个版本，可以根据不同的需求选择不同的版本。

J-Link 主要用于在线调试，它集程序下载器和控制器为一体，使得 PC 上的集成开发软件能够对 ARM 的运行进行控制，比如，单步运行、设置断点、查看寄存器等。一般调试信息用串口"打印"出来，就如 VC 用 printf 在屏幕上显示信息一样，通过串口，ARM 就可以将需要的信息输出到计算机的串口界面。由于笔记本一般都没有串口，所以常用 MSB 转串口电缆或转接头实现信息输出。

J-Link 采用 USB 2.0 全速、高速主机接口，以及 20 针标准 JTAG/SWD 目标机连接器，可选配 14 针/10 针 JTAG/SWD 适配器。同时，J-Link 还具有以下主要特点：

1）自动识别器件内核。

2）JTAG 时钟频率高达 15/50MHz，SWD 时钟频率高达 30/100MHz。

3）RAM 下载速度最高达 3MB/s。

4）监测所有 JTAG 信号和目标板电压。

5）自动速度识别。

6）USB 供电，无须外接电源。

7）目标板电压范围为 1.2～5V。

8）支持多 JTAG 器件串行连接。

9）完全即插即用。

3.3.2　J-Link 驱动安装

官方下载地址：https://www.segger.com/downloads/J-Link/。

J-Link 驱动下载界面如图 3-19 所示。

下载后桌面显示的 J-Link 驱动的图标如图 3-20 所示。

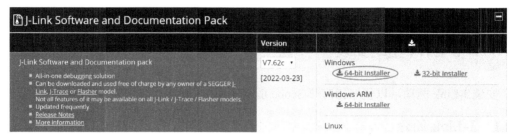

图 3-19　J-Link 驱动下载界面

JLink_Windows_
V634h.exe

图 3-20　J-Link 驱动的图标

1. J-Link 安装

J-Link 安装步骤简单，选择默认配置即可。J-Link 驱动安装过程如图 3-21 所示。

图 3-21　J-Link 驱动安装过程

2. 打开 Keil5 的 Options for Target 界面

J-Link 安装完成后，连接 J-Link 到计算机，并打开 Keil5 的 Options for Target 界面，如图 3-22 所示。

3. 调试工具选择

单击菜单栏中的 Debug 菜单，调试工具选择 J-Link→J-TRACE Cortex。

单击菜单栏中 Debug 菜单中的 Settings 命令。可以看到 J-Link 的 SN、版本等信息，表示 J-Link 驱动安装成功，当前 J-Link 可正常使用。

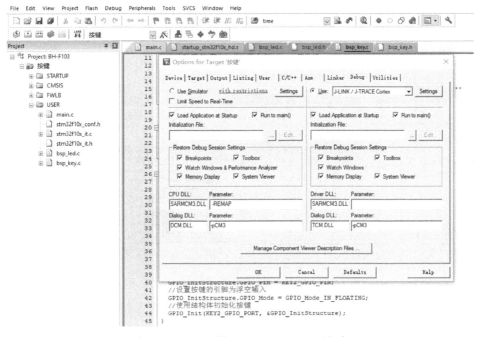

图 3-22 Keil5 的 Options for Target 界面

3.4 Keil MDK5 调试方法

3.4.1 进入调试模式

进入调试模式步骤如下：

1）连接 J-Link 到开发板 STM32 微控制器的调试口，此时 J-Link USB 线不要连接计算机。

2）开发板上电。

3）J-Link USB 线连接到计算机，J-Link 指示灯应为绿色。

4）使用 Keil5 打开一个程序。

5）进入调试模式。

进入调试模式界面如图 3-23 所示。

图 3-23 进入调试模式界面

3.4.2 调试界面介绍

1. 确定当前执行语句

J-Link 执行语句界面如图 3-24 所示，圆圈内为执行语句。

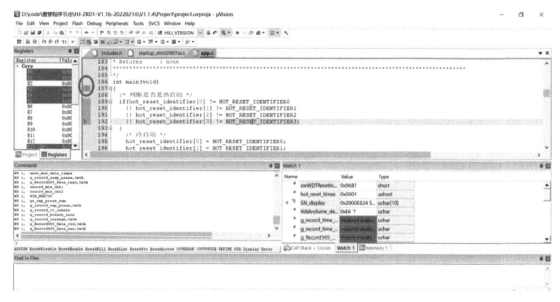

图 3-24 J-Link 执行语句界面

2. 拖动各窗口,调整成习惯的布局

调试界面布局如图 3-25 所示。

图 3-25 调试界面布局

保存当前布局,下次进入调试模式不必重新设置,调试时主要使用 Debug 菜单和工具栏。
Debug 菜单和工具栏分别如图 3-26 和图 3-27 所示。

Debug 菜单命令介绍如下:

1)Start/Stop Debug Session:开始/停止调试 。

2)Energy Measurement without Debug:无测量。

3)Reset CPU:复位 CPU 。

4)Run:全速运行 。

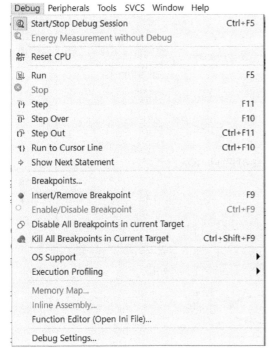

图 3-26　Debug 菜单

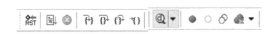

图 3-27　工具栏

5）Stop：停止运行 ◎ 。

6）Step：单步调试（进入函数）🖑 。

7）Step Over：逐步调试（跳过函数）🖑 。

8）Step Out：跳出调试（跳出函数）🖑 。

9）Run to Cursor Line：运行到光标处 🖑 。

10）Show Next Statement：显示正在执行的代码行。

11）Breakpoints：查看工程中所有的断点。

12）Insert/Remove Breakpoint：插入/移除断点 ● 。

13）Enable/Disable Breakpoint：使能/失能断点 ○ 。

14）Disable All Breakpoint in current Target：失能所有断点 ⊘ 。

15）Kill All Breakpoint in Current Target：取消所有断点 ● 。

16）OS Support：系统支持（打开子菜单访问事件查看器和 RTX 任务和系统信息）。

17）Execution Profiling：执行分析。

18）Memory Map：内存映射。

19）Inline Assembly：内联汇编。

20）Function Editor（Open Ini File）：函数编辑器。

21）Debug Settings：调试设置。

3.4.3　变量查询功能

方法 1：双击选中变量，如 hot_reset_times，拖动到 Watch 1 区域，即可查看该变量的值。变量查询方法 1 界面如图 3-28 所示。

图 3-28　变量查询方法 1 界面

方法 2：可在 Watch 1 区直接输入要查询的变量。

变量查询方法 2 界面如图 3-29 所示。

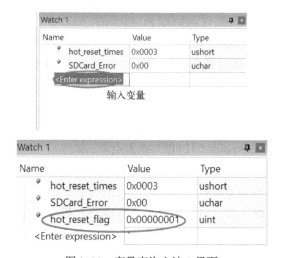

图 3-29　变量查询方法 2 界面

3.4.4　断点功能

当程序执行到某处需要停下时，可以使用断点功能。

举例如下：

1）确定添加断点处代码为 GetSNdisplay(SN_display)，添加断点如图 3-30 所示。

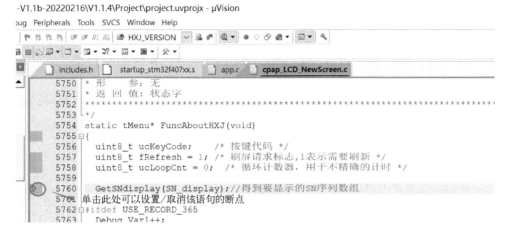

图 3-30　添加断点

2）单击代码左侧阴影处（阴影表示程序可以执行到此处，无阴影一般为未编译或注释语句，不可设置断点），可以设置或取消该语句的断点。添加断点成功后会有一个红色圆点，如图 3-31 所示。

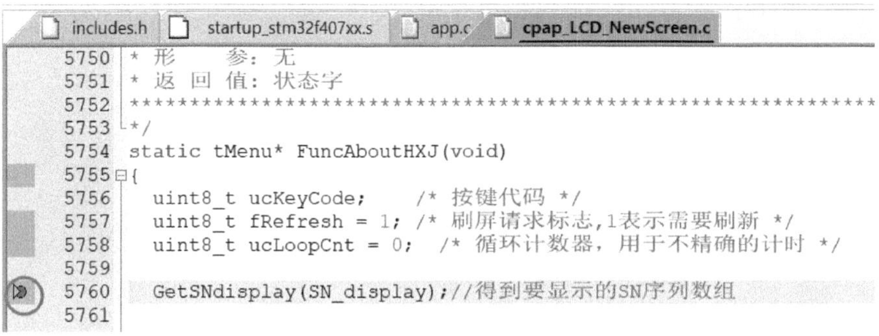

图 3-31　添加断点成功

3）单击全速运行命令 ，操作某一设备，进入"信息→关于本机"。此时程序会运行至断点设置处，黄色运行指示箭头指向断点语句，如图 3-32 所示。

图 3-32　指向断点语句的界面

4）可根据调试需求，使用如下调试方法：

① Step：单步调试（进入函数）。

② Step Over：逐步调试（跳过函数）。

③ Step Out：跳出调试（跳出函数）。

④ Run to Cursor Line：运行到光标处。

此处以使用“Step”命令为例，进入 GetSNdisplay 函数，如图 3-33 所示。

File Edit View Project Flash
Project
Step (F11)
或
Debug Peripherals Tools SVCS Window Help
Start/Stop Debug Session Ctrl+F5
Energy Measurement without Debug
Reset CPU
Run F5
Stop
Step F11
Step Over F10
Step Out Ctrl+F11

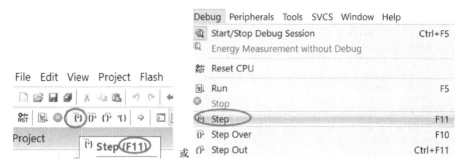

图 3-33 Step 单步调试命令

使用 Step 命令后的程序界面如图 3-34 所示。

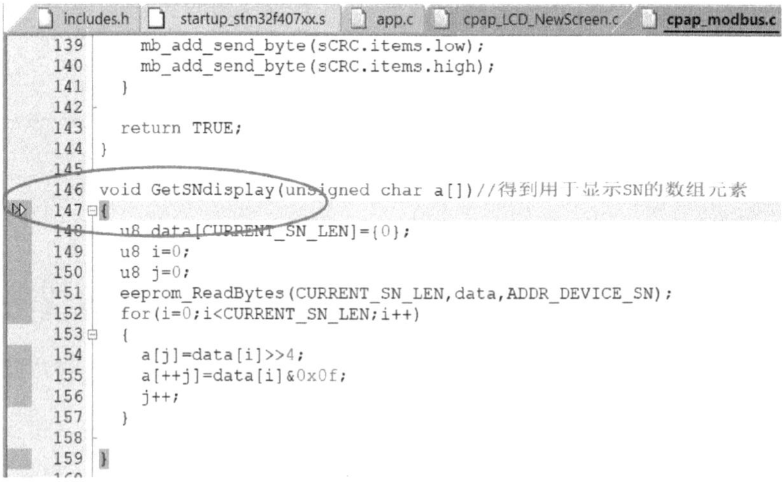

includes.h
startup_stm32f407xx.s
app.c
cpap_LCD_NewScreen.c
cpap_modbus.c
139 mb_add_send_byte(sCRC.items.low);
140 mb_add_send_byte(sCRC.items.high);
141 }
142
143 return TRUE;
144 }
145
146 void GetSNdisplay(unsigned char a[])//得到用于显示SN的数组元素
147 {
148 u8 data[CURRENT_SN_LEN]={0};
149 u8 i=0;
150 u8 j=0;
151 eeprom_ReadBytes(CURRENT_SN_LEN,data,ADDR_DEVICE_SN);
152 for(i=0;i<CURRENT_SN_LEN;i++)
153 {
154 a[j]=data[i]>>4;
155 a[++j]=data[i]&0x0f;
156 j++;
157 }
158
159 }

图 3-34 使用 Step 命令后的程序界面

5）调试完成后，再单击全速运行命令。

在全速运行模式时可正常操作所开发设备及监视变量，如图 3-35 所示。

Debug Peripherals Tools SVCS Window Help
Start/Stop Debug Session Ctrl+F5
Energy Measurement without Debug
Reset CPU
Run F5
Stop
Step F11
Step Over F10
Step Out Ctrl+F11
Run to Cursor Line Ctrl+F10
Show Next Statement

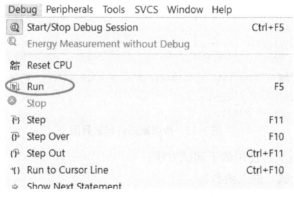

图 3-35 单击全速运行命令

3.4.5　结束调试模式

结束调试模式，执行 Start/Stop Debug Session 命令，如图 3-36 所示。

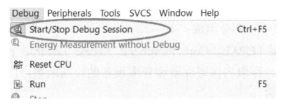

图 3-36　结束调试模式

3.5　Cortex-M3 微控制器软件接口标准（CMSIS）

目前，软件开发所需的费用已经是嵌入式系统行业公认的主要开发成本，通过将所有 Cortex-M 芯片供应商产品的软件接口标准化，能有效降低这一成本，尤其是进行新产品开发或者将现有项目或软件移植到基于不同厂商的 MCM 的产品时。为此，2008 年 ARM 公司发布了 ARM Cortex 微控制器软件接口标准（CMSIS）。

ST 公司为开发者提供了标准外设库，通过使用该标准外设库无需深入掌握细节便可开发每一个外设，减少了开发者的编程时间，从而降低开发成本。同时，标准外设库也是学习者深入学习 STM32 原理的重要参考工具。

3.5.1　CMSIS 介绍

CMSIS 软件架构由 4 层构成：用户应用层、操作系统及中间件接口层、CMSIS 层和硬件层，如图 3-37 所示。

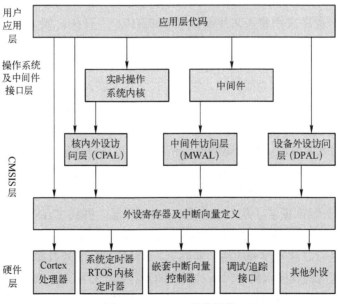

图 3-37　CMSIS 软件架构

其中，CMSIS 层起着承上启下的作用：一方面对硬件层进行统一实现，屏蔽不同厂商对 Cortex-M 系列微处理器核内外设寄存器的不同定义；另一方面又向上层的操作系统及中间件接口层和用户应用层提供接口，简化应用程序开发，使开发人员能够在完全透明的情况下进行应用程序开发。

CMSIS 层主要由以下 3 部分组成：

1）核内外设访问层（CPAL，Core Peripheral Access Layer）：由 ARM 公司实现，包括了命名定义、地址定义、存取内核寄存器和外围设备的协助函数，同时定义了一个与设备无关的 RTOS 内核接口函数。

2）中间件访问层（MWAL，Middleware Access Layer）：由 ARM 公司实现，芯片厂商提供更新，主要负责定义中间件访问的应用程序编程接口 API 函数，如 TCP/IP 协议栈、SD/MMC、MSB 等协议。

3）设备外设访问层（DPAL，Device Peripheral Access Layer）：由芯片厂商实现，负责对硬件寄存器地址及外设接口进行定义。另外，芯片厂商会对异常向量进行扩展，以处理相应异常。

3.5.2　STM32F10x 标准外设库

STM32F10x 标准外设库包括微控制器所有外设的性能特征，而且包括每一个外设的驱动描述和应用实例。通过使用该固件函数库无须深入掌握细节便可开发每一个外设，减少了用户编程时间，从而降低开发成本。

STM32F10x 的每一个外设驱动都由一组函数组成，这组函数覆盖了该外设的所有功能，每个器件的开发都由一个通用 API 驱动，API 对该程序的结构、函数和参数名都进行了标准化。因此，对于多数应用程序来说，用户可以直接使用。对于那些在代码大小和执行速度方面有严格要求的应用程序，可以参考固件库，根据实际情况进行调整。因此，在掌握了微控制器的细节之后结合标准外设库进行开发将达到事半功倍的效果。

系统相关的源程序文件和头文件都以 "stm32f10x_" 开头，如 stm32f10x.h。外设函数的命名以该外设的缩写加下划线开头，下划线用以分隔外设缩写和函数名，函数名的每个单词的第一个字母大写，如 GPIO_ReadInputDataBit。

STM32 标准外设库也称为固件库，它是 ST 公司为嵌入式系统开发者访问 STM32 底层硬件而提供的一个中间函数接口，即 API，由程序、数据结构和宏组成，还包括微控制器所有外设的性能特征、驱动描述和应用实例。在 STM32 标准外设库中，每个外设驱动都由一组函数组成，这组函数覆盖了外设驱动的所有功能。可以将 STM32 标准外设库中的函数视为对寄存器复杂配置过程高度封装后所形成的函数接口，通过调用这些函数接口即可实现对 STM32 寄存器的配置，从而达到控制的目的。

STM32 标准外设库覆盖了从 GPIO 端口到定时器，再到 CAN、I^2C、SPI、UART 和 ADC 等所有的标准外设，对应的函数源代码只使用了基本的 C 编程知识，非常易于理解和使用，并且方便进行二次开发和应用。实际上，STM32 标准外设库中的函数只是建立在寄存器与应用程序之间的程序代码，向下对相关的寄存器进行配置，向上为应用程序提供配置寄存器的标准函数接口。STM32 标准外设库的函数构建已由 ST 公司完成，这里不再详述。在使用库函数开发应用程序时，只要调用相应的函数接口即可实现对寄存器的配置，不需要探求底层硬件细节即可灵活规范地使用每个外设。

在传统 8 位单片机的开发过程中，通常通过直接配置芯片的寄存器来控制芯片的工作方式。在配置过程中，常常需要查阅寄存器表，由此确定所需要使用的寄存器配置位，以及是置 0 还是置 1。虽然这些都是很琐碎、机械的工作，但是因为 8 位单片机的资源比较有限，寄存器相对来说比较简单，所以可以用直接配置寄存器的方式进行开发，而且采用这种方式进行开发，参数设置更加直观，程序运行时对 CPU 资源的占用也会相对少一些。

STM32 的外设资源丰富，与传统 8 位单片机相比，STM32 的寄存器无论是在数量上还是在复杂度上都有大幅度提升。如果 STM32 采用直接配置寄存器的开发方式，则查阅寄存器表会相当困难，而且面对众多的寄存器位，在配置过程中也很容易出错，这会造成编程速度慢、程序维护复杂等问题，并且程序的维护成本也会很高。库函数开发方式提供了完备的寄存器配置标准函数接口，使开发者仅通过调用相关函数接口就能实现烦琐的寄存器配置，简单易学、编程速度快、程序可读性高，并降低了程序的维护成本，很好地解决了上述问题。

虽然采用寄存器开发方式能够让参数配置更加直观，而且相对于库函数开发方式，通过直接配置寄存器所生成的代码量会相对少一些，资源占用也会更少一些，但因为 STM32 较传统 8 位单片机而言有充足的 CPU 资源，权衡库函数开发方式的优势与不足，在一般情况下，可以"牺牲"一点 CPU 资源，选择更加便捷的库函数开发方式。一般只有对代码运行时间要求极为苛刻的项目，如需要频繁调用中断服务函数等，才会选用直接配置寄存器的方式进行系统的开发工作。

自从库函数出现以来，STM32 标准外设库中各种标准函数的构建也在不断完善，开发者对于 STM32 标准外设库的认识也在不断加深，越来越多的开发者倾向于用库函数进行开发。虽然目前 STM32F1 系列和 STM32F4 系列各有一套自己的函数库，但是它们大部分是相互兼容的，在采用库函数进行开发时，STM32F1 系列和 STM32F4 系列之间进行程序移植，只需要进行小修改即可。如果采用寄存器进行开发，则二者之间的程序移植是非常困难的。

当然，采用库函数开发并不是完全不涉及寄存器，它是在寄存器开发的基础上发展而来的，因此想要学好库函数开发方式，必须先对 STM32 的寄存器配置有一个基本的认识和了解，二者是相辅相成的，通过认识寄存器可以更好地掌握库函数开发方式，通过学习库函数开发方式也可以进一步了解寄存器。

1．Libraries 文件夹下的标准库的源代码及启动文件

Libraries 文件夹由 CMSIS 子文件夹和 STM32F10x_StdPeriph_Driver 子文件夹组成，如图 3-38 所示。

1）core_cm3.c 和 core_cm3.h 分别是核内外设访问层的源文件和头文件，作用是为采用 Cortex-M3 内核的芯片外设提供进入 Cortex-M3 内核的接口。这两个文件对其他公司的 M3 系列芯片的作用也是相同的。

2）stm32f10x.h 是设备外设访问层的头文件，包含了 STM32F10x 全系列所有外设寄存器的定义（寄存器的基地址和布局）、位定义、中断向量表、存储空间的地址映射等。

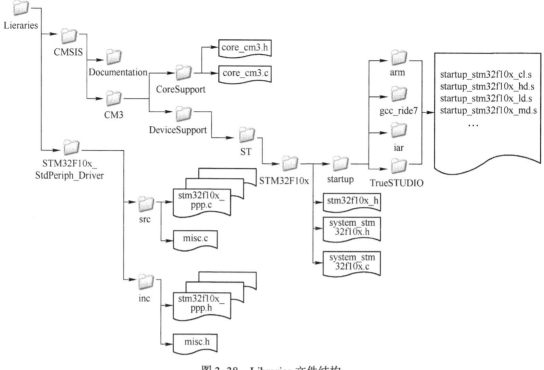

图 3-38　Libraries 文件结构

3）system_stm32f10x.c 和 system_stm32f10x.h 分别是设备外设访问层的源文件和头文件，包含了两个函数和一个全局变量。函数"SystemInit()"用来初始化系统时钟（系统时钟源、PLL 倍频因子、AHB/APBx 的预分频及其 Flash），启动文件在完成复位后跳转到"main()"函数之前调用该函数。函数"SystemCoreClockMpdate()"用来更新系统时钟，当系统内核时钟变化后必须执行该函数进行更新。全局变量 SystemCoreClock 包含了内核时钟（HCLK），方便用户在程序中设置 SysTick 定时器和其他参数。

4）startup_stm32f10x_X.s 是用汇编语言编写的系统启动文件，X 代表不同的芯片型号，使用时要与芯片型号对应。

启动文件是任何处理器上电复位后首先运行的一段汇编程序，为 C 语言的运行搭建合适的环境。其主要作用为：设置初始堆栈指针（SP）；设置初始程序计数器（PC）为复位向量，并在执行"main()"函数前调用"SystemInit()"函数初始化系统时钟；设置向量表入口为异常事件的入口地址；复位后处理器为线程模式，优先级为特权级，堆栈设置为 MSP 主堆栈。

5）stm32f10x_ppp.c 和 stm32f10x_ppp.h 分别为外设驱动源文件和头文件，ppp 代表不同的外设，使用时将相应文件加入工程。ppp 包含了相关外设的初始化配置和部分功能应用函数，这部分是进行编程功能实现的重要组成部分。

6）misc.c 和 misc.h 提供了外设对内核中的嵌套向量中断控制器 NVIC 的访问函数，在配置中断时，必须把这两个文件加到工程中。

2. Project 文件夹下采用标准库写的工程模板和例子

Project 文件夹由 STM32F10x_StdPeriphTemplate 子文件夹和 TM32F10x_StdPeriph_ Examples 子文件夹组成。在 STM32F10x_StdPeriph_Template 子文件夹中有 3 个重要文件：

stm32f10x_it.c、stm32fl0x_it.h 和 stm32f10x_conf.h。

1）stm32f10x_it.c 文件和 stm32fl0x_it.h 文件是用来编写中断服务函数的，其中已经定义了一些系统异常的接口，其他普通中断服务函数要自己添加，中断服务函数的接口在启动文件中已经写好。

2）stm32f10x_conf.h 文件包含在 stm32f10x.h 文件中，用来配置使用了哪些外设的头文件，用这个头文件可以方便地增加和删除外设驱动函数。

为了更好地使用标准外设库进行程序设计，除了掌握标准库的文件结构，还必须掌握其体系结构，将这些文件对应到 CMSIS 架构上。标准外设库体系结构如图 3-39 所示。

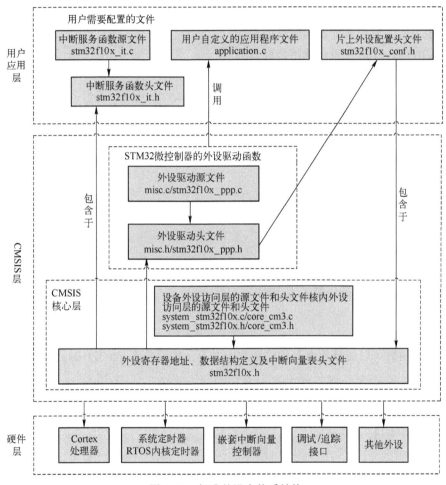

图 3-39　标准外设库体系结构

图 3-39 描述了库文件之间的包含调用关系，在使用标准外设库开发时，把位于 CMSIS 层的文件添加到工程中不用修改，用户只需根据需要修改用户应用层的文件便可以进行软件开发。

STM32 固件库文件介绍如下：

1）汇编语言编写的系统启动文件。startup_stm32fl0x_hd.s：设置堆栈指针、设置 PC 指针、初始化中断向量表、配置系统时钟。

2）时钟配置文件。system_stm32fl0x.c：把外部时钟 HSE=8MHz，经过 PLL 倍频为 72MHz。

3）外设相关的文件包含以下几个。

① stm32f10x.h：实现了内核之外的外设的寄存器映射。

② xxx：GPIO、USRAT、I2C、SPI、FSMC。

③ stm32f10x_xx.c：外设的驱动函数库文件。

④ stm32f10x_xx.h：存放外设的初始化结构体、外设初始化结构体成员的参数列表、外设固件库函数的声明。

4）内核相关的文件包含以下几个。

① CMSIS-Cortex：微控制器软件接口标准。

② core_cm3.h：实现了内核里面外设的寄存器映射。

③ core_cm3.c：内核外设的驱动固件库。

④ NVIC、SysTick（系统滴答定时器）。

⑤ misc.h。

⑥ misc.c。

5）头文件的配置文件包含以下几个。

① stm32f10x_conf.h：头文件的头文件。

② //stm32f10x_usart.h。

③ //stm32f10x_i2c.h。

④ //stm32f10x_spi.h。

⑤ //stm32f10x_adc.h。

⑥ //stm32f10x_fsmc.h。

⋮

6）专门存放中断服务函数的 C 文件。

① stm32f10x_it.c。

② stm32f10x_it.h。

中断服务函数可以随意放在其他的地方，并不一定要放在 stm32f10x_it.c 中。例如：

```
#include "stm32f10x.h"    //相当于 51 单片机中的   #include <reg51.h>
int main(void)
{
    // 主程序
}
```

3.6　STM32F103 开发板的选择

本书应用实例是在 ALIENTEK 战舰 STM32F103 开发板上调试通过的，该开发板可以在网站上购买，价格因模块配置的区别而不同。

ALIENTEK 战舰 STM32F103 开发板使用 STM32F103ZET6 作为主控芯片，使用 4.3 寸液晶屏进行交互。可通过 Wi-Fi 的形式接入互联网，支持使用串口（TTL）、485、CAN、USB 协议与其他设备通信，板载 Flash、EEPROM 存储器、全彩 RGB LED 灯，还提供了各式通用接口，能满足各种各样的学习需求。

ALIENTEK 战舰 STM32F103 开发板（带 TFT LCD）如图 3-40 所示。

图 3-40 ALIENTEK 战舰 STM32F103 开发板（带 TFT LCD）

ALIENTEK 战舰 STM32F103 开发板（不带 TFT LCD）如图 3-41 所示。

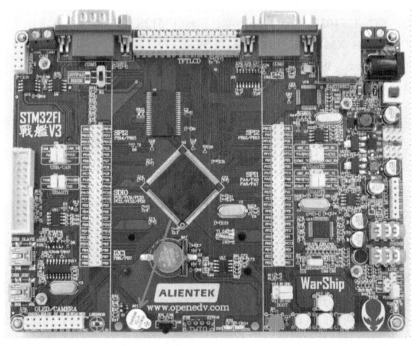

图 3-41 ALIENTEK 战舰 STM32F103 开发板（不带 TFT LCD）

ALIENTEK 战舰 STM32F103 开发板硬件资源描述如图 3-42 所示。

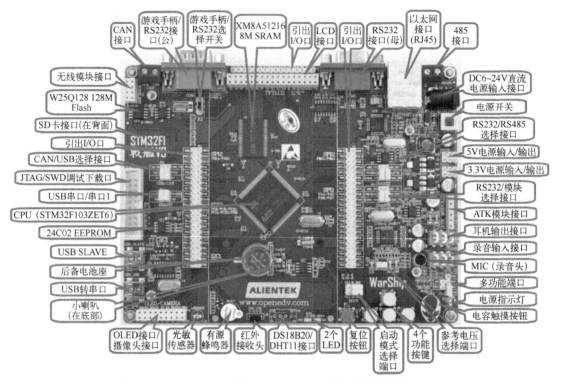

图 3-42　ALIENTEK 战舰 STM32F103 开发板硬件资源描述图

ALIENTEK 战舰 STM32F103 开发板载资源内容如下。

1）CPU：STM32F103ZET6，LQFP144；Flash：512KB；SRAM：64KB。

2）外扩 SRAM：XM8A51216，1MB。

3）外扩 SPI Flash：W25Q128，16MB。

4）1 个电源指示灯（蓝色）。

5）2 个 LED 状态指示灯（DS0：红色，DS1：绿色）。

6）1 个红外接收头，并配备一款小巧的红外遥控器。

7）1 个 EEPROM 芯片，24C02，容量 256B。

8）1 个板载扬声器（在底面，用于音频输出）。

9）1 个光敏传感器。

10）1 个高性能音频编解码芯片，VS1053。

11）1 个无线模块接口（可接 NRF24L01/RFID 模块等）。

12）1 路 CAN 接口，采用 TJA1050 芯片。

13）1 路 485 接口，采用 SP3485 芯片。

14）2 路 RS232 串口接口，采用 SP3232 芯片。

15）1 个游戏手柄接口（与公头串口共用 DB9 口），可接插 FC（红白机游戏手柄）。

16）1 路数字温湿度传感器接口，支持 DS18B20/DHT11 等。

17）1 个 ATK 模块接口，支持 ALIENTEK 蓝牙/GPS 模块/UPM6050 模块等。

18）1 个标准的 2.4/2.8/3.5in LCD 接口，支持触摸屏。

19）1 个摄像头模块接口。

20）1 个 OLED 模块接口（与摄像头接口共用）。

21）1 个 USB 串口，可用于程序下载和代码调试。

22）1 个 USB SLAVE 接口，用于 USB 通信。

23）1 个有源蜂鸣器。

24）1 个游戏手柄/RS232 选择开关。

25）1 个 RS232/RS485 选择接口。

26）1 个 RS232/模块选择接口。

27）1 个 CAN/USB 选择接口。

28）1 个串口选择接口。

29）1 个 SD 卡接口（在板子背面，SDIO 接口）。

30）1 个 10MB/100MB 以太网接口（RJ45）。

31）1 个标准的 JTAG/SWD 调试下载口。

32）1 个录音头（MIC）。

33）1 路立体声音频输出接口。

34）1 路立体声录音输入接口。

35）1 组多功能端口（DAC/ADC/PWM DAC/AUDIO IN/TPAD）。

36）1 组 5V 电源输入/输出接口。

37）1 组 3.3V 电源输入/输出接口。

38）1 个参考电压选择端口。

39）1 个直流电源输入接口（输入电压范围：6～24V）。

40）1 个启动模式选择配置接口。

41）1 个 RTC 后备电池座，并带电池。

42）1 个复位按钮，可用于复位 MCM 和 LCD。

43）4 个功能按键，其中 WK_UP 兼具唤醒功能。

44）1 个电容触摸按键。

45）1 个电源开关，控制整个板的电源。

46）独创的一键下载功能。

47）除晶振占用的 I/O 口外，其余所有 I/O 口全部引出。

ALIENTEK 战舰 STM32F103 开发板的特点包括：

1）接口丰富。开发板提供十多种标准接口，可以方便地进行各种外设的实验和开发。

2）设计灵活。开发板上很多资源都可以灵活配置，以满足不同条件下的使用。作者介绍了除晶振占用的 I/O 口外的所有 I/O 口，可以极大地方便大家扩展及使用。另外板载一键下载功能，可避免频繁设置 B0、B1 的麻烦，仅通过 1 根 USB 线即可实现 STM32 微控制器的开发。

3）资源充足。主芯片采用自带 512KB Flash 的 STM32F103ZET6，并外扩 1MB SRAM 和 16MB Flash，满足内存需求和数据存储。板载高性能音频编解码芯片、双 RS232 串口、百兆网卡、光敏传感器以及各种接口芯片，满足各种应用需求。

4）人性化设计。各个接口都有丝网印刷标注，且用方框框出，使用起来一目了然；部分常用外设用大丝网印刷标出，方便查找；接口位置设计安排合理，方便顺手。资源搭配合理，物尽其用。

3.7 STM32 仿真器的选择

开发板可以采用 ST-Link、J-Link 或野火 fireDAP 下载器（符合 CMSIS-DAP Debugger 规范）下载程序。

CMSIS-DAP 是支持访问 CoreSight 调试访问端口（DAP）的固件规范和实现，为各种 Cortex 处理器提供了 CoreSight 调试和跟踪。

如今众多 Cortex-M 处理器能方便调试，在于有一项基于 ARM Cortex-M 处理器设备的 CoreSight 技术，该技术引入了强大的调试（Debug）和跟踪（Trace）功能。

CoreSight 两个主要功能就是调试和跟踪。

1．调试功能

1）运行处理器的控制，允许启动和停止程序。

2）单步调试源码和汇编代码。

3）在处理器运行时设置断点。

4）即时读取/写入存储器内容和外设寄存器。

5）编程内部和外部 Flash。

2．跟踪功能

1）串行线查看器（SWV）提供程序计数器采样、数据跟踪、事件跟踪和仪器跟踪信息。

2）指令（ETM）跟踪直接流式传输到 PC，从而实现历史序列的调试、软件性能分析和代码覆盖率分析。

正点原子 DAP 仿真器如图 3-43 所示。J-Link 仿真器如图 3-44 所示。

图 3-43　正点原子 DAP 仿真器

图 3-44　J-Link 仿真器

　　嵌入式开发套件除 Keil MDK 外，还有 IAR 等开发套件，但均为国外公司的产品，我国目前还没有自主知识产权的 ARM 开发环境，因此，我国的大学生必须关心国家建设，自力更生，提升自身科技水平，发扬"航天精神"，为我国的科研建设出一份力，开发出如 Keil MDK 的嵌入式开发套件，不受国外公司的制约。

习题

1. 什么是 MDK？MDK 支持的 ARM 处理器有哪些？
2. MDK-ARM 主要包含哪四个核心组成部分？
3. 使用 MDK-ARM 作为嵌入式开发工具，其开发的流程一般可以分哪几步？
4. J-Link 的主要特点是什么？
5. 说明 Keil MDK5 进入调试模式的步骤。
6. CMSIS 软件架构由哪 4 层构成？
7. STM32F10x 标准外设库是什么？
8. 什么是 CMSIS-DAP？
9. CoreSight 两个主要功能是什么？
10. MDK-ARM 主要包含几个组成部分？
11. 当使用 MDK-ARM 作为嵌入式开发工具时，说明其开发的流程。
12. 标准外设库的第一部分 Libraries 包含哪些文件？
13. 简要说明 CMSIS 层各部分的作用。

第 4 章　STM32 通用输入/输出接口（GPIO）

本章介绍了 STM32 通用输入/输出接口（GPIO），包括通用输入/输出接口概述、GPIO 的功能、GPIO 常用库函数、GPIO 使用流程、GPIO 按键输入应用实例和 GPIO LED 输出应用实例。

4.1　通用输入/输出接口概述

GPIO 是通用输入/输出接口（General Purpose Input Output）的缩写，其功能是让嵌入式处理器能够通过软件灵活地读出或控制单个物理引脚上的高、低电平，实现内核和外部系统之间的信息交换。GPIO 是嵌入式处理器使用最多的外设，能够充分利用其通用性和灵活性，是嵌入式处理器开发者必须掌握的重要技能。作为输入接口时，GPIO 可以接收来自外部的开关量信号、脉冲信号等，如来自键盘、拨码开关的信号；作为输出接口时，GPIO 可以将内部的数据送给外部设备或模块，如输出到 LED、数码管、控制继电器等。另外，理论上讲，当嵌入式处理器上没有足够的外设时，可以通过软件控制 GPIO 来模仿 UART、SPI、PC、FSMC 等各种外设的功能。

正是因为 GPIO 作为外设具有无与伦比的重要性，STM32 上除特殊功能的引脚外，所有的引脚都可以作为 GPIO 使用。以常见的 LQFP144 封装的 STM32F103ZET6 为例，其有 112 个引脚可以作为双向 I/O 接口使用。为便于使用和记忆，STM32F103ZET6 将它们分配到不同的"组"中，在每个组中再对其进行编号。具体来讲，每个组称为一个端口，端口号通常以大写字母命名，从 A 开始依次简写为 PA、PB 或 PC 等。每个端口中最多有 16 个 GPIO，软件既可以读写单个 GPIO，也可以通过指令一次读写端口中全部 16 个 GPIO。每个端口内部的 16 个 GPIO 又被分别标以 0～15 的编号，从而可以通过 PA0、PB5 或 PC10 等方式来指代单个的 GPIO。以 STM32F103ZET6 为例，它共有 7 个端口（PA、PB、PC、PD、PE、PF 和 PG），每个端口 16 个 GPIO，共 7×16=112 个 GPIO。

几乎在所有的嵌入式系统应用中，都涉及开关量的输入和输出功能，例如状态指示、报警输出、继电器闭合和断开、按钮状态读入、开关量报警信息的输入等。这些开关量的输入和控制输出都可以通过 GPIO 实现。

GPIO 的每个位都可以由软件分别配置成以下模式。

1）输入浮空：浮空（Floating）就是逻辑器件的输入引脚既不接高电平，也不接低电平。这是基于逻辑器件的内部结构，当它输入引脚浮空时，相当于该引脚接了高电平。在实际运用时，不建议引脚浮空，易受干扰。

2）输入上拉：上拉就是把电压拉高，比如拉到 Vcc。上拉就是将不确定的信号通过一个电阻嵌位在高电平，电阻同时起限流作用。弱、强只是上拉电阻的电阻值不同，没有什么严格区分。

3）输入下拉：下拉就是把电压拉低，拉到 GND，其与上拉原理相似。

4）模拟输入：模拟输入是指传统方式的模拟量输入。数字输入是输入数字信号，即 0 和 1 的二进制数字信号。

5）开漏输出：输出端相当于晶体管的集电极。要得到高电平状态需要拉高电压才行。适合于做电流型的驱动，其吸收电流的能力相对较强（电流值一般在 20mA 以内）。

6）推挽式输出：可以输出高低电平，连接数字器件；推挽结构一般是指两个晶体管分别受两个互补信号的控制，总是在一个晶体管导通的时候，另一个晶体管截止。

7）推挽模式复用输出：可以将其理解为 GPIO 被用作第二功能时的配置情况（并非作为通用 I/O 接口使用）。STM32 GPIO 的推挽复用模式，是在复用功能模式中输出使能、输出速度可配置。这种复用模式可工作在开漏及推挽模式，但是输出信号是源于其他外设的，这时的输出数据寄存器（GPIOx_ODR）是无效的；而且输入可用，通过输入数据寄存器可获取 I/O 接口的实际状态，但一般直接用外设的寄存器来获取该数据信号。

8）开漏模式复用输出：复用功能可以理解为 GPIO 被用作第二功能时的配置情况（即并非作为通用 I/O 接口使用）。每个 I/O 接口可以自由编程，而 I/O 接口寄存器必须按 32 位字访问（不允许半字或字节访问）。置位/复位寄存器（GPIOx_BSRR）和复位寄存器（GPIOx_BRR）允许对任何 GPIO 寄存器的读/更改的独立访问，这样，在读和更改访问之间产生中断（IRQ）时不会发生危险。一个 I/O 接口的基本结构如图 4-1 所示。

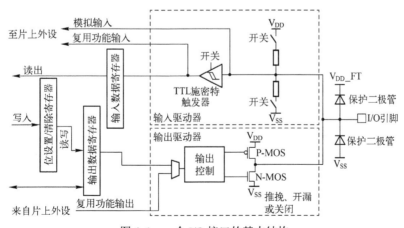

图 4-1　一个 I/O 接口的基本结构

I/O 接口的基本结构包括以下部分。

1. 输入通道

输入通道包括输入数据寄存器和输入驱动器（带虚框部分）。在接近 I/O 接口引脚处连接了两只保护二极管，假设保护二极管的导通电压值降为 V_d，则输入到输入驱动器的信号电压值范围被钳位在：

$$V_{SS}-V_d<V_{in}<V_{DD}+V_d$$

由于 V_d 的导通压降不会超过 0.7V，若电源电压值 V_{DD} 为 3.3V，则输入到输入驱动器的信号电压值最低不会低于-0.7V，最高不会高于 4V，对 I/O 接口起到了保护作用。在实际工程设计中，一般都尽可能将输入信号电压值调整到 0～3.3V，也就是说，一般情况下，两只保护二极管都不会导通，输入驱动器中包括了两只电阻，分别通过开关接电源电压 V_{DD}（该电阻称为上拉电阻）和地电压 V_{SS}（该电阻称为下拉电阻）。开关受软件的控制，用来设置当 I/O 接口用作输入时，选择使用上拉电阻或者下拉电阻。

输入驱动器中的另外一个部件是 TTL 施密特触发器，当 I/O 接口用于开关量输入或者复用功能输入时，TTL 施密特触发器用于对输入波形进行整形。

2．输出通道

输出通道中包括位设置/清除寄存器、输出数据寄存器、输出驱动器。

要输出的开关量数据首先写入到位设置/清除寄存器，通过读写命令进入输出数据寄存器，然后进入输出驱动器的输出控制模块。输出控制模块可以接收开关量的输出和复用功能输出。输出的信号通过由 P-MOS 和 N-MOS 组成的场效应管电路输出到引脚。通过软件设置，场效应管电路可以构成推挽、开漏或关闭模式。

4.2　GPIO 的功能

4.2.1　普通 I/O 功能

复位期间和刚复位时，复用功能未开启，I/O 接口被配置成浮空输入模式。

复位后，JTAG 引脚被置于输入上拉或下拉模式。

1）PA13：JTMS 置于上拉模式。

2）PA14：JTCK 置于下拉模式。

3）PA15：JTDI 置于上拉模式。

4）PB4：JNTRST 置于上拉模式。

当作为输出配置时，写到 GPIOx_ODR 上的值输出到相应的 I/O 引脚。可以以推挽模式或开漏模式（当输出 0 时，只有 N-MOS 被打开）使用输出驱动器。

输入数据寄存器 GPIOx_IDR 在每个 APB2 时钟周期捕捉 I/O 引脚上的数据。

所有 GPIO 引脚都有一个内部弱上拉电阻和弱下拉电阻，当配置为输入时，它们可以被激活也可以被断开。

4.2.2　单独的位设置或位清除

当对 GPIOx_ODR 的个别位编程时，软件不需要禁止中断：在单次 APB2 写操作中，可以只更改一个或多个位。这是通过对 GPIOx_BSRR 中想要更改的位写 1 来实现的。没被选择的位将不被更改。

4.2.3　外部中断/唤醒线

所有端口都有外部中断能力，为了使用外部中断线，端口必须配置成输入模式。

4.2.4　复用功能（AF）

使用默认复用功能前必须对端口位配置寄存器编程。

1）对于复用输入功能，端口必须配置成输入模式（浮空、上拉或下拉）且输入引脚必须由外部驱动。

2）对于复用输出功能，端口必须配置成复用功能输出模式（推挽或开漏）。

3）对于双向复用功能，端口位必须配置成复用功能输出模式（推挽或开漏）。此时，输入驱动器被配置成浮空输入模式。

如果把端口配置成复用输出功能，则引脚和输出寄存器断开，并和片上外设的输出信号连接。

如果软件把一个 GPIO 配置成复用输出功能，但是外设没有被激活，那么它的输出将不确定。

4.2.5　软件重新映射 I/O 复用功能

STM32F103 微控制器的 I/O 引脚除了通用功能外，还可以设置为一些片上外设的复用功能。而且，一个 I/O 引脚除了可以作为某个默认外设的复用引脚，还可以作为其他多个不同外设的复用引脚。类似的，一个片上外设，除了默认的复用引脚，还可以有多个备用的复用引脚。在基于 STM32 微控制器的应用开发中，用户根据实际需要可以把某些外设的复用功能从默认引脚转移到备用引脚上，这就是外设复用功能的 I/O 引脚重映射。

为了使不同封装器件的外设 I/O 功能的数量达到最优，可以把一些复用功能重新映射到其他一些引脚上。这可以通过软件配置 AFIO 寄存器来完成，这时复用功能就不再映射到它们的原始引脚上了。

4.2.6　GPIO 锁定机制

锁定机制允许冻结 I/O 配置。当在一个端口位上执行了锁定（LOCK）程序，在下一次复位之前，将不能再更改端口位的配置。这个功能主要用于一些关键引脚的配置，防止程序出现问题引起灾难性后果。

4.2.7　输入配置

当 I/O 接口配置为输入功能时：

1）输出缓冲器被禁止。

2）施密特触发器的输入功能被激活。

3）根据输入配置（上拉、下拉或浮空）的不同，弱上拉和弱下拉电阻被连接。

4）出现在 I/O 引脚上的数据在每个 APB2 时钟被采样到输入数据寄存器。

5）对输入数据寄存器的读访问可得到 I/O 引脚的状态。

I/O 接口的输入配置如图 4-2 所示。

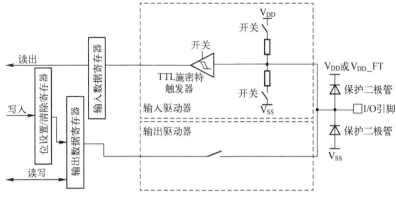

图 4-2 I/O 接口的输入配置

4.2.8 输出配置

当 I/O 接口被配置为输出功能时：

1）输出缓冲器被激活。

① 开漏模式：输出寄存器上的信号 0 激活 N-MOS，而输出寄存器上的信号 1 将端口置于高阻状态（P-MOS 从不被激活）。

② 推挽模式：输出寄存器上的信号 0 激活 N-MOS，而输出寄存器上的信号 1 将激活 P-MOS。

2）施密特触发器的输入功能被激活。

3）弱上拉和弱下拉电阻被禁止。

4）出现在 I/O 引脚上的数据在每个 APB2 时钟被采样到输入数据寄存器。

5）在开漏模式时，对输入数据寄存器的读访问可得到 I/O 状态。

6）在推挽模式时，对输出数据寄存器的读访问得到最后一次写的值。

I/O 接口的输出配置如图 4-3 所示。

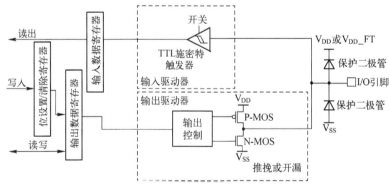

图 4-3 I/O 接口的输出配置

4.2.9 复用功能配置

当 I/O 接口被配置为复用功能时：

1）在开漏或推挽模式配置中，输出缓冲器被打开。

2）内置外设的信号驱动输出缓冲器（复用功能输出）。

3）施密特触发器的输入功能被激活。

4）弱上拉和弱下拉电阻被禁止。

5）在每个 APB2 时钟周期，出现在 I/O 引脚上的数据被采样到输入数据寄存器。

6）在开漏模式时，读输入数据寄存器时可得到 I/O 接口状态。

7）在推挽模式时，读输出数据寄存器时可得到最后一次写的值。

一组复用功能 I/O 寄存器允许用户把一些复用功能重新映像到不同的引脚上。

I/O 接口的复用功能配置如图 4-4 所示。

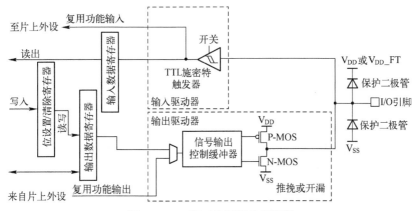

图 4-4　I/O 接口的复用功能配置

4.2.10　模拟输入配置

当 I/O 接口被配置为模拟输入配置时：

1）输出缓冲器被禁止。

2）禁止施密特触发器输入信号，实现了每个模拟 I/O 引脚上的零消耗。施密特触发器输出值被强置为 0。

3）弱上拉和弱下拉电阻被禁止。

4）读取输入数据寄存器时数值为 0。

I/O 接口的高阻抗模拟输入配置如图 4-5 所示。

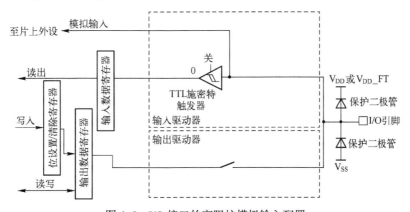

图 4-5　I/O 接口的高阻抗模拟输入配置

4.2.11 GPIO 操作

1. 复位后的 GPIO

为防止复位后 GPIO 引脚与片外电路的输出冲突，复位期间和刚复位后，所有 GPIO 引脚复用功能都不开启，被配置成浮空输入模式。

为了节约电能，只有被开启的 GPIO 才会给提供时钟，因此复位后所有 GPIO 的时钟都是关闭的，使用之前必须逐一开启。

2. GPIO 工作模式的配置

每个 GPIO 引脚都拥有自己的端口配置位 CNFy［1:0］（其中 y 代表 GPIO 引脚在端口中的编号），用于选择该引脚是处于输入模式中的浮空输入模式，上位/下拉输入模式或者模拟输入模式，还是输出模式中的输出推挽模式、开漏输出模式或者复用功能推挽/开漏输出模式。每个 GPIO 引脚还拥有自己的端口模式位 MODEy［1:0］，用于选择该引脚是处于输入模式，还是输出模式中的输出带宽（2MHz、10MHz、50MHz）。

每个端口拥有 16 个 GPIO，而每个 GPIO 又拥有上述 4 个控制位，因此需要 64 位才能实现对一个端口所有 GPIO 的配置。它们被分置在 2 个字中，称为端口配置高寄存器（GPIOx_CRH）和端口配置低寄存器（GPIOx_CRL），各种工作模式下的硬件配置总结如下。

1）输入模式的硬件配置：输出缓冲器被禁止；施密特触发器输入功能被激活；根据输入配置（上拉、下拉或浮空）的不同，弱上拉和弱下拉电阻被连接；出现在 I/O 引脚上的数据在每个 APB2 时钟被采样到输入数据寄存器；对输入数据寄存器的读访问可得到 I/O 状态。

2）输出模式的硬件配置：输出缓冲器被激活；施密特触发器输出功能被激活；弱上拉和弱下拉电阻被禁止；出现在 I/O 引脚上的数据在每个 APB2 时钟被采样到输入数据寄存器；对输入数据寄存器的读访问可得到 I/O 状态；对输出数据寄存器的读访问得到最后一次写的值；在推挽模式时，P-MOS 场效应管都能被打开；在开漏模式时，只有 N-MOS 场效应管可以被打开。

3）复用功能的硬件配置：在开漏或推挽模式配置中，输出缓冲器被打开；片上外设的信号驱动输出缓冲器；施密特触发器输入功能被激活；弱上拉和弱下拉电阻被禁止；在每个 APB2 时钟周期，出现在 I/O 引脚上的数据被采样到输入数据寄存器；对输出数据寄存器的读访问得到最后一次写的值；在推挽模式时，P-MOS 场效应管都能被打开；在开漏模式时，只有 N-MOS 场效应管可以被打开。

3. GPIO 输入的读取

每个端口都有自己对应的 GPIOx_IDR（其中 x 代表端口号，如 GPIOA_IDR），它在每个 APB2 时钟周期捕捉 I/O 引脚上的数据。软件可以通过对 GPIOx_IDR 某个位的直接读取，或对位别名区中对应字的读取得到 GPIO 引脚状态对应的值。

4. GPIO 输出的控制

STM32 为每组 16 个 GPIO 的端口提供了 3 个 32 位的控制寄存器：GPIOx_ODR、GPIOx_BSRR 和 GPIOx_BRR（其中 x 指代 A、B、C 等端口号）。其中 GPIOx_ODR 的功能比较容易理解，它的低 16 位直接对应了本端口的 16 个 GPIO，软件可以通过直接对这个寄存器的置位或清零，使对应 GPIO 输出高电平或低电平。也可以利用位带操作原理，对 GPIOx_ODR 中某个位对应的位带别名区字地址执行写入操作以实现对单个位的简化操作。利用 GPIOx_ODR 的位带操作功能可以有效地避免端口中其他 GPIO 的"读—修改—写"问题，但位带操作的缺点是每次只能操作 1 位，对于某些需要同时操作多个 GPIO 的应用，位带操作就显得力不从心了。STM32 的解决方案是使用 GPIOx_BSRR 和 GPIOx_BRR 两个寄存器解决多个 GPIO 同时改变电平的问题。

4.3　GPIO 常用库函数

标准库中提供了几乎覆盖所有 GPIO 操作的函数，见表 4-1。

GPIO 操作的函数一共有 17 个，这些函数都被定义在 stm32f10x_gpio.c 中，使用 stm32f10x_gpio.h 头文件。

表 4-1　GPIO 常用库函数

函数名称	功能描述
GPIO_DeInit	将外设 GPIOx 寄存器重设为默认值
GPIO_AFIODeInit	将复用功能（重映射事件控制和 EXTI 设置）重设为默认值
GPIO_Init	根据 GPIO_InitStruct 中指定的参数初始化外设 GPIOx 寄存器
GPIO_StructInit	把 GPIO_InitStruct 中的每一个参数按默认值填入
GPIO_ReadInputDataBit	读取指定端口引脚的输入
GPIO_ReadInputData	读取指定的 GPIO 输入
GPIO_ReadOutputDataBit	读取指定端口引脚的输出
GPIO_ReadOutputData	读取指定的 GPIO 输出
GPIO_SetBits	设置指定的数据端口位
GPIO_ResetBits	清除指定的数据端口位
GPIO_WriteBit	设置或清除指定的数据端口位
GPIO_Write	向指定 GPIO 写入数据
GPIO_PinLockConfig	锁定 GPIO 引脚设置寄存器
GPIO_EventOutputConfig	选择 GPIO 引脚用于事件输出
GPIO_EventOutputCmd	使能或禁止事件输出
GPIO_PinRemapConfig	改变指定引脚的映射
GPIO_EXTILineConfig	选择 GPIO 引脚用作外部中断线路

为了理解这些函数的具体使用方法，下面对标准库中的函数做详细介绍。

1. GPIO_DeInit 函数

函数名称：GPIO_DeInit。

函数原型：void GPIO_DeInit（GPIO_TypeDef* GPIOx）。

功能描述：将 GPIOx 外设寄存器重设为它们的默认值。

输入参数：GPIOx，x 可以是（A~G）来选择 GPIO 外设。

输出参数：无。

返回值：无。

例如：

```
/*重设 GPIOA 外设寄存器为默认值*/
GPIO_DeInit（GPIOA）；
```

2．GPIO_AFIODeInit 函数

函数名称：GPIO_AFIODeInit。

函数原型：void GPIO_AFIODeInit（void）。

功能描述：将复用功能（重映射时间控制和 EXTI 配置）重设为默认值。

输入参数：无。

输出参数：无。

返回值：无。

例如：

```
/*复用功能寄存器重设为默认值*/
GPIO_AFIODeInit();
```

3．GPIO_Init 函数

函数名称：GPIO_Init。

函数原型：void GPIO_Init（GPIO_TypeDef* GPIOx，GPIO_InitTypeDef* GPIO_InitStruct）。

功能描述：根据 GPIO_InitStruct 中指定的参数初始化外设 GPIOx 寄存器。

输入参数 1：GPIOx，x 可以是（A～G）来选择外设。

输入参数 2：GPIO_InitStruct，指向结构 GPIO_InitTypeDef 的指针，包含了外设 GPIO 的配置信息。

输出参数：无。

返回值：无。

例如：

```
/*配置所有的 GPIOA 引脚为浮空输入模式*/
GPIO_InitTypeDef GPIO_InitStructure;
GPIO_InitStructure.GPIO_Pin=GPIO_Pin_ALL;
GPIO_InitStructure.GPIO_Speed=GPIO_Speed_10MHz;
GPIO_InitStructure.GPIO_Mode=GPIO_Mode_IN_FLOATING;
GPIO_Init（GPIOA，&GPIO_InitStructure）；
```

其中，GPIO_InitTypeDef 是结构体。GPIO_InitTypeDef 定义于头文件 stm32f10x_gpio.h：

```
typedef struct
{
  uint16_t GPIO_Pin;
  GPIOSpeed_TypeDef GPIO_Speed;
  GPIOMode_TypeDef GPIO_Mode;
}GPIO_InitTypeDef;
```

GPIO_Pin 参数用于选择待设置的 GPIO 引脚，使用操作符"｜"可以一次选中多个引脚。可以使用下面的任意组合。GPIO_Pin 定义于头文件 stm32f10x_gpio.h：

```
#define GPIO_Pin_0    ((uint16_t)   0x0001)/*! <选择引脚 0*/
#define GPIO_Pin_1    ((uint16_t)   0x0002)/*! <选择引脚 1*/
#define GPIO_Pin_2    ((uint16_t)   0x0004)/*! <选择引脚 2*/
#define GPIO_Pin_3    ((uint16_t)   0x0008)/*! <选择引脚 3*/
#define GPIO_Pin_4    ((uint16_t)   0x0010)/*! <选择引脚 4*/
#define GPIO_Pin_5    ((uint16_t)   0x0020)/*! <选择引脚 5*/
#define GPIO_Pin_6    ((uint16_t)   0x0040)/*! <选择引脚 6*/
#define GPIO_Pin_7    ((uint16_t)   0x0080) /*!<选择引脚 7*/
#define GPIO_Pin_8    ((uint16_t)   0x0100) /*!<选择引脚 8*/
#define GPIO_Pin_9    ((uint16_t)   0x0200) /*!<选择引脚 9*/
#define GPIO_Pin_10   ((uint16_t)   0x0400)/*!<选择引脚 10*/
#define GPIO_Pin_11   ((uint16_t)   0x0800)/*!<选择引脚 11*/
#define GPIO_Pin_12   ((uint16_t)   0x1000) /*!<选择引脚 12*/
#define GPIO_Pin_13   ((uint16_t)   0x2000)/*!<选择引脚 13*/
#define GPIO_Pin_14   ((uint16_t)   0x4000)/*!<选择引脚 14*/
#define GPIO_Pin_15   ((uint16_t)   0x8000)/*!<选择引脚 15*/
#define GPIO_Pin_A11 ((uint16_t)   0xFFEF) /*!<选择所有引脚*/
```

GPIO_Speed 用于设置选中引脚的速率。

```
typedef enum
{
GPIO_Speed_10MHz=1,/*最高输出速率 10MHz*/
GPIO_Speed_2MHz,/*最高输出速率 2MHz*/
GPIO_Speed_50MHz/*最高输出速率 50MHz*/
}GPIOSpeed_TypeDef;
```

GPIO_Mode 用于设置选中引脚的工作状态。

```
typedef enun
{
GPIO_Mode_AIN=0x0,/*模拟输入*/
GPIO_Mode_IN_FLOATING = 0x04,/*浮空输入*/
GPIO_Mode_IPD=0x28,/*下拉输入*/
GPIO_Mode_IPU=0x48,/*上拉输入*/
GPIO_Mode_Out_OD=0x14,/*开漏输出*/
GPIO_Mode_Out_PP=0x10,/*推挽输出*/
GPIO_Mode_AF_OD=0x1C,/*复用开漏输出*/
GPIO_Mode_AF_PP=0x18/*复用推挽输出*/
}GPIOMode_TypeDef;
```

4．GPIO_StructInit 函数

函数名称：GPIO_StructInit。

函数原型：void GPIO_StructInit（GPIO_InitTypeDef* GPIO_InitStruct）。

功能描述：把 GPIO_InitStruct 中的每一个参数按默认值填入。

输入参数：GPIO_InitStruct，一个 GPIO_InitTypeDef 结构体指针，指向待初始化的 GPIO_InitTypeDef 结构体。

输出参数：无。

返回值：无。

例如：

```
/*将 GPIO 的参数设置为初始化参数初始化结构*/
GPIO_InitTypeDef GPIO InitStructure;
GPIO_StructInit(&GPIO_InitStructure);
```

其中，GPIO_InitStruct 默认值为：

```
GPIO_Pin        GPIO_Pin_ALL
GPIO_Speed      GPIO_Speed_2MHz
GPIO_Mode       GPIO_Mode_IN_FLOATING
```

5. GPIO_ReadInputDataBit 函数

函数名称：GPIO_ReadInputDataBit。

函数原型：u8 GPIO_ReadInputDataBit（GPIO_TypeDef * GPIOx，u16 GPIO_Pin）。

功能描述：读取指定端口引脚的输入。

输入参数 1：GPIOx，x 可以是（A～G）来选择外设。

输入参数 2：GPIO_Pin，读取指定的端口位，这个参数的值是 GPIO_Pin_x，其中 x 是（0～15）。

输出参数：无。

返回值：输入端口引脚值。

例如：

```
/*读出 PB5 的输入数据并将它存储在变量 ReadValue 中*/
u8 ReadValue;
ReadValue=GPIO_ReadInputDataBit(GPIOB,GPIO_Pin_5);
```

6. GPIO_ReadInputData 函数

函数名称：GPIO_ReadInputData。

函数原型：u16 GPIO_ReadInputData（GPIO_TypeDef * GPIOx）。

功能描述：读取指定 GPIO 的输入值。

输入参数：GPIOx，x 可以是（A～G）来选择外设。

输出参数：无。

返回值：GPIO 端口输入值。

例如：

```
/*读出 GPIOB 的输入数据并将它存储在变量 ReadValue 中*/
u16 ReadValue;
ReadValue=GPIO_ReadInputData(GPIOB);
```

7. GPIO_ReadOutputDataBit 函数

函数名称：GPIO_ReadOutputDataBit。

函数原型：u8 GPIO_ReadOutputDataBit（GPIO_TypeDef * GPIOx，u16 GPIO_Pin）。

功能描述：读取指定端口引脚的输出。

输入参数 1：GPIOx，x 可以是（A～G）来选择外设。

输入参数 2：GPIO_Pin：读取指定的端口位，这个参数的值是 GPIO_Pin_x，其中 x 是

（0～15）。

　　输出参数：无。

　　返回值：输出端口引脚值。

　　例如：

```
/*读出 PB5 的输出数据并将它存储在变量 ReadValue 中*/
u8 ReadValue;
ReadValue=GPIO_ReadOutputDataBit（GPIOB，GPIO_Pin_5）;
```

8．GPIO_ReadOutputData 函数

　　函数名称：GPIO_ReadOutputData。

　　函数原型：u16 GPIO_ReadOutputData（GPIO_TypeDef * GPIOx）。

　　功能描述：读取指定 GPIO 的输出值。

　　输入参数：GPIOx，x 可以是（A～G）来选择外设。

　　输出参数：无。

　　返回值：GPIO 输出值。

　　例如：

```
/*读出 GPIOB 的输出数据并将它存储在变量 ReadValue 中*/
u16 ReadValue;
ReadValue=GPIO_ReadOutputData（GPIOB）;
```

9．GPIO_SetBits 函数

　　函数名称：GPIO_SetBits。

　　函数原型：void GPIO_SetBits（GPIO_TypeDef * GPIOx，u16 GPIO_Pin）。

　　功能描述：设置指定的数据端口位。

　　输入参数 1：GPIOx，x 可以是（A～G）来选择外设。

　　输入参数 2：GPIO_Pin，待设置的端口位，这个参数的值是 GPIO_Pin_x，其中 x 是（0～15）。

　　输出参数：无。

　　返回值：无。

　　例如：

```
/*设置 GPIOB 的 PB5 和 PB9 引脚*/
GPIO_SetBits（GPIOB，GPIO_Pin_5|GPIO_Pin_9）;
```

10．GPIO_ResetBits 函数

　　函数名称：GPIO_ResetBits。

　　函数原型：void GPIO_ResetBits（GPIO_TypeDef * GPIOx，u16 GPIO_Pin）。

　　功能描述：清除指定的数据端口位。

　　输入参数 1：GPIOx，x 可以是（A～G）来选择外设。

　　输入参数 2：GPIO_Pin，待清除的端口位，这个参数的值是 GPIO_Pin_x，其中 x 是（0～15）。

输出参数：无。

返回值：无。

例如：

```
/*清除 GPIOB 的 PB5 和 PB9 引脚*/
GPIO_ResetBits（GPIOB，GPIO_Pin_5|GPIO_Pin_9）；
```

11．GPIO_WriteBit 函数

函数名称：GPIO_WriteBit。

函数原型：void GPIO_WriteBit（GPIO_TypeDef * GPIOx，u16 GPIO_Pin，BitAction BitVal）。

功能描述：设置或清除指定的数据端口位。

输入参数 1：GPIOx，x 可以是（A～G）来选择外设。

输入参数 2：GPIO_Pin，待设置或清除的端口位，这个参数的值是 GPIO_Pin_x，其中 x 是（0～15）。

输入参数 3：BitVal，指定待写入的值，该参数是 BitAction 枚举类型，取值必须是 Bit_RESET，清除端口位，或者 Bit_SET，设置端口位。

输出参数：无。

返回值：无。

例如：

```
/*设置 GPIOB 的 PB5 引脚*/
GPIO_WriteBit（GPIOB，GPIO_Pin_5，Bit_SET）；
```

12．GPIO_Write 函数

函数名称：GPIO_Write。

函数原型：void GPIO_Write（GPIO_TypeDef * GPIOx，u16 PortVal）。

功能描述：向指定 GPIO 写入数据。

输入参数 1：GPIOx，x 可以是（A～G）来选择外设。

输入参数 2：PortVal，待写入指定端口的值。

输出参数：无。

返回值：无。

例如：

```
/*将数据写入 GPIOB */
GPIO_Write（GPIOB，0x1101）；
```

13．GPIO_PinLockConfig 函数

函数名称：GPIO_PinLockConfig。

函数原型：void GPIO_PinLockConfig（GPIO_TypeDef * GPIOx，u16 GPIO_Pin）。

功能描述：锁定 GPIO 引脚设置寄存器。

输入参数 1：GPIOx，x 可以是（A～G）来选择外设。

输入参数 2：GPIO_Pin，待锁定的端口位，这个参数的值是 GPIO_Pin_x，其中 x 是
（0～15）。

输出参数：无。

返回值：无。

例如：

/*锁定 GPIOB 的 PB5 和 PB9 引脚的值*/
GPIO_PinLockConf ig（GPIOB，GPIO_Pin_5|GPIO_Pin_9）；

14．GPIO_EventOutputConfig 函数

函数名称：GPIO_EventOutputConfig。

函数原型：void GPIO_EventOutputConfig（u8 GPIO_PortSource，u8 GPIO_PinSource）。

功能描述：选择 GPIO 引脚用于事件输出。

输入参数1：GPIO_PortSource，选择用于事件输出的端口。

输入参数2：GPIO_PinSource，选择事件输出的引脚。

输出参数：无。

返回值：无。

例如：

/*选择 GPIOB 的 PB5 引脚作为事件输出的引脚*/
GPIO_EventOutputConfig（GPIO_PortSourceGPIOB，GPIO_PinSource5）；

15．GPIO_EventOutputCmd 函数

函数名称：GPIO_EventOutputCmd。

函数原型：void GPIO_EventOutputCmd（FunctionalState NewState）。

功能描述：使能或禁止事件输出。

输入参数：NewState，事件输出状态。必须是 ENABLE 或 DISABLE 其中一个值。

输出参数：无。

返回值：无。

例如：

/*使能 GPIOB 的 PB10 的事件输出*/
GPIO_InitStructure.GPIO_Pin =GPIO_Pin_10;
GPIO_InitStructure.GPIO_Speed=GPIO_Speed_50MHz;
GPIO_InitStructure.GPIO_Mode=GPIO_Mode_AF_PP;
GPIO_Init(GPIOB,&GPIO_InitStructure);
GPIO_EventOutputConfig(GPIO_PortSourceGPIOB,GPIO_PinSource10);
GPIO_EventOutputCmd(ENABLE);

16．GPIO_PinRemapConfig 函数

函数名称：GPIO_PinRemapConfig。

函数原型：void GPIO_PinRemapConfig（u32 GPIO_Remap，FunctionalState NewState）。

功能描述：改变指定引脚的映射。

输入参数1：GPIO_Remap，选择重映射的引脚。

输入参数 2：NewState，事件输出状态。必须是 ENABLE 或 DISABLE 其中一个值。

输出参数：无。

返回值：无。

例如：

```
/*I²C1_SCL 映射到 PB8, I²C1_SDA 映射到 PB9*/
GPIO_PinRenapConfig（GPIO_Remap_I2C1，ENABLE）；
```

GPIO_Remap 用于选择用于事件输出的 GPIO。

17．GPIO_EXTILineConfig 函数

函数名称：GPIO_EXTILineConfig。

函数原型：void GPIO_EXTILineConfig（u8 GPIO_PortSource，u8 GPIO_PinSource）。

功能描述：选择 GPIO 引脚用作外部中断线路。

输入参数 1：GPIO_PortSource，选择用作外部中断线源的 GPIO 端口。

输入参数 2：GPIO_PinSource，待设置的指定中断线。

输出参数：无。

返回值：无。

例如：

```
/*选择 GPIOB 的 PB8 引脚为 EXTI 的 8 号线*/
GPIO_EXTILineConfig（GPIO_PortSource_GPIOB，GPIO_PinSource8）；
```

4.4　GPIO 使用流程

根据 I/O 端口的特定硬件特征，I/O 端口的每个引脚都可以由软件配置成多种工作模式。在运行程序之前必须对每个用到的引脚功能进行配置。

1）如果某些引脚的复用功能没有使用，可以先配置为通用输入输出 GPIO。

2）如果某些引脚的复用功能被使用，需要对复用的 I/O 端口进行配置。

3）I/O 端口具有锁定机制，允许冻结 I/O 端口。当在一个端口位上执行了锁定程序后，在下一次复位之前，将不能再更改端口位的配置。

4.4.1　普通 GPIO 配置

GPIO 是最基本的应用，其基本配置方法为：

1）配置 GPIO 时钟，完成初始化。

2）利用函数 GPIO_Init 配置引脚，包括引脚名称、引脚传输速率、引脚工作模式。

3）完成函数 GPIO_Init 的设置。

4.4.2　I/O 复用功能 AFIO 配置

I/O 功能 AFIO 常对应到外设的输入输出功能。使用时，需要先配置 I/O 为复用功能，打开 AFIO 时钟，然后再根据不同的复用功能进行配置。对应外设的输入输出功能有下述 3 种情况。

1）外设对应的引脚为输出：需要根据外围电路的配置选择对应的引脚为复用功能的推

挽模式输出或复用功能的开漏模式输出。

2）外设对应的引脚为输入：根据外围电路的配置可以选择浮空输入、输入上拉或输入下拉。

3）ADC 对应的引脚：配置引脚为模拟输入。

 GPIO 按键输入应用实例

4.5.1　按键输入硬件设计

按键机械触点断开、闭合时，由于触点的弹性作用，按键开关不会马上稳定接通或马上断开，使用按键时会产生抖动信号，需要用软件消抖处理滤波，不方便输入检测。本实例开发板连接的按键检测电路如图 4-6 所示。

从按键检测电路可知，当 KEY0、KEY1 和 KEY2 按键开关在没有被按下的时候，GPIO 引脚的输入状态为高电平，当 KEY0、KEY1 和 KEY2 按键开关被按下时，GPIO 引脚的输入状态为低电平。而由于 KEY_UP 按键开关的一端接电源，当

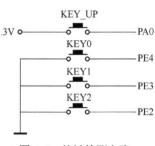

图 4-6　按键检测电路

KEY_UP 按键开关在没有被按下的时候，GPIO 引脚的输入状态为低电平，当 KEY_UP 按键开关按下时，GPIO 引脚的输入状态为高电平。只要检测按键引脚的输入电平，即可判断按键是否被按下。

若使用的开发板按键的连接方式或引脚不一样，只需根据工程修改引脚即可，程序的控制原理相同。

4.5.2　按键输入软件设计

1．key.h 头文件

```
#ifndef_KEY_H
#define_KEY_H
#include "sys.h"
#define KEY0    GPIO_ReadInputDataBit(GPIOE,GPIO_Pin_4)//读取按键开关 0
#define KEY1    GPIO_ReadInputDataBit(GPIOE,GPIO_Pin_3)//读取按键开关 1
#define KEY2    GPIO_ReadInputDataBit(GPIOE,GPIO_Pin_2)//读取按键开关 2
#define WK_UP    GPIO_ReadInputDataBit(GPIOA,GPIO_Pin_0)//读取按键开关 3（WK_UP）

#define KEY0_PRES      1      //KEY0 被按下
#define KEY1_PRES      2      //KEY1 被按下
#define KEY2_PRES      3      //KEY2 被按下
#define WKUP_PRES      4      //KEY_UP 被按下（即 WK_UP/KEY_UP）

void KEY_Init(void);      //I/O 初始化
u8 KEY_Scan(u8);          //按键扫描函数
#endif
```

key.h 中还定义了 KEY0_PRES、KEY1_PRES、KEY2_PRES、WKUP_PRES 这 4 个宏定义，分别对应开发板上下左右（KEY0/KEY1/KEY2，WKUP）按键开关被按下时 KEYScan() 返回的值。这些宏定义的方向和开发板的按键排列方式相同，方便使用。

2. key.c 代码

打开按键实验工程可以看到，引入了 key.c 文件以及头文件 key.h。首先打开 key.c 文件，代码如下：

```
#include "stm32f10x.h"
#include "key.h"
#include "sys.h"
#include "delay.h"
//按键初始化函数
void KEY_Init(void) //I/O 初始化
{
 GPIO_InitTypeDef GPIO_InitStructure;

 RCC_APB2PeriphClockCmd(RCC_APB2Periph_GPIOA|RCC_APB2Periph_GPIOE,ENABLE);// 使能 PORTA，PORTE 时钟
 GPIO_InitStructure.GPIO_Pin  = GPIO_Pin_2|GPIO_Pin_3|GPIO_Pin_4;//KEY0~KEY2
 GPIO_InitStructure.GPIO_Mode = GPIO_Mode_IPU; //设置成输入上拉
 GPIO_Init(GPIOE, &GPIO_InitStructure);//初始化 GPIOE2，GPIOE3，GPIOE4

 //初始化 WK_UP-->GPIOA.0 输入下拉
 GPIO_InitStructure.GPIO_Pin  = GPIO_Pin_0;
 GPIO_InitStructure.GPIO_Mode = GPIO_Mode_IPD; //PA0 设置成输入，默认下拉
 GPIO_Init(GPIOA, &GPIO_InitStructure);//初始化 GPIOA.0

}
//按键处理函数
//返回按键值
//mode：0，不支持连续按；1，支持连续按
//0，没有任何按键按下
//1，KEY0 被按下
//2，KEY1 被按下
//3，KEY2 被按下
//4，KEY3 被按下 WK_UP
//注意此函数有响应优先级，KEY0>KEY1>KEY2>KEY3
u8 KEY_Scan(u8 mode)
{
    static u8 key_up=1;//按键开关松开标志
    if(mode)key_up=1;//支持连续按
    if(key_up&&(KEY0==0||KEY1==0||KEY2==0||WK_UP==1))
    {
        delay_ms(10);//去抖动
        key_up=0;
        if(KEY0==0)return KEY0_PRES;
        else if(KEY1==0)return KEY1_PRES;
        else if(KEY2==0)return KEY2_PRES;
```

```
            else if(WK_UP==1)return WKUP_PRES;
        }else if(KEY0==1&&KEY1==1&&KEY2==1&&WK_UP==0)key_up=1;
        return 0;//无按键开关被按下
}
```

这段代码包含 2 个函数，void KEY_Init（void）和 u8 KEY_Scan（u8 mode），KEY_Init()是用来初始化按键输入的 I/O 端口的。首先使能 GPIOA 和 GPIOE 时钟，然后实现 PA0，PE2～4 的输入设置。

KEY_Scan()函数用来扫描这 4 个 I/O 端口是否有按键按下，支持两种扫描方式，通过 mode 参数来设置。

当 mode 为 0 的时候，KEY_Scan()函数不支持连续按。扫描某个按键开关，该按键开关按下之后必须松开，才能第二次触发，否则不会再响应这个按键；这样的好处就是可以防止按一次多次触发，而坏处就是在需要长按的时候不合适。

当 mode 为 1 的时候，KEY_Scan()函数支持连续按。如果某个按键开关被一直按下，则一直返回这个按键的键值，这样可以方便地实现长按检测。

有了 mode 这个参数，就可以根据需要选择不同的方式。这里要提醒读者，因为该函数里面有 static 变量，所以该函数不是一个可重入函数，在有操作系统的情况下要留意。还有一点要注意，该函数的按键开关扫描是有优先级的，最优先的是 KEY0，第二优先的是 KEY1，接着是 KEY2，最后是 WK_UP。该函数有返回值，如果有按键开关被按下，则返回非 0 值；如果没有或者按键开关不正确，则返回 0 值。

3．main.c 代码

```
#include "led.h"
#include "delay.h"
#include "key.h"
#include "sys.h"
#include "beep.h"
int main(void)
 {
 vu8 key=0;
 delay_init();           //延时函数初始化
 LED_Init();             //LED 端口初始化
 KEY_Init();             //初始化与按键连接的硬件接口
 BEEP_Init();            //初始化蜂鸣器端口
 LED0=0;                 //先点亮红灯
 while(1)
 {
         key=KEY_Scan(0);    //得到键值
         if(key)
         {
                 switch(key)
                 {
                         case WKUP_PRES:     //控制蜂鸣器
                                 BEEP=!BEEP;
                                 break;
                         case KEY2_PRES:     //控制 LED0 翻转
```

```
                              LED0=!LED0;
                              break;
                  case KEY1_PRES:     //控制 LED1 翻转
                              LED1=!LED1;
                              break;
                  case KEY0_PRES:     //同时控制 LED0，LED1 翻转
                              LED0=!LED0;
                              LED1=!LED1;
                              break;
              }
          }else delay_ms(10);
      }
  }
```

主函数代码比较简单，先进行一系列的初始化操作，然后在死循环中调用按键开关扫描函数KEY_Scan()扫描按键值，最后根据按键值控制 LED（DS0、DS1）和蜂鸣器的翻转。程序运行后，可以通过按下 KEY0、KEY1、KEY2 和 WK_UP 来观察 DS0、DS1 以及蜂鸣器是否跟着按键开关的变化而变化。

4.6 GPIO LED 输出应用实例

GPIO 输入应用实例是使用固件库的按键开关检测。

4.6.1 LED 输出硬件设计

STM32F103 与 LED 的连接电路如图 4-7 所示。

这些 LED 的阴极都连接到 STM32F103 的 GPIO 引脚，只要控制 GPIO 引脚的电平输出状态，即可控制 LED 的亮灭。如果使用的开发板中 LED 的连接方式或引脚不一样，只需修改程序的相关引脚即可，程序的控制原理相同。

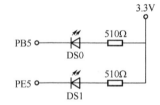

图 4-7　STM32F103 与 LED 的连接电路

4.6.2 LED 输出软件设计

1. led.h 头文件

```
#ifndef_LED_H
#define_LED_H
#include "sys.h"
#define LED0 PBout(5)// PB5
#define LED1 PEout(5)// PE5

void LED_Init(void);//初始化
#endif
```

2. led.c 代码

```
#include "led.h"
```

```
//初始化 PB5 和 PE5 为输出口，并使能这两个口的时钟
//LED I/O 初始化
void LED_Init(void)
{

 GPIO_InitTypeDef   GPIO_InitStructure;

 RCC_APB2PeriphClockCmd(RCC_APB2Periph_GPIOB|RCC_APB2Periph_GPIOE, ENABLE);
//使能 PB、PE 端口时钟

 GPIO_InitStructure.GPIO_Pin = GPIO_Pin_5;            //LED0-->PB.5 端口配置
 GPIO_InitStructure.GPIO_Mode = GPIO_Mode_Out_PP;     //推挽输出
 GPIO_InitStructure.GPIO_Speed = GPIO_Speed_50MHz;    //I/O 端口频率为 50MHz
 GPIO_Init(GPIOB, &GPIO_InitStructure); //根据设定参数初始化 GPIOB.5
 GPIO_SetBits(GPIOB,GPIO_Pin_5);//PB.5 输出高

 GPIO_InitStructure.GPIO_Pin = GPIO_Pin_5; //LED1-->PE.5 端口配置，推挽输出
 GPIO_Init(GPIOE, &GPIO_InitStructure);//推挽输出，I/O 端口频率为 50MHz
 GPIO_SetBits(GPIOE,GPIO_Pin_5); //PE.5 输出高
}
```

该代码里面就包含了一个函数，即 void LED_Init（void）函数，该函数的功能就是配置 PB5 和 PE5 为推挽输出。注意在配置 STM32 外设的时候，任何时候都要先使能该外设的时钟。GPIO 是挂载在 APB2 总线上的外设，在固件库中对挂载在 APB2 总线上的外设时钟使能是通过函数 RCC_APB2PeriphClockCmd()来实现的。

3．main.c 代码

```
#include "sys.h"
#include "delay.h"
#include "usart.h"
#include "led.h"
int main(void)
 {
delay_init();            //延时函数初始化
LED_Init();              //初始化与 LED 连接的硬件接口
while(1)
{
    LED0=0;
    LED1=1;
    delay_ms(300);//延时 300ms
    LED0=1;
    LED1=0;
    delay_ms(300);//延时 300ms
}
 }
```

代码包含了＃include"led.h"这句，使得 LED0、LED1、LED_Init 等能在main()函数里被调用。需要重申的是，在固件库 V3.5 中，系统在启动的时候会调用 systemstm32f10xc 中

的函数 SystemInit()对系统时钟进行初始化，初始化完毕会调用 main()函数。所以不需要再在 main()函数中调用 SystemInit()函数。当然如果需要重新设置时钟系统，也可以写自己的时钟设置代码，SystemInit()只是将时钟系统初始化为默认状态。

main()函数非常简单，先调用 delay_init()初始化延时，接着调用 LED_Init()来初始化 GPIOB.5 和 GPIOE.5 为输出，最后在死循环里面实现 LED0 和 LED1 交替闪烁，间隔为 300ms，实现走马灯的效果。

习题

1. 如何操作 GPIO 端口，如何配置？

2. GPIO 端口的配置工作模式有哪些？

3. STM32F103x 微控制器的 GPIO 输出速度有哪几种？

4. STM32F103x 微控制器的引脚在输出时的高低电平由哪几个引脚决定？

5. 简要说明 GPIO 端口的初始化过程。

6. 程序题：编写程序使 GPIOB.0 置位和 GPIOB.1 清零。

7. 根据本章讲述的 GPIO 输入和输出应用实例，编写一个程序：每当 KEY1 按键按下一次，发光二极管 LED 按红、绿、蓝的顺序，1s 循环显示。可参照书中 GPIO 应用实例。

第 5 章　STM32 中断系统

本章介绍了 STM32 中断系统，包括中断的基本概念、STM32F103 中断系统、STM32F103 外部中断/事件控制器（EXTI）、STM32F10x 的中断系统库函数、外部中断设计流程和外部中断设计实例。

5.1　中断的基本概念

中断是计算机系统的一种处理异步事件的重要方法，它的作用是在计算机 CPU 运行软件的同时，监测系统内外有没有发生需要 CPU 处理的"紧急事件"，当需要处理的事件发生时，中断控制器会中断 CPU 正在处理的常规事务，转而插入一段处理该紧急事件的代码；而该事件处理完成之后，CPU 又能正确地返回刚才被打断的地方，继续运行原来的事件。中断可以分为"中断响应""中断处理"和"中断返回"三个阶段。

中断处理事件的异步性是指紧急事件在什么时候发生与 CPU 正在运行的程序完全没有关系，是无法预测的。既然无法预测，只能随时查看这些紧急事件是否发生，而中断机制最重要的作用，是将 CPU 从不断监测紧急事件是否发生这类繁重工作中解放出来，将这项相对简单的繁重工作交给中断控制器这个硬件来完成。中断机制的第二个作用是判断哪个或哪些中断请求更紧急，应该优先被响应和处理，并且寻找不同中断请求所对应的中断处理代码所在的位置。中断机制的第三个作用是帮助 CPU 在运行完处理紧急事务的代码后，正确地返回之前运行被打断的地方。根据上述中断处理的过程及中断处理的作用，读者会发现中断机制既提高了 CPU 正常运行常规程序的效率，又提高了响应中断的速度，是几乎所有现代计算机都配备的一种重要机制。

嵌入式系统是嵌入宿主对象中，帮助宿主对象完成特定任务的计算机系统，其主要工作就是和现实世界打交道。能够快速、高效地处理来自真实世界的异步事件成为嵌入式系统的重要标志，因此中断对于嵌入式系统而言显得尤其重要，是学习嵌入式系统的难点和重点。

在实际的应用系统中，STM32 可能与各种各样的外部设备相连接。这些外设的结构形式、信号种类与大小、工作速度等差异很大，因此，需要有效的方法使单片机与外部设备协调工作。通常单片机与外设交换数据有三种方式：无条件传输方式、程序查询方式以及中断方式。

1．无条件传输方式

单片机无须了解外部设备状态，当执行传输数据指令时直接向外部设备发送数据，因此适合于快速运行设备或者运行状态明确的外部设备。

2．程序查询方式

控制器主动对外部设备的状态进行查询，依据查询状态传输数据。程序查询方式常常使单片机处于等待状态，同时也不能做出快速响应。因此，在单片机任务不太繁忙，对外部设备响应速度要求不高的情况下常采用这种方式。

3．中断方式

外部设备主动向单片机发送请求，单片机接到请求后立即中断当前工作，处理外部设备的请求，处理完毕后继续处理未完成的工作。这种传输方式提高了 STM32 微控制器的利用率，并且对外部设备有较快的响应速度。因此，中断方式更加适应实时控制的需要。

5.1.1 中断的定义

为了更好地描述中断，可以用日常生活中常见的例子来做比喻。假如有朋友下午要来拜访，可又不知道他具体什么时候到，为了提高效率，你就边看书边等。在看书的过程中，门铃响了，这时，你先在书签上记下当前阅读的页码，然后暂停阅读，放下手中的书，开门接待朋友。朋友走后，再从书签上找到阅读进度，从刚才暂停的页码处继续看书。这个例子很好地表现了日常生活中的中断及其处理过程：门铃的铃声让你暂时中止当前的工作（看书），而去处理更为紧急的事情（朋友来访），把急需处理的事情（接待朋友）处理完毕之后，再回过头来继续做原来的事情（看书）。显然这样的处理方式比一个下午不做任何事情，一直站在门口等要高效多了。

类似地，在计算机执行程序的过程中，CPU 暂时中止其正在执行的程序，转去执行请求中断的外设或事件的服务程序，等处理完毕后再返回执行原来中止的程序，叫作中断。

5.1.2 中断的应用

1．提高 CPU 工作效率

在早期的计算机系统中，CPU 工作速度快，外设工作速度慢，形成 CPU 等待，效率降低。设置中断后，CPU 不必花费大量的时间等待和查询外设工作，例如，计算机和打印机连接，计算机可以快速地传送一行字符给打印机（由于打印机存储容量有限，一次不能传送很多），打印机开始打印字符，CPU 可以不理会打印机，处理自己的工作，待打印机打印该行字符完毕，发给 CPU 一个信号，CPU 产生中断，中断正在处理的工作，转而再传送一行字符给打印机，这样在打印机打印字符期间（外设慢速工作），CPU 可以不必等待或查询，自行处理自己的工作，从而大大提高了 CPU 工作效率。

2．具有实时处理功能

实时控制是微型计算机系统特别是单片机系统应用领域的一个重要任务。在实时控制系统中，现场各种参数和状态的变化是随机发生的，要求 CPU 能做出快速响应、及时处理。有了中断系统，这些参数和状态的变化可以作为中断信号，使 CPU 中断，在相应的中断服务程序中及时处理这些参数和状态的变化。

3．具有故障处理功能

单片机应用系统在实际运行中，常会出现一些故障。例如，电源突然停电、硬件自检出错、运算溢出等。利用中断，就可执行处理故障的中断程序服务。例如，电源突然停电，由于稳压电源输出端接有大电容，从电源停电至大电容的电压值下降到正常工作电压值之下，一般有几～几百毫秒的时间。这段时间内若使 CPU 产生中断，在处理停电的中断服务程序中将需要保存的数据和信息及时转移到具有备用电源的存储器中，待电源恢复正常时再将这些数据和信息送回到原存储单元之中，返回中断点继续执行原程序。

4．实现分时操作

微控制器应用系统通常需要控制多个外设同时工作。例如，键盘、打印机、显示器、A-D 转换器、D-A 转换器等，这些设备的工作有些是随机的，有些是定时的，对于一些定时工作的外设，可以利用定时器，到一定时间产生中断，在中断服务程序中控制这些外设工作。例如，动态扫描显示，每隔一定时间会更换显示字位码和字段码。

此外，中断还能用于程序调试、多机连接等。因此，中断是计算机中重要的组成部分。可以说，有了中断后，现代计算机才能拥有比原来无中断的早期计算机更多的功能。

5.1.3　中断源与中断屏蔽

1．中断源

中断源是指能引发中断的事件。通常，中断源都与外设有关。在前面讲述的朋友来访的例子中，门铃的铃声是一个中断源，它由门铃这个外设发出，告诉主人（CPU）有客来访（事件），并等待主人（CPU）响应和处理（开门接待客人）。计算机系统中，常见的中断源有按键、定时器溢出、串口收到数据等，与此相关的外设有键盘、定时器和串口等。

每个中断源都有它对应的中断标志位，一旦该中断发生，它的中断标志位就会被置位。如果中断标志位被清除，那么它所对应的中断便不会再被响应。所以，一般在中断服务程序的最后要将对应的中断标志位清零，否则将始终响应该中断，不断执行该中断服务程序。

2．中断屏蔽

中断屏蔽是中断的一个十分重要的功能。在计算机系统中，程序设计人员可以通过设置相应的中断屏蔽位，禁止 CPU 响应某个中断，从而实现中断屏蔽。微控制器的中断控制系统，对一个中断源能否响应，一般由中断允许总控制位和该中断自身的中断允许控制位共同决定。这两个中断控制位中的任何一个被关闭，该中断就无法响应。

中断屏蔽的目的是保证 CPU 在执行一些关键程序时不响应中断，以免造成延迟而引起错误。例如，在系统启动执行初始化程序时屏蔽键盘中断，能够使初始化程序顺利进行，这时，按任何按键都不会响应。当然，对于一些重要的中断请求是不能屏蔽的，例如，系统重启、电源故障、内存出错等影响整个系统工作的中断请求。因此，从中断是否可以被屏蔽划分，中断可分为可屏蔽中断和不可屏蔽中断两类。

值得注意的是，尽管某个中断源可以被屏蔽，但一旦该中断发生，无论该中断屏蔽与否，它的中断标志位都会被置位，而且只要该中断标志位不被软件清除，它就一直有效。等待该中断重新被使用时，它即允许被 CPU 响应。

5.1.4 中断处理过程

在中断系统中，通常将 CPU 处在正常情况下运行的程序称为主程序，把产生申请中断信号的事件称为中断源，由中断源向 CPU 所发出的申请中断信号称为中断请求信号，CPU 接收中断请求信号停止现行程序的运行而转向为中断服务称为中断响应，为中断服务的程序称为中断服务程序或中断处理程序。现行程序被打断的地方称为断点，执行完中断服务程序后返回断点处继续执行主程序称为中断返回。这个处理过程称为中断处理过程，如图 5-1 所示，其大致可以分为四步：中断请求、中断响应、中断服务和中断返回。

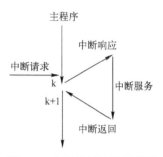

图 5-1 中断处理过程示意图

在整个中断处理过程中，由于 CPU 执行完中断处理程序之后仍然要返回主程序，因此在执行中断处理程序之前，要将主程序中断处的地址，即断点处（主程序下一条指令地址，即图 5-1 中的 k+1 点）保存起来，称为保护断点。又由于 CPU 在执行中断处理程序时，可能会使用和改变主程序使用过的寄存器、标志位，甚至内存单元，因此，在执行中断服务程序前，还要把有关的数据保护起来，称为现场保护。在 CPU 执行完中断处理程序后，则要恢复原来的数据，并返回主程序的断点处继续执行，称为恢复现场和恢复断点。

在微控制器中，断点的保护和恢复操作，是在系统响应中断和执行中断返回指令时由微控制器内部硬件自动实现的。简单地说，就是在响应中断时，微控制器的硬件系统会自动将断点地址压进系统的堆栈保存；而当执行中断返回指令时，硬件系统又会自动将压入堆栈的断点弹出到 CPU 的执行指针寄存器中。在新型微控制器的中断处理过程中，保护和恢复现场的工作也是由硬件自动完成，无须用户操心，用户只需集中精力编写中断服务程序即可。

5.1.5 中断优先级与中断嵌套

1. 中断优先级

计算机系统中的中断往往不止一个，那么，对于多个同时发生的中断或者嵌套发生的中断，CPU 又该如何处理？应该先响应哪一个中断？为什么？答案就是设定中断优先级。

为了更形象地说明中断优先级的概念，还是从生活中的实例开始讲起。生活中的突发事件很多，为了便于快速处理，通常把这些事件按重要性或紧急程度从高到低依次排列。这种分级就称为优先级。如果多个事件同时发生，则根据它们的优先级从高到低依次响应。例如，在前面讲述的朋友来访的例子中，如果门铃响的同时，电话铃也响了，那么你将在这两个中断请求中选择先响应哪一个请求。这里就有一个优先级的问题。如果开门比接电话更重要（即门铃的优先级比电话的优先级高），那么就应该先开门（处理门铃中断），然后再接电话（处理电话中断），接完电话后再回来继续看书（回到原程序）。

类似地，计算机系统中的中断源众多，它们也有轻重缓急之分，这种分级就被称为中断优先级。一般来说，各个中断源的优先级都有事先规定。通常，中断的优先级是根据中断的实时性、重要性和软件处理的方便性预先设定的。当同时有多个中断请求产生时，CPU 会先响应优先级较高的中断请求。由此可见，优先级是中断响应的重要标准，也是区分中断的重要标志。

2．中断嵌套

中断优先级除了用于并发中断中，还用于嵌套中断中。

还是回到前面讲述的朋友来访的例子，在看书时电话铃响了，你去接电话，在通话的过程中门铃又响了。这时，门铃中断和电话中断形成了嵌套。由于门铃的优先级比电话的优先级高，你只能让电话的对方稍等，放下电话去开门。开门之后再回头继续接电话，通话完毕再回去继续看书。当然，如果门铃的优先级比电话的优先级低，那么在通话的过程中门铃响了也不予理睬，继续接听电话（处理电话中断），通话结束后再去开门（即处理门铃中断）。

类似地，在计算机系统中，中断嵌套是指当系统正在执行一个中断服务时又有新的中断事件发生而产生了新的中断请求。此时，CPU 如何处理取决于新旧两个中断的优先级。当新发生的中断的优先级高于正在处理的中断时，CPU 将中止执行优先级较低的当前中断处理程序，转去处理新发生的、优先级较高的中断，处理完毕才返回原来的中断处理程序继续执行。通俗地说，中断嵌套其实就是更高一级的中断"加塞儿"，是当 CPU 正在处理中断时，又接收了更紧急的另一件"急件"，转而处理更高一级的中断的行为。

5.2　STM32F103 中断系统

在了解了中断相关基础知识后，下面从嵌套向量中断控制器、中断优先级、中断向量表和中断服务程序 4 个方面来分析 STM32F103 微控制器的中断系统，然后介绍设置和使用 STM32F103 中断系统的全过程。

5.2.1　嵌套向量中断控制器（NVIC）

嵌套向量中断控制器，简称 NVIC，是 ARM Cortex-M3 内核不可分离的一部分，它与 M3 内核的逻辑紧密耦合，有一部分甚至交融在一起。NVIC 与 ARM Cortex-M3 内核相辅相成，共同完成对中断的响应。

ARM Cortex-M3 内核共支持 256 个中断，其中 16 个内部中断，240 个外部中断，还有可编程的 256 级中断优先级的设置。STM32F103 微控制器目前支持的中断共 84 个（16 个内部+68 个外部），还有 16 级可编程的中断优先级。

STM32F103 微控制器可支持 68 个中断通道，已经固定分配给相应的外部设备，每个中断通道都具备自己的中断优先级控制字节（8 位，但是 STM32F103 微控制器中只使用 4 位，高 4 位有效），每 4 个通道的 8 位中断优先级控制字构成一个 32 位的优先级寄存器。68 个通道的优先级控制字至少构成 17 个 32 位的优先级寄存器。

5.2.2　STM32F103 中断优先级

中断优先级决定了一个中断是否能被屏蔽，以及在未屏蔽的情况下何时可以响应。优先级的数值越小，则优先级越高。

STM32F103 的 Cortex-M3 内核中有两个优先级的概念：抢占式优先级和响应式优先级，响应式优先级也称作"亚优先级"或"副优先级"，每个中断源都需要被指定这两种优先级。

1. 抢占式优先级（Preemption Priority）

高抢占式优先级的中断事件会打断当前的主程序/中断程序运行，俗称中断嵌套。

2. 响应式优先级（Subpriority）

在抢占式优先级相同的情况下，高响应优先级的中断优先被响应。

在抢占式优先级相同的情况下，如果有低响应优先级中断正在执行，则高响应优先级的中断要等待已被响应的低响应优先级中断执行结束后才能得到响应（不能嵌套）。

3. 判断中断是否会被响应的依据

首先是抢占式优先级，其次是响应式优先级。抢占式优先级决定是否会有中断嵌套。

4. 优先级冲突的处理

具有高抢占式优先级的中断可以在具有低抢占式优先级的中断处理过程中被响应，即中断的嵌套，或者说高抢占式优先级的中断可以嵌套低抢占式优先级的中断。

当两个中断源的抢占式优先级相同时，这两个中断将没有嵌套关系，当一个中断到来后，如果正在处理另一个中断，这个后到来的中断就要等到前一个中断处理完之后才能被处理。如果这两个中断同时到达，则中断控制器根据它们的响应优先级高低来决定先处理哪一个；如果它们的抢占式优先级和响应式优先级都相等，则根据它们在中断表中的排位顺序决定先处理哪一个。

5. STM32F103 中对中断优先级的定义

STM32F103 中指定中断优先级的寄存器位有 4 位，这 4 个寄存器位的分组方式如下：

1）第 0 组：所有 4 位用于指定响应式优先级。

2）第 1 组：最高 1 位用于指定抢占式优先级，最低 3 位用于指定响应式优先级。

3）第 2 组：最高 2 位用于指定抢占式优先级，最低 2 位用于指定响应式优先级。

4）第 3 组：最高 3 位用于指定抢占式优先级，最低 1 位用于指定响应式优先级。

5）第 4 组：所有 4 位用于指定抢占式优先级。

优先级分组方式所对应的抢占式优先级和响应式优先级寄存器位数和所表示的优先级数如图 5-2 所示。

优先级组别	抢占式优先级		响应式优先级	
	位数	级数	位数	级数
4组	4	16	0	0
3组	3	8	1	2
2组	2	4	2	4
1组	1	2	3	8
0组	0	0	4	16

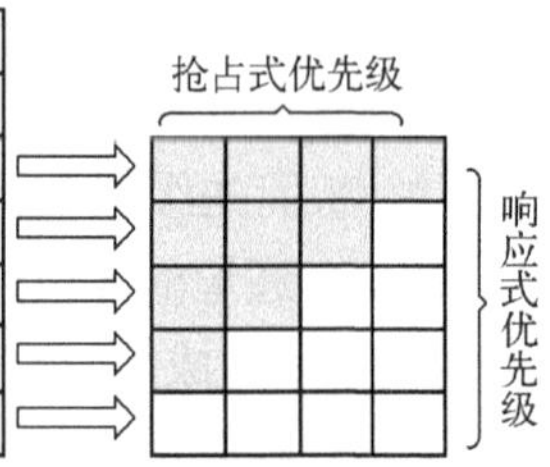

图 5-2 STM32F103 优先级位数和级数分配图

5.2.3　STM32F103 中断向量表

中断向量表是中断中非常重要的概念。它是一块存储区域，通常位于存储器的地址处，在这块区域上按中断号从小到大依次存放着所有中断处理程序的入口地址。当某中断产生且经判断其未被屏蔽时，CPU 会根据识别到的中断号到中断向量表中找到该中断的所在表项，取出该中断对应的中断服务程序的入口地址，然后跳转到该地址执行。STM32F103中断向量表见表 5-1。

表 5-1　STM32F103 中断向量表

位置	优先级	优先级类型	名称	说明	地址
	—	—	—	保留	0x0000_0000
	-3	固定	Reset	复位	0x0000_0004
	-2	固定	NMI	不可屏蔽中断 RCC 时钟安全系统（CSS）连接到 NMI 向量	0x0000_0008
	-1	固定	硬件失效	—	0x0000_000C
	0	可设置	存储管理	存储器管理	0x0000_0010
	1	可设置	总线错误	预取指失败，存储器访问失败	0x0000_0014
	2	可设置	错误应用	未定义的指令或非法状态	0x0000_0018
	—	—	—	保留	0x0000_001C
	—	—	—	保留	0x0000_0020
	—	—	—	保留	0x0000_0024
	—	—	—	保留	0x0000_0028
	3	可设置	SVCall	通过 SWI 指令的系统服务调用	0x0000_002C
	4	可设置	调试监控（DebugMonitor）	调试监控器	0x0000_0030
	—	—	—	保留	0x0000_0034
	5	可设置	PendSV	可挂起的系统服务	0x0000_0038
	6	可设置	SysTick	系统滴答定时器	0x0000_003C
0	7	可设置	WWDG	窗口定时器中断	0x0000_0040
1	8	可设置	PVD	连到 EXTI 的电源电压检测（PVD）中断	0x0000_0044
2	9	可设置	TAMPER	侵入检测中断	0x0000_0048
3	10	可设置	RTC	实时时钟（RTC）全局中断	0x0000_004C
4	11	可设置	Flash	闪存全局中断	0x0000_0050
5	12	可设置	RCC	复位和时钟控制（RCC）中断	0x0000_0054
6	13	可设置	EXTI0	EXTI 线 0 中断	0x0000_0058
7	14	可设置	EXTI1	EXTI 线 1 中断	0x0000_005C
8	15	可设置	EXTI2	EXTI 线 2 中断	0x0000_0060
9	16	可设置	EXTI3	EXTI 线 3 中断	0x0000_0064
10	17	可设置	EXTI4	EXTI 线 4 中断	0x0000_0068
11	18	可设置	DMA1 通道 1	DMA1 通道 1 全局中断	0x0000_006C

（续）

位置	优先级	优先级类型	名称	说明	地址
12	19	可设置	DMA1 通道 2	DMA1 通道 2 全局中断	0x0000_0070
13	20	可设置	DMA1 通道 3	DMA1 通道 3 全局中断	0x0000_0074
14	21	可设置	DMA1 通道 4	DMA1 通道 4 全局中断	0x0000_0078
15	22	可设置	DMA1 通道 5	DMA1 通道 5 全局中断	0x0000_007C
16	23	可设置	DMA1 通道 6	DMA1 通道 6 全局中断	0x0000_0080
17	24	可设置	DMA1 通道 7	DMA1 通道 7 全局中断	0x0000_0084
18	25	可设置	ADC1_2	ADC1 和 ADC2 的全局中断	0x0000_0088
19	26	可设置	USB_HP_CAN_TX	USB 高优先级或 CAN 发送中断	0x0000_008C
20	27	可设置	USB_LP_CAN_RX0	USB 低优先级或 CAN 接收 0 中断	0x0000_0090
21	28	可设置	CAN_RX1	CAN 接收 1 中断	0x0000_0094
22	29	可设置	CAN_SCE	CAN SCE 中断	0x0000_0098
23	30	可设置	EXTI9_5	EXTI 线[9:5]中断	0x0000_009C
24	31	可设置	TIM1_BRK	TIM1 刹车中断	0x0000_00A0
25	32	可设置	TIM1_UP	TIM1 更新中断	0x0000_00A4
26	33	可设置	TIM1_TRG_COM	TIM1 触发和通信中断	0x0000_00A8
27	34	可设置	TIM1_CC	TIM1 捕获比较中断	0x0000_00AC
28	35	可设置	TIM2	TIM2 全局中断	0x0000_00B0
29	36	可设置	TIM3	TIM3 全局中断	0x0000_00B4
30	37	可设置	TIM4	TIM4 全局中断	0x0000_00B8
31	38	可设置	I2C1_EV	I2C1 事件中断	0x0000_00BC
32	39	可设置	I2C1_ER	I2C1 错误中断	0x0000_00C0
33	40	可设置	I2C2_EV	I2C2 事件中断	0x0000_00C4
34	41	可设置	I2C2_ER	I2C2 错误中断	0x0000_00C8
35	42	可设置	SPI1	SPI1 全局中断	0x0000_00CC
36	43	可设置	SPI2	SPI2 全局中断	0x0000_00D0
37	44	可设置	USART1	USART1 全局中断	0x0000_00D4
38	45	可设置	USART2	USART2 全局中断	0x0000_00D8
39	46	可设置	USART3	USART3 全局中断	0x0000_00DC
40	47	可设置	EXTI15_10	EXTI 线[15:10]中断	0x0000_00E0
41	48	可设置	RTCAlarm	连接 EXTI 的 RTC 闹钟中断	0x0000_00E4
42	49	可设置	USB 唤醒	连接 EXTI 的从 USB 待机唤醒中断	0x0000_00E8
43	50	可设置	TIM8_BRK	TIM8 刹车中断	0x0000_00EC
44	51	可设置	TIM8_UP	TIM8 更新中断	0x0000_00F0
45	52	可设置	TIM8_TRG_COM	TIM8 触发和通信中断	0x0000_00F4
46	53	可设置	TIM8_CC	TIM8 捕获比较中断	0x0000_00F8
47	54	可设置	ADC3	ADC3 全局中断	0x0000_00FC

（续）

位置	优先级	优先级类型	名称	说明	地址
48	55	可设置	FSMC	FSMC 全局中断	0x0000_0100
49	56	可设置	SDIO	SDIO 全局中断	0x0000_0104
50	57	可设置	TIM5	TIM5 全局中断	0x0000_0108
51	58	可设置	SPI3	SPI3 全局中断	0x0000_010C
52	59	可设置	UART4	UART4 全局中断	0x0000_0110
53	60	可设置	UART5	UART5 全局中断	0x0000_0114
54	61	可设置	TIM6	TIM6 全局中断	0x0000_0118
55	62	可设置	TIM7	TIM7 全局中断	0x0000_011C
56	63	可设置	DMA2 通道 1	DMA2 通道 1 全局中断	0x0000_0120
57	64	可设置	DMA2 通道 2	DMA2 通道 2 全局中断	0x0000_0124
58	65	可设置	DMA2 通道 3	DMA2 通道 3 全局中断	0x0000_0128
59	66	可设置	DMA2 通道 4_5	DMA2 通道 4 和 DMA2 通道 5 全局中断	0x0000_012C

STM32F1 系列微控制器的不同产品支持可屏蔽中断的数量略有不同，互联型的 STM32F105 系列和 STM32F107 系列共支持 68 个可屏蔽中断通道，而其他非互联型的产品（包括 STM32F103 系列）支持 60 个可屏蔽中断通道，上述通道均不包括 ARM CortexM3 内核中断源，即表 5-1 中的前 16 行。

5.2.4　STM32F103 中断服务程序

中断服务程序在结构上与函数非常相似，但是不同的是，函数一般有参数有返回值，并在应用程序中被人为显式地调用执行，而中断服务程序一般没有参数也没有返回值，并只有中断发生时才会被自动隐式地调用执行。每个中断都有自己的中断服务程序，用来记录中断发生后要执行的真正意义上的处理操作。

STM32F103 所有的中断服务函数在该微控制器所属产品系列的启动代码文件 startup_stm32f10x_xx.s 中都有预定义，通常以 PPP_IRQHandler 命名，其中 PPP 是对应的外设名。用户开发自己的 STM32F103 时可在文件 stm32f10x_it.c 中使用 C 语言编写函数重新定义。程序在编译、链接生成可执行程序阶段，会使用用户自定义的同名中断服务程序替代启动代码中原来默认的中断服务程序。

尤其需要注意的是，在更新 STM32F103 中断服务程序时，必须确保 STM32F103 中断服务程序文件（stm32f10x_it.c）中的中断服务程序名（如 EXTII_IRQHandler）和启动代码文件（startup_stm32f10x_xx.s）中的中断服务程序名（EXTII_IRQHandler）相同，否则在生成可执行文件时无法使用用户自定义的中断服务程序替换原来默认的中断服务程序。

5.3　STM32F103 外部中断/事件控制器（EXTI）

STM32F103 微控制器的外部中断/事件控制器（EXTI）由 19 个产生中断/事件请求边沿

检测器组成，每个输入线可以独立地配置输入类型（脉冲或挂起）和对应的触发事件（上升沿或下降沿或者双边沿都触发）。每个输入线都可以独立地被屏蔽。挂起寄存器保持状态线的中断请求。

5.3.1 STM32F103 EXTI 内部结构

STM32F103 的 EXTI 由 19 根外部输入线、19 个外部中断/事件请求的边沿检测器和 APB 外设接口等部分组成，如图 5-3 所示。

1. 外部中断/事件输入

从图 5-3 可以看出，STM32F103 的 EXTI 内部信号线上画有一条斜线，旁边标有 19，表示这样的线路共有 19 套。

与此对应，EXTI 的外部中断/事件输入线也有 19 根，分别是 EXTI0、EXTI1～EXTI18。除了 EXTI16（PVD 输出）、EXTI17（RTC 闹钟）和 EXTI18（USB 唤醒）外，其他 16 根外部信号输入线 EXTI0、EXTI1～EXTI15 可以分别对应于 STM32F103 的 16 个引脚 Px0、Px1～Px15，其中 x 为 A、B、C、D、E、F、G。

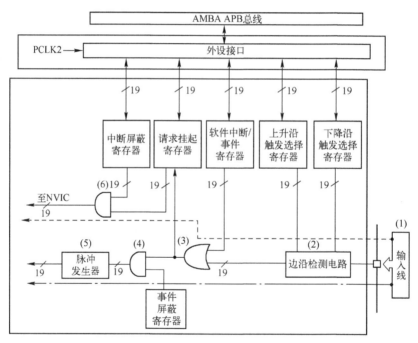

图 5-3 STM32F103 的 EXTI 内部结构图

STM32F103 最多有 112 个引脚，可以以如图 5-4 所示的方式连接到 16 根外部中断/事件输入线上，任一端口的 0 号引脚（如 PA0、PB0～PG0）映射到 EXTI 的外部中断/事件输入线 EXTI0 上，任一端口的 1 号脚（如 PA1、PB1～PG1）映射到 EXTI 的外部中断/事件输入线 EXTI1 上，以此类推，任一端口的 15 号引脚（如 PA15、PB15～PG15）映射到 EXTI 的外部中断/事件输入线 EXTI15 上。需要注意的是，在同一时刻，只能有一个端口的 n 号引脚映射到 EXTI 对应的外部中断/事件输入线 EXTIn 上，n 取 0～15 中的一个数值。

在AFIO_EXTICR1寄存器的EXTI0[3:0]位

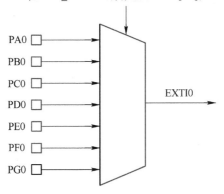

在AFIO_EXTICR1寄存器的EXTI1[3:0]位

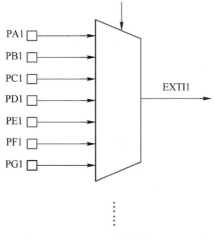

在AFIO_EXTICR1寄存器的EXTI15[3:0]位

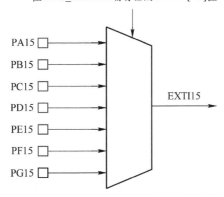

图 5-4　STM32F103 外部中断/事件输入线映像

另外，如果将 STM32F103 的 I/O 引脚映射为 EXTI 的外部中断/事件输入线，那么必须将该引脚设置为输入模式。

2. APB 外设接口

图 5-3 上部的 APB 外设接口是 STM32F103 每个功能模块都有的部分，CPU 通过这样的接口访问各个功能模块。

尤其需要注意的是，如果使用 STM32F103 引脚的外部中断/事件输入映射功能，必须打开 APB2 总线上该引脚对应端口的时钟以及 AFIO 功能时钟。

3．边沿检测器

EXTI 中的边沿检测器共有 19 个，用来连接 19 根外部中断/事件输入线，是 EXTI 的主体部分。每个边沿检测器由边沿检测电路、控制寄存器、门电路和脉冲发生器等部分组成。

5.3.2 STM32F103 EXTI 工作原理

1．外部中断/事件请求信号的产生和传输

从图 5-3 可以看出，外部中断/事件请求信号的产生和传输过程如下：

1）外部请求信号从编号 1 的 STM32F103 微控制器引脚进入。

2）经过边沿检测电路，这个边沿检测电路受到上升沿触发选择寄存器和下降沿触发选择寄存器控制，用户可以配置这两个寄存器选择在哪一个边沿产生外部中断/事件请求信号，由于选择上升沿或下降沿分别受两个平行的寄存器控制，所以用户还可以在双边沿（即同时选择上升沿和下降沿）都产生外部中断/事件请求。

3）外部请求信号经过编号 3 的或门，这个或门的另一个输入信号来自软件中断/事件寄存器，由此可见，软件可以优先于外部信号产生一个中断/事件请求，即当软件中断/事件寄存器对应位为 1 时，不管外部信号如何，编号 3 的或门都会输出有效的信号。到这一步为止，无论是中断或事件，外部信号的传输路径都是一致的。

4）外部事件请求信号进入编号 4 的与门，这个与门的另一个输入信号来自事件屏蔽寄存器。如果事件屏蔽寄存器的对应位为 0，则该外部请求信号不能传输到与门的另一端，从而实现对某个外部事件的屏蔽；如果事件屏蔽寄存器的对应位为 1，则与门产生有效的输出信号并送至编号 5 的脉冲发生器。脉冲发生器把一个跳变的信号转变为一个单脉冲信号，输出到 STM32F103 其他功能模块。以上是外部事件请求信号传输路径。

5）外部中断请求信号进入挂起请求寄存器，挂起请求寄存器记录了信号的电平变化。外部中断请求信号经过挂起请求寄存器后，进入编号 6 的与门。这个与门的功能和编号 4 的与门类似，用于引入中断屏蔽寄存器的控制信号。只有当中断屏蔽寄存器的对应位为 1 时，该外部中断请求信号才被送至 Cortex-M3 内核的 NVIC，进而发出一个中断请求，否则，屏蔽此信号。以上是外部中断请求信号的传输路径。

2．中断与事件

由上面讲述的外部中断/事件请求信号的产生和传输过程可知，从外部激励信号看，中断和事件的请求信号没有区别，只是在 STM32F103 微控制器内部将它们分开。

1）一路信号（中断）会被送至 NVIC 向 CPU 产生中断请求，至于 CPU 如何响应，由用户编写或系统默认的对应的中断服务程序决定。

2）另一路信号（事件）会向其他功能模块（如定时器、USART、DMA 等）发送脉冲触发信号，至于其他功能模块会如何响应这个脉冲触发信号，则由对应的模块自己决定。

5.3.3 EXTI 主要特性

STM32F103 的 EXTI 具有以下主要特性：

1）每个外部中断/事件输入线都可以独立地配置它的触发事件（上升沿、下降沿或双边沿），并能够单独地被屏蔽。

2）每个外部中断都有专用的标志位（请求挂起寄存器），保持着它的中断请求。

3）可以将多达 112 个通用 I/O 引脚映射到 16 个外部中断/事件输入线上。

4）可以检测脉冲宽度低于 APB2 时钟宽度的外部信号。

5.4 STM32F10x 的中断系统库函数

STM32 中断系统是通过一个 NVIC 进行中断控制的，使用中断要先对 NVIC 进行配置。STM32 标准库中提供了 NVIC 相关操作函数，见表 5-2。

表 5-2 NVIC 库函数

函数名称	功能描述
NVIC_DeInit	将外设 NVIC 寄存器重设为默认值
NVIC_SCBDeInit	将外设 SCB 寄存器重设为默认值
NVIC_PriorityGroupConfig	设置优先级分组：抢占优先级和响应式优先级
NVIC_Init	根据 NVIC_InitStruct 中指定的参数初始化外设 NVIC 寄存器
NVIC_StructInit	把 NVIC_InitStruct 中的每一个参数按默认值填入
NVIC_SETPRIMASK	使能 PRIMASK 优先级：提升执行优先级至 0
NVIC_RESETPRIMASK	失能 PRIMASK 优先级
NVIC_SETFAULTMASK	使能 FAULTMASK 优先级：提升执行优先级至-1
NVIC_RESETFAULTMASK	失能 FAULTMASK 优先级
NVIC_BASEPRICONFIG	改变执行优先级从 N（最低可设置优先级）提升至 1
NVIC_GetBASEPRI	返回 BASEPRI 屏蔽值
NVIC_GetCurrentPendingIRQChannel	返回当前待处理 IRQ 标识符
NVIC_GetIRQChannelPendingBitStatus	检查指定的 IRQ 通道待处理位设置与否
NVIC_SetIRQChannelPendingBit	设置指定的 IRQ 通道待处理位
NVIC_ClearIRQChannelPendingBit	清除指定的 IRQ 通道待处理位
NVIC_GetCurrentActiveHandler	返回当前活动 Handler（IRQ 通道和系统 Handler）的标识符
NVIC_GetIRQChannelActiveBitStatus	检查指定的 IRQ 通道活动位设置与否
NVIC_GetCPUID	返回 ID 号码，Cortex-M3 内核的版本号和实现细节
NVIC_SetVectorTable	设置向量表的位置和偏移
NVIC_GenerateSystemReset	产生一个系统复位
NVIC_GenerateCoreReset	产生一个内核（内核+NVIC）复位
NVIC_SystemLPConfig	选择系统进入低功耗模式的条件
NVIC_SystemHandlerConfig	使能或者失能指定的系统 Handler
NVIC_SystemHandlerPriorityConfig	设置指定的系统 Handler 优先级
NVIC_CetSystemHandlerPendingBitStatus	检查指定的系统 Handler 待处理位设置与否
NVIC_SetSystemHandlerPendingBit	设置系统 Handler 待处理位
NVIC_ClearSystemHandlerPendingBit	清除系统 Handler 待处理位
NVIC_GetSystemHandlerActiveBitStatus	检查系统 Handler 活动位设置与否
NVIC_GetFaultHandlerSources	返回表示出错的系统 Handler 源
NVIC_GetFaultAddress	返回产生表示出错的系统 Handler 所在位置的地址

5.4.1　STM32F10x 的 NVIC 相关库函数

1. 函数 NVIC_DeInit

函数名称：NVIC_DeInit

函数原型：void NVIC_DeInit（void）。

功能描述：将外设 NVIC 寄存器重设为默认值。

输入参数：无。

输出参数：无。

返回值：无。

例如：

```
/*Resets the NVIC registers to their default reset value */
NVIC_DeInit();
```

2. 函数 NVIC_Init

函数名称：NVIC_Init。

函数原型：void NVIC_Init（NVIC_Init TypeDef* NVIC_InitStruct）。

功能描述：根据 NVIC_ InitStruct 中指定的参数初始化外设 NVIC 寄存器。

输入参数：NVIC_ InitStruct，指向结构体 NVIC_Init TypeDef 的指针，包含了外设 GPIO 的配置信息。

输出参数：无。

返回值：无。

（1）NVIC_InitTypeDef structure　NVIC_InitTypeDef 定义于文件"stm32f10x_nvic. h"：

```
Typedef struct
{
u8 NVIC_IRQChannel;
u8 NVIC_IRQChannelPreemptionPriority; u8 NVIC_IRQChannelSubPriority;
FunctionalState NVIC_IRQChanne1Cmd;
}NVIC_InitTypeDef;
```

（2）NVIC_IRQChannel　该参数用以使能或者失能指定的 IRQ 通道。表 5-3 给出了该参数可取的值。

表 5-3　NVIC_IRQChannel 值

NVIC_IRQnChannel 值	描述
WWDG_IRQn	窗口看门狗中断
PVD_IRQn	PVD 通过 EXTI 探测中断
TAMPER_IRQn	篡改中断
RTC_IRQn	RTC 全局中断
FlashItf_IRQn	Flash 全局中断
RCC_IRQn	RCC 全局中断

（续）

NVIC_IRQnChannel 值	描述
EXTI0_IRQn	外部中断线 0 中断
EXTI1_IRQn	外部中断线 1 中断
EXTI2_IRQn	外部中断线 2 中断
EXTI3_IRQn	外部中断线 3 中断
EXTI4_IRQn	外部中断线 4 中断
DMAChannel1_IRQn	DMA1 通道 1 中断
DMAChannel2_IRQn	DMA1 通道 2 中断
DMAChannel3_IRQn	DMA1 通道 3 中断
DMAChannel4_IRQn	DMA1 通道 4 中断
DMAChannel5_IRQn	DMA1 通道 5 中断
DMAChannel6_IRQn	DMA1 通道 6 中断
DMAChannel7_IRQn	DMA1 通道 7 中断
ADC_IRQn	ADC 全局中断
USB_HP_CANTX_IRQn	USB 高优先级或 CAN 发送中断
USB_LP_CANRX0_IRQn	USB 低优先级或 CAN 接收 0 中断
CAN_RX1_IRQn	CAN 接收 1 中断
CAN_SCE_IRQn	CAN SCE 中断
EXTI9_5_IRQn	外部中断线 9~5 中断
TIM1_BRK_IRQn	TIM1 暂停中断
TIM1_UP_IRQn	TIM1 刷新中断
TIM1_TRG_COM_IRQn	TIM1 触发和通信中断
TIM1_CC_IRQn	TIM1 捕获比较中断
TIM2_IRQn	TIM2 全局中断
TIM3_IRQn	TIM3 全局中断
TIM4_IRQn	TIM4 全局中断
I2C1_EV_IRQn	I^2C1 事件中断
I2C1_ER_IRQn	I^2C1 错误中断
I2C2_EV_IRQn	I^2C2 事件中断
I2C2_ER_IRQn	I^2C2 错误中断
SPI1_IRQn	SPI1 全局中断
SPI2_IRQn	SPI2 全局中断
USART1_IRQn	USART1 全局中断
USART2_IRQn	USART2 全局中断

（续）

NVIC_IRQnChannel 值	描述
USART3_IRQn	USART3 全局中断
EXTI15_10_IRQn	外部中断线 15～10 中断
RTCAlarm_IRQn	RTC 闹钟通过 EXTI 线中断
USBWakeUp_IRQn	USB 通过 EXTI 线从悬挂唤醒中断

（3）NVIC_IRQChannelPreemptionPriority　该参数设置了成员 NVIC_IRQChannel 中的抢占式优先级，表 5-4 列举了该参数的取值。

（4）NVIC_IRQChannelSubPriority　该参数设置了成员 NVIC_IRQChannel 中的响应式优先级，表 5-4 列举了该参数的取值。

表 5-4 给出了由函数 NVIC_PriorityGroupConfig 设置的抢占式优先级和响应式优先级可取的值。

表 5-4　抢占式优先级和响应式优先级值

NVIC_PriorityGroup	NVIC_IRQChannel 的抢占式优先级	NVIC_IRQChannel 的响应式优先级	描述
NVIC_PriorityGroup_0	0	0～15	抢占式优先级 0 位，响应式优先级 4 位
NVIC_PriorityGroup_1	0～1	0～7	抢占式优先级 1 位，响应式优先级 3 位
NVIC_PriorityGroup_2	0～3	0～3	抢占式优先级 2 位，响应式优先级 2 位
NVIC_PriorityGroup_3	0～7	0～1	抢占式优先级 3 位，响应式优先级 1 位
NVIC_PriorityGroup_4	0～15	0	抢占式优先级 4 位，响应式优先级 0 位

注：1. 选中 NVIC_PriorityGroup_0，则参数 NVIC_IRQChannelPreemptionPriority 对中断通道的设置不产生影响。

2. 选中 NVIC_PriorityGroup_4，则参数 NVIC_IRQChannelSubPriority 对中断通道的设置不产生影响。

（5）NVIC_IRQChannelCmd　该参数指定了在成员 NVIC_IRQChannel 中定义的 IRQ 通道被使能还是失能。这个参数取值为 ENABLE 或者 DISABLE。

例如：

```
NVIC_InitTypeDef    NVIC_InitStructure;
/*Configure the Priority Grouping with 1 bit */
NVIC_PriorityGroupConfig(NVIC_PriorityGroup_1);
/*Enable TIM3 global interrupt with Preemption Priority 0 and SubPriority as 2 * /
NVIC_InitStructure.NVIC_IRQChannel=TIM3_IRQChannel;
NVIC_InitStructure.NVIC_IRQChannelPreemptionPriority=0;
NVIC_InitStructure.NVIC_IRQChannelSubPriority = 2;
NVIC_InitStructure.NVIC_IRQChanne1Cmd =ENABLE;
NVIC_Init(&NVIC_InitStructure);
```

3．函数 NVIC_PriorityGroupConfig

函数名称：NVIC_PriorityGroupConfig。

函数原型：void NVIC_PriorityGroupConfig（u32 NVIC_PriorityGroup）。

功能描述：设置优先级分组，抢占式优先级和响应式优先级。

输入参数：NVIC_PriorityGroup，结构体优先级分组。可参阅：NVIC_PriorityGroup，

查阅更多该参数允许取值范围。

输出参数：无。

返回值：无。

NVIC_PriorityGroup

该参数设置优先级分组位长度见表 5-5。

表 5-5　NVIC_PriorityGroup 值

NVIC_PriorityGroup 值	描述
NVIC_PriorityGroup_0	抢占式优先级 0 位，响应式优先级 4 位
NVIC_PriorityGroup_1	抢占式优先级 1 位，响应式优先级 3 位
NVIC_PriorityGroup_2	抢占式优先级 2 位，响应式优先级 2 位
NVIC_PriorityGroup_3	抢占式优先级 3 位，响应式优先级 1 位
NVIC_PriorityGroup_4	抢占式优先级 4 位，响应式优先级 0 位

例如：

```
/* Configure the Priority Grouping with 1 bit */
NVIC_PriorityGroupConfig(NVIC_PriorityGroup_1);
```

5.4.2　STM32F10x 的 EXTI 相关库函数

标准库中提供了几乎覆盖所有 EXTI 操作的函数，见表 5-6。

表 5-6　EXTI 库函数

函数名称	功能描述
EXTI_DeInit	将外设 EXTI 寄存器重设为默认值
EXTI_Init	根据 EXTI_InitStruct 中指定的参数初始化外设 EXTI 寄存器
EXTI_StructInit	把 EXTI_InitStruct 中的每一个参数按默认值填入
EXTI_GenerateSWInterrupt	产生一个软件终端
EXTI_GetFlagStatus	检查指定的 EXTI 线路标志位设置与否
EXTI_ClearFlag	清除 EXTI 线路挂起标志位
EXTI_GetITStatus	检查指定的 EXTI 线路触发请求发生与否
EXTI_ClearITPendingBit	清除 EXTI 线路挂起位

1. 函数 EXTI_DeInit

函数名称：EXTI_DeInit。

函数原型：void EXTI_DeInit（void）。

功能描述：将外设 EXTI 寄存器重设为默认值。

输入参数：无。

输出参数：无。

返回值：无。

例如：

```
/*Resets the EXTI registers to their default reset value */
EXTI_DeInit();
```

2．函数 EXTI_Init

函数名称：EXTI_Init。

函数原型：void EXTI_Init（EXTI_InitTypeDef* EXTI_InitStruct）。

功能描述：根据 EXTI_InitStruct 中指定的参数初始化外设 EXTI 寄存器。

输入参数：EXTI_InitStruct，指向结构体 EXTI_InitTypeDef 的指针，包含了外设 EXTI 的配置信息。

输出参数：无。

返回值：无。

（1）EXTI_InitTypeDef structure　EXTI_InitTypeDef 定义于文件 "stm32f10x_exti. h"：

```
typedef struct
{
u32 EXTI_Line;
EXTIMode_TypeDef EXTI_Mode;
EXTIrigger_TypeDef EXTI_Trigger;
FunctionalState EXTI_LineCmd;
}EXTI_InitTypeDef;
```

（2）EXTI_Line　EXTI_Line 选择了待使能或者失能的外部线路。表 5-7 给出了该参数可取的值。

表 5-7　EXTI_Line 值

EXTI_Line 值	描述
EXTI_Line0	外部中断线 0
EXTI_Line1	外部中断线 1
EXTI_Line2	外部中断线 2
EXTI_Line3	外部中断线 3
EXTI_Line4	外部中断线 4
EXTI_Line5	外部中断线 5
EXTI_Line6	外部中断线 6
EXTI_Line7	外部中断线 7
EXTI_Line8	外部中断线 8
EXTI_Line9	外部中断线 9
EXTI_Line10	外部中断线 10
EXTI_Line11	外部中断线 11
EXTI_Line12	外部中断线 12

（续）

EXTI_Line 值	描述
EXTI_Line13	外部中断线 13
EXTI_Line14	外部中断线 14
EXTI_Line15	外部中断线 15
EXTI_Line16	外部中断线 16
EXTI_Line17	外部中断线 17
EXTI_Line18	外部中断线 18

（3）EXTI_Mode　EXTI_Mode 设置了被使能线路的模式。表 5-8 给出了该参数可取的值。

表 5-8　EXTI_Mode 值

EXTI_Mode 值	描述
EXTI_Mode_Event	设置 EXTI 线路为事件请求
EXTI_Mode_Interrupt	设置 EXTI 线路为中断请求

（4）EXTI_Trigger　EXTI_Trigger 设置了被使能线路的触发边沿。表 5-9 给出了该参数可取的值。

表 5-9　EXTI_Trigger 值

EXTI_Trigger 值	描述
EXTI_Trigger_Falling	设置输入线路下降沿为中断请求
EXTI_Trigger_Rising	设置输入线路上升沿为中断请求
EXTI_Trigger_Rising_Falling	设置输入线路上升沿和下降沿为中断请求

（5）EXTI_LineCmd　EXTI_LineCmd 用来定义选中线路的新状态，它可以被设为 ENABLE 或者 DISABLE。

例如：

```
/*Enables external lines 12 and 14 interrupt generation on fallingedge */
EXTI_InitTypeDef   EXTI_InitStructure;
EXTI_InitStructure.EXTI_Line=EXTI_Line12|EXTI_Line14;
EXTI_InitStructure.EXTI_Mode = EXTI_Mode_Interrupt;
EXTI_InitStructure.EXTI_Trigger = EXTI_Trigger_Falling;
EXTI_InitStructure.EXTI_LineCmd =ENABLE;
EXTI_Init（&EXTI_InitStructure）;
```

3．函数 EXTI_GetITStatus

函数名称：EXTI_GetITStatus。

函数原型：ITStatus EXTI_GetITStatus（u32 EXTI_Line）。

功能描述：检查指定的 EXTI 线路触发请求发生与否。

输入参数：EXTI_Line，待检查 EXTI 线路的挂起位。

输出参数：无。

返回值：EXTI_Line 的新状态（SET 或者 RESET）。

例如：

```
/*Get thestatus of EXTI line 8*/
ITStatus    EXTIStatus;
EXTIStatus=EXTI_GetITStatus(EXTI_Line8);
```

4．函数 EXTI_GetFlagStatus

函数名称：EXTI_GetFlagStatus。

函数原型：FlagStatus EXTI_GetFlagStatus（u32 EXTI_Line）。

功能描述：检查指定的 EXTI 线路触发请求发生与否。

输入参数：EXTI_Line，待检查 EXTI 线路触发请求。

输出参数：无。

返回值：EXTI_Line 的新状态（Set 或者 Reset）。

例如：

```
/*Get the status of EXTI line */
FlagStatus    EXTIStatus;
EXTIStatus=EXTI_GetFlagStatus(EXTI_Line8);
```

5．函数 EXTI_ClearFlag

函数名称：EXTI_ClearFlag。

函数原型：void EXTI_ClearFlag（u32 EXTI_Line）。

功能描述：清除 EXTI 线路挂起标志位。

输入参数：EXTI_Line，待清除标志位的 EXTI 线路。

输出参数：无。

返回值：无。

例如：

```
/*Clear the EXTI line 2 pending flag */
EXTI_ClearFlag(EXTI_Line2);
```

6．函数 EXTI_ClearITPendingBit

函数名称：EXTI_ClearITPendingBit。

函数原型：void EXTI_ClearITPendingBit（u32 EXTI_Line）。

功能描述：清除 EXTI 线路挂起位。

输入参数：EXTI_Line，待清除 EXTI 线路的挂起位。

输出参数：无。

返回值：无。

例如：

```
/*Clears the EXTI line 2 interrupt pending bit */
EXTI_ClearITpendingBit(EXTI_Line2);
```

5.4.3 STM32F10x 的 EXTI 中断线 GPIO 引脚映射库函数

函数名称：GPIO_EXTILineConfig。

函数原型：void GPIO_EXTILineConfig（u8 GPIO_PortSource，u8 GPIO_PinSource）。

功能描述：选择 GPIO 引脚用作外部中断线路。

输入参数 1：GPIO_PortSource，选择用作外部中断线路的 GPIO 端口。

输入参数 2：GPIO_PinSource，待设置的外部中断线路，该参数可以取 GPIO_PinSourcex（x 可以是 0～15 中的数字）。

输出参数：无。

返回值：无。

例如：

```
/*选择 PB8 作为 EXTI Line 8*/
GPIO_EXTILineConf ig(GPIO_PortSource_GPIOB，GPIO_PinSource8);
```

5.5　外部中断设计流程

STM32 中断设计包括三部分，即 NVIC 设置、中断端口配置、中断处理。

5.5.1　NVIC 设置

在使用中断时首先要对 NVIC 进行设置，NVIC 设置流程如图 5-5 所示。

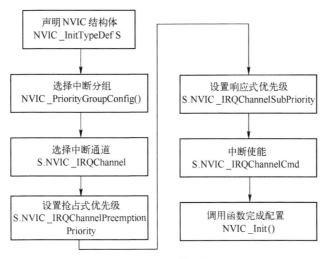

图 5-5　NVIC 设置流程

NVIC 设置流程主要包括以下内容：

1）根据需要对中断优先级进行分组，确定抢占式优先级和响应式优先级的个数。

2）选择中断通道，不同的引脚对应不同的中断通道，在 stm32f10x.h 中定义了中断通道结构体 IRQn_Type，包含了所有型号芯片的所有中断通道。外部中断 EXTI0～EXTI4 有独立的中断通道 EXTI0_IRQn～EXTI4_IRQn，而 EXTI5～EXTI9 共用一个中断通道 EXTI9_5_IRQn，EXTI15～EXTI10 共用一个中断通道 EXT15_10_IRQn。

3）根据系统要求设置中断优先级，包括抢占式优先级和响应式优先级。

4）使能相应的中断，完成 NVIC 配置。

5.5.2 中断端口配置

NVIC 设置完成后要对中断端口进行配置，即配置哪个引脚发生什么中断。GPIO 外部中断端口配置流程图如图 5-6 所示。

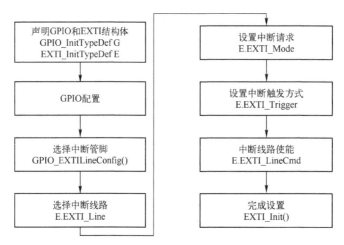

图 5-6　GPIO 外部中断端口配置流程图

中断端口配置主要包括以下内容：

1）首先进行 GPIO 配置、对引脚进行配置，使能引脚。

2）然后对外部中断方式进行配置，包括中断线路设置、中断或事件选择、触发方式设置、使能中断线完成设置。

其中，中断线路 EXTI_Line0～EXTI_Line15 分别对应 EXTI0～EXTI15，即每个端口的 16 个引脚。EXTI_Line16～EXTILine18 分别对应 PVD 输出事件、RTC 闹钟事件和 USB 唤醒事件。

5.5.3 中断处理

中断处理的整个过程包括中断请求、中断响应、中断服务程序及中断返回 4 个步骤。其中，中断服务程序主要完成中断线路状态检测、中断服务内容和中断清除。

1. 中断请求

如果系统中存在多个中断源，处理器要先对当前中断的优先级进行判断，先响应优先级高的中断。当多个中断请求同时到达且抢占优先级相同时，则先处理响应优先级高的中断。

2. 中断响应

在中断事件产生后，处理器响应中断要满足下列条件。

1）无同级或高级中断正在服务。

2）当前指令周期结束，如果查询中断请求的机器周期不是当前指令的最后一个周期，则无法执行当前中断请求。

3）若处理器正在执行系统指令，则需要执行到当前指令及下一条指令才能响应中断请求。

如果中断发生，且处理器满足上述条件，系统将按照下面步骤执行相应中断请求。

1）置位中断优先级有效触发器，即关闭同级和低级中断。

2）调用入口地址，断点入栈。

3）进入中断服务程序。

STM32 在启动文件中提供了标准的中断入口对应相应中断。

值得注意的是，外部中断 EXTI0～EXTI4 有独立的入口 EXTI0_IRQHandler～EXTI4_IRQHandler，而 EXTI5～EXTI9 共用一个入口 EXTI9_5_IRQHandler，EXTI15～EXTI10 共用一个入口 EXTI15_10_IRQHandler。在 stm32f10x_it.c 文件中添加中断服务函数时，函数名必须与后面使用的中断服务程序名称一致，无返回值无参数。

3．中断服务程序

以外部中断为例，中断服务程序处理流程图如图 5-7 所示。

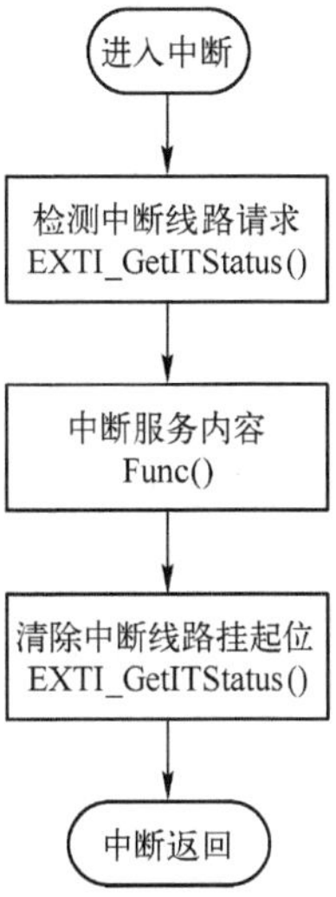

4．中断返回

中断返回是指中断服务完成后，处理器返回到原来程序断点处继续执行原来程序。

图 5-7　中断服务程序处理流程图

例如，外部中断 0 的中断服务程序：

```
void EXTI0_IRQHandler（void）
{
    if（EXTI_GetITStatus（EXTI_Line0）! =RESET）//确保是否产生了 EXTI Line 中断
    {
    /*中断服务内容*/
    ……
    EXTI_ClearITPendingBit（EXTI_Line0）; //清除中断标志位
    }
}
```

5.6　外部中断设计实例

中断在嵌入式系统应用中占有非常重要的地位，几乎每个微控制器都有中断功能。中断对保证紧急事件在第一时间得到处理是非常重要的。

本节的设计任务是使用外接的按键开关来作为触发源，使得微控制器产生中断，并在中断服务函数中实现控制 RGB 彩灯。

5.6.1　外部中断硬件设计

外部中断的硬件电路设计见图 4-6。

5.6.2　外部中断软件设计

关于软件设计这里只讲解核心的部分代码，有些变量的设置、头文件的包含等并没有涉及。创建两个文件 exti.c 和 exti.h，用来存放 EXTI 驱动程序及相关宏定义，中断服务函数放在 stm32f10x_it.h 文件中。

编程要点包括:

1）初始化用来产生中断的 GPIO。

2）初始化 EXTI。

3）配置 NVIC。

4）编写中断服务函数。

1. exit.h 头文件

```
#ifndef_EXTI_H
#define_EXIT_H
#include "sys.h"
void EXTIX_Init(void);//外部中断初始化#endif
```

2. key.h 头文件

```
#ifndef_KEY_H
#define_KEY_H
#include "sys.h"

#define KEY0    GPIO_ReadInputDataBit(GPIOE,GPIO_Pin_4)//读取按键开关 0
#define KEY1    GPIO_ReadInputDataBit(GPIOE,GPIO_Pin_3)//读取按键开关 1
#define KEY2    GPIO_ReadInputDataBit(GPIOE,GPIO_Pin_2)//读取按键开关 2
#define WK_UP    GPIO_ReadInputDataBit(GPIOA,GPIO_Pin_0)//读取按键开关 3(WK_UP)

#define KEY0_PRES    1    //KEY0 被按下
#define KEY1_PRES    2    //KEY1 被按下
#define KEY2_PRES    3    //KEY2 被按下
#define WKUP_PRES    4    //KEY_UP 被按下(即 WK_UP/KEY_UP)

void KEY_Init(void);    //IO 初始化
u8 KEY_Scan(u8);        //按键扫描函数
#endif
```

3. exti.c 代码

```
#include "exti.h"
#include "led.h"
#include "key.h"
#include "delay.h"
#include "usart.h"
#include "beep.h"
void EXTIX_Init(void)
{

    EXTI_InitTypeDef EXTI_InitStructure;
    NVIC_InitTypeDef NVIC_InitStructure;

    KEY_Init();    //按键端口初始化
```

```
                RCC_APB2PeriphClockCmd(RCC_APB2Periph_AFIO,ENABLE);//使能复用功能时钟

        //GPIOE.2 中断线以及中断初始化配置，下降沿触发
        GPIO_EXTILineConfig(GPIO_PortSourceGPIOE,GPIO_PinSource2);

        EXTI_InitStructure.EXTI_Line=EXTI_Line2; //KEY2
        EXTI_InitStructure.EXTI_Mode = EXTI_Mode_Interrupt;
        EXTI_InitStructure.EXTI_Trigger = EXTI_Trigger_Falling;
        EXTI_InitStructure.EXTI_LineCmd = ENABLE;
        EXTI_Init(&EXTI_InitStructure);//根据 EXTI_InitStruct 中指定的参数初始化外设 EXTI 寄存器

        //GPIOE.3 中断线以及中断初始化配置，下降沿触发 //KEY1
        GPIO_EXTILineConfig(GPIO_PortSourceGPIOE,GPIO_PinSource3);
        EXTI_InitStructure.EXTI_Line=EXTI_Line3;
        EXTI_Init(&EXTI_InitStructure);//根据 EXTI_InitStruct 中指定的参数初始化外设 EXTI 寄存器

        //GPIOE.4 中断线以及中断初始化配置，下降沿触发 //KEY0
        GPIO_EXTILineConfig(GPIO_PortSourceGPIOE,GPIO_PinSource4);
        EXTI_InitStructure.EXTI_Line=EXTI_Line4;
        EXTI_Init(&EXTI_InitStructure);//根据 EXTI_InitStruct 中指定的参数初始化外设 EXTI 寄存器


        //GPIOA.0 中断线以及中断初始化配置，上升沿触发 PA0  WK_UP
         GPIO_EXTILineConfig(GPIO_PortSourceGPIOA,GPIO_PinSource0);

        EXTI_InitStructure.EXTI_Line=EXTI_Line0;
        EXTI_InitStructure.EXTI_Trigger = EXTI_Trigger_Rising;
        EXTI_Init(&EXTI_InitStructure);//根据 EXTI_InitStruct 中指定的参数初始化外设 EXTI 寄存器


        NVIC_InitStructure.NVIC_IRQChannel = EXTI0_IRQn;//使能按键开关 WK_UP 所在的外部中
断通道
        NVIC_InitStructure.NVIC_IRQChannelPreemptionPriority = 0x02;//抢占优先级 2
        NVIC_InitStructure.NVIC_IRQChannelSubPriority = 0x03;          //子优先级 3
        NVIC_InitStructure.NVIC_IRQChannelCmd = ENABLE;          //使能外部中断通道
        NVIC_Init(&NVIC_InitStructure);

        NVIC_InitStructure.NVIC_IRQChannel = EXTI2_IRQn;//使能按键开关 KEY2 所在的外部中断通道
        NVIC_InitStructure.NVIC_IRQChannelPreemptionPriority = 0x02;//抢占优先级 2
        NVIC_InitStructure.NVIC_IRQChannelSubPriority = 0x02;     //子优先级 2
        NVIC_InitStructure.NVIC_IRQChannelCmd = ENABLE;          //使能外部中断通道
        NVIC_Init(&NVIC_InitStructure);


        NVIC_InitStructure.NVIC_IRQChannel = EXTI3_IRQn;//使能按键开关 KEY1 所在的外部中断通道
        NVIC_InitStructure.NVIC_IRQChannelPreemptionPriority = 0x02;//抢占优先级 2
        NVIC_InitStructure.NVIC_IRQChannelSubPriority = 0x01;     //子优先级 1
        NVIC_InitStructure.NVIC_IRQChannelCmd = ENABLE;          //使能外部中断通道
        NVIC_Init(&NVIC_InitStructure); //根据 NVIC_InitStruct 中指定的参数初始化外设 NVIC 寄存器

        NVIC_InitStructure.NVIC_IRQChannel = EXTI4_IRQn; //使能按键开关 KEY0 所在的外部中断通道
        NVIC_InitStructure.NVIC_IRQChannelPreemptionPriority = 0x02;//抢占优先级 2
        NVIC_InitStructure.NVIC_IRQChannelSubPriority = 0x00;     //子优先级 0
        NVIC_InitStructure.NVIC_IRQChannelCmd = ENABLE;          //使能外部中断通道
```

```
            NVIC_Init(&NVIC_InitStructure); //根据 NVIC_InitStruct 中指定的参数初始化外设 NVIC 寄存器

    }

    //外部中断 0 服务程序
    void EXTI0_IRQHandler(void)
    {
        delay_ms(10);   //消抖
        if(WK_UP==1)  //WK_UP 按键开关
        {
        BEEP=!BEEP;
        }
        EXTI_ClearITPendingBit(EXTI_Line0); //清除 LINE0 上的中断标志位
    }

    //外部中断 2 服务程序
    void EXTI2_IRQHandler(void)
    {
        delay_ms(10);   //消抖
        if(KEY2==0)   //按键开关 KEY2
        {
        LED0=!LED0;
        }
        EXTI_ClearITPendingBit(EXTI_Line2); //清除 LINE2 上的中断标志位
    }
    //外部中断 3 服务程序
    void EXTI3_IRQHandler(void)
    {
        delay_ms(10);   //消抖
        if(KEY1==0)   //按键开关 KEY1
        {
        LED1=!LED1;
        }
        EXTI_ClearITPendingBit(EXTI_Line3); //清除 LINE3 上的中断标志位
    }

    void EXTI4_IRQHandler(void)
    {
        delay_ms(10);   //消抖
        if(KEY0==0)   //按键开关 KEY0
        {
        LED0=!LED0;
        LED1=!LED1;
        }
        EXTI_ClearITPendingBit(EXTI_Line4); //清除 LINE4 上的中断标志位
    }
```

　　外部中断初始化函数 void EXTIX_Init（void）严格按照中断初始化步骤来初始化外部中断，首先调用 KEY_Init()函数，利用按键初始化函数来初始化外部中断输入的 I/O 端口，接着调用 RCC_APB2PeriphClockCmd()函数来使能复用功能时钟。接着配置中断线和 GPIO 的映射关系，然后初始化中断线。需要说明的是，因为 WK_UP 按键是高电平有效的，而 KEY0、KEY1 和 KEY2 是低电平有效的，所以设置 WK_UP 为上升沿触发中断，而 KEY0、KEY1 和 KEY2 则设置为下降沿触发。这里把所有中断都分配到第 2 组，把按键的抢占优先级设置成一样，而子优先级不同，这 4 个按键开关中 KEY0 的优先级最高。

接下来介绍各个按键的中断服务函数，一共 4 个。先看按键开关 KEY2 的中断服务函数 void EXTI2_IRQHandler（void），该函数代码比较简单，先延时 10ms 以消抖，再检测 KEY2 是否还是为低电平，如果是，则执行此次操作（翻转 LED0 控制信号）：如果不是，则直接跳过。最后通过一句 "EXTI_ClearlTPendingBit（EXTI_Line2）" 清除发生的中断请求。同样可以发现，KEY0、KEY1 和 WK_UP 的中断服务函数和 KEY2 的函数十分相似，这里就不逐个介绍了。

4．key.c 代码

```c
#include "stm32f10x.h"
#include "key.h"
#include "sys.h"
#include "delay.h"

//按键初始化函数
void KEY_Init(void) //I/O 初始化
{
    GPIO_InitTypeDef GPIO_InitStructure;

    RCC_APB2PeriphClockCmd(RCC_APB2Periph_GPIOA|RCC_APB2Periph_GPIOE,ENABLE);
//使能 PORTA,PORTE 时钟

    GPIO_InitStructure.GPIO_Pin = GPIO_Pin_2|GPIO_Pin_3|GPIO_Pin_4;//KEY0~KEY2
    GPIO_InitStructure.GPIO_Mode = GPIO_Mode_IPU; //设置成输入上拉
    GPIO_Init(GPIOE, &GPIO_InitStructure);//初始化 GPIOE2，GPIOE3，GPIOE4

    //初始化 WK_UP-->GPIOA.0，输入下拉
    GPIO_InitStructure.GPIO_Pin   = GPIO_Pin_0;
    GPIO_InitStructure.GPIO_Mode = GPIO_Mode_IPD; //PA0 设置成输入，默认下拉
    GPIO_Init(GPIOA, &GPIO_InitStructure);//初始化 GPIOA.0

}
```

5．main.c 代码

```c
#include "led.h"
#include "delay.h"
#include "key.h"
#include "sys.h"
#include "usart.h"
#include "exti.h"
#include "beep.h"
int main(void)
{

    delay_init();       //延时函数初始化
    NVIC_PriorityGroupConfig(NVIC_PriorityGroup_2); //设置 NVIC 中断分组 2:2 位抢占式优先级，2 位响应式优先级
    uart_init(115200);       //串口初始化为 115200
    LED_Init();              //初始化与 LED 连接的硬件接口
    BEEP_Init();             //初始化蜂鸣器端口
    KEY_Init();              //初始化与按键连接的硬件接口
```

```
        EXTIX_Init();//外部中断初始化
        LED0=0;//点亮 LED0
        while(1)
        {
          printf("OK\r\n");
          delay_ms(1000);
        }
    }
```

该部分代码很简单，在初始化完全中断后点亮 LED0，就进入死循环等待了。死循环里面通过一个 printf 函数来告诉大家系统正在运行，在中断发生后，就执行中断服务函数做出相应的处理。

在编译成功之后，下载代码到战舰 STM32F103 开发板上，实际验证一下程序是否正确。下载代码后，在串口调试助手里面可以看到如图 5-8 所示信息。可以看出，程序已经在运行了，此时可以通过按下 KEY0、KEY1、KEY2 和 WK_UP 来观察 DS0、DS1 以及蜂鸣器是否跟着按键开关的变化而变化，其变化情况与 STM32 的 GPIO 输入应用实例中的按键输入变化情况一致。

图 5-8 串口调试助手收到的"OK"字符

习题

1．什么是中断？
2．什么是中断源？
3．什么是中断屏蔽？
4．中断的处理过程是什么？
5．什么是中断优先级？
6．什么是中断向量表？

第 6 章　STM32 定时器系统

本章介绍了 STM32 定时器系统，包括 STM32F103 定时器概述、基本定时器、通用定时器、高级定时器、定时器库函数、定时器应用实例和系统滴答定时器（SysTick）。

6.1 STM32F103 定时器概述

从本质上讲，定时器就是数字电路课程中学过的计数器（Counter），它像闹钟一样忠实地为处理器完成定时或计数任务，几乎是所有现代微处理器必备的一种片上外设。很多读者在初次接触定时器时，都会提出这样一个问题：既然 ARM 内核每条指令的执行时间都是固定的，且大多数是相等的。那么可以用软件的方法实现定时吗？例如，在 72MHz 系统时钟下要实现 1μs 的定时，完全可以通过执行 72 条不影响状态的"无关"指令实现。既然这样，STM32F103 中为什么还要有定时/计数器这样一个完成定时工作的硬件结构呢？其实，读者的看法一点也没有错。确实可以通过插入若干条不产生影响的"无关"指令实现固定时间的定时。但这会带来两个问题：其一，在这段时间中，STM32F103 不能做其他任何事情，否则定时将不再准确；其二，这些"无关"指令会占据大量程序空间。而当嵌入式处理器中集成了硬件的定时以后，它就可以在内核执行其他任务的同时完成精确的定时，并在定时结束后通过中断/事件等方法通知内核或相关外设。简单地说。定时器最重要的作用就是将 STM32F103 的 ARM 内核从简单、重复的延时工作中解放出来。

当然，定时器的核心电路结构是计数器。当它对 STM32F103 内部固定频率的信号进行计数时，只要指定计数器的计数值，也就相当于固定了从定时器启动到溢出之间的时间长度。这种对内部已知频率计数的工作方式称为"定时方式"。定时器还可以对外部管脚输入的未知频率信号进行计数，此时由于外部输入时钟频率可能改变，从定时器启动到溢出之间的时间长度是无法预测的，软件所能判断的仅仅是外部脉冲的个数。因此这种计数时钟来自外部的工作方式只能称为"计数方式"。在这两种基本工作方式的基础上。STM32F103 的定时器又衍生出了"输入捕获""输出比较""PWM""脉冲计数""编码器接口"等多种工作模式。

定时与计数的应用十分广泛。在实际生产过程中，许多场合都需要定时或者计数操作，例如产生精确的时间，对流水线上的产品进行计数等。因此，定时/计数器在嵌入式微控制器中十分重要。定时和计数可以通过以下方式实现。

1. 软件延时

单片机是在一定时钟下运行的，可以根据代码所需的时钟周期来完成延时操作，软件延时会导致 CPU 利用率低。因此主要用于短时间延时，如高速 A-D 转换器。

2. 可编程定时/计数器

微控制器中的可编程定时/计数器可以实现定时和计数操作，定时/计数器功能由程序灵活设置，重复利用。设置好后由硬件与 CPU 并行工作，不占用 CPU 时间，这样在软件的控制下，可以实现多个精密定时/计数。嵌入式微处理器为了适应多种应用，通常集成多个高性能的定时/计数器。

微控制器中的定时器本质上是一个计数器，可以对内部脉冲或外部输入进行计数，不仅具有基本的定时/计数功能，还具有输入捕获、输出比较和 PWM 波形输出等高级功能。在嵌入式开发中，充分利用定时器的强大功能，可以显著提高外设驱动的编程效率和 CPU 利用率，增强系统的实时性。

STM32F103 内部集成了多个定时/计数器。根据型号不同，STM32F103 最多包含 8 个定时/计数器，其中，TIM6 和 TIM7 为基本定时器，TIM2～TIM5 为通用定时器，TIM1 和 TIM8 为高级控制定时器，功能最强。三种定时器具备的功能见表 6-1。此外，在 STM32F103 中还有两个看门狗定时器和一个系统滴答定时器。

表 6-1　STM32 定时器的功能

主要功能	高级控制定时器	通用定时器	基本定时器
内部时钟源（8MHz）	●	●	●
带 16 位分频的计数单元	●	●	●
更新中断和 DMA	●	●	●
计数方向	向上、向下、双向	向上、向下、双向	向上
外部事件计数	●	●	○
其他定时器触发或级联	●	●	○
4 个独立输入捕获、输出比较通道	●	●	○
单脉冲输出方式	●	●	○
正交编码器输入	●	●	○
霍尔传感器输入	●	●	○
输出比较信号死区产生	●	○	○
制动信号输入	●	○	○

注：●有此功能
　　○无此功能

STM32F103 定时器的功能相比于传统的 51 单片机要完善和复杂得多，它是专为工业控制应用量身定做的，定时器有很多用途，包括基本定时功能、生成输出波形（比较输出、PWM 和带有死区插入的互补 PWM）和测量输入信号的脉冲宽度（输入捕获）等。

6.2　基本定时器

6.2.1　基本定时器简介

STM32F103 的基本定时器 TIM6 和 TIM7 各包含一个 16 位自动装载计数器，由各自的可编程预分频器驱动。它们可以作为通用定时器提供时间基准，特别是可以为数模转换器（DAC）提供时钟。实际上，它们在芯片内部直接连接到 DAC，并通过触发输出直接驱动 DAC。这两个定时器是互相独立的，不共享任何资源。

6.2.2　基本定时器的主要特性

TIM6 和 TIM7 定时器的主要特性包括：

1）具有 16 位自动重装载累加计数器。

2）具有 16 位可编程（可实时修改）预分频器，用于对输入的时钟按系数为 1~65536 之间的任意数值分频。

3）具有触发 DAC 的同步电路。

4）在更新事件（计数器溢出）时产生中断/DMA 请求。

基本定时器内部结构如图 6-1 所示。

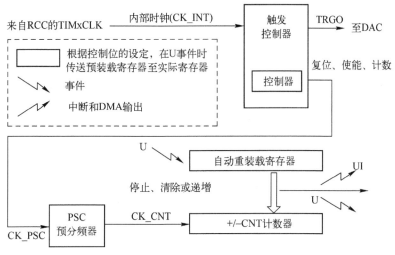

图 6-1　基本定时器内部结构图

6.2.3　基本定时器的功能

1. 时基单元

这个可编程定时器的主要部分是一个带有自动重装载的 16 位累加计数器，计数器的时钟通过一个预分频器得到。软件可以读写计数器、自动重装载寄存器和预分频寄存器，即使计数器运行时也可以操作。

时基单元包含：

1）计数器寄存器（TIMx_CNT）。

2）预分频器寄存器（TIMx_PSC）。

3）自动重装载寄存器（TIMx_ARR）。

2. 时钟源

从 STM32F103 基本定时器内部结构图可以看出，基本定时器 TIM6 和 TIM7 只有一个时钟源，即内部时钟 CK_INT。对于 STM32F103 所有的定时器，内部时钟 CK_INT 都来自 RCC 的 TIMxCLK，但对于不同的定时器，TIMxCLK 的来源不同。基本定时器 TIM6 和 TIM7 的 TIMxCLK 来源于 APB1 预分频器的输出，系统默认情况下，APB1 的时钟频率为 72MHz。

3. 预分频器

预分频可以以系数介于 1~65536 之间的任意数值对计数器时钟分频。它是通过一个 16 位 TIMx_PSC 的计数实现分频。因为 TIMx_PSC 具有缓冲作用，可以在运行过程中改变它的数值，新的预分频数值将在下一个更新事件时起作用。

图 6-2 是在运行过程中改变预分频系数的例子，预分频系数从 1 变到 2。

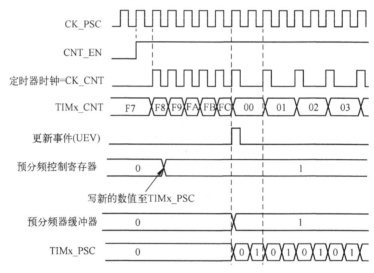

图 6-2　预分频系数从 1 变到 2 的计数器时序图

4. 计数模式

STM32F103 的基本定时器只有向上计数工作模式，其工作过程如图 6-3 所示，其中"↑"表示产生溢出事件。

基本定时器工作时，TIMx_CNT 从 0 累加计数到 TIMx_ARR，然后重新从 0 开始计数并产生一个计数器溢出事件。由此可见，如果使用基本定时器进行延时，延时时间可以由以下公式计算：

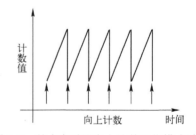

图 6-3　基本定时器向上计数工作模式过程

$$延时时间 = (TIMx\_ARR+1) \times (TIMx\_PSC+1)/TIMxCLK$$

当发生一次更新事件时，所有寄存器会被更新并设置更新标志：传送预装载值（TIMx_PSC 的内容）至预分频器的缓冲区，自动重装载影子寄存器被更新为预装载值（TIMx_ARR 的内容）。以下是一些在 TIMx_ARR=0x36 时不同时钟频率下计数器工作的图示例子：图 6-4 内部时钟分频系数为 1，图 6-5 内部时钟分频系数为 2。

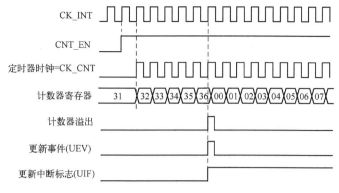

图 6-4　计数器时序图（内部时钟分频系数为 1）

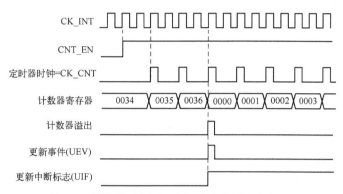

图 6-5　计数器时序图（内部时钟分频系数为 2）

6.2.4　基本定时器的寄存器

现将 STM32F103 基本定时器的相关寄存器名称介绍一下，可以用半字（16 位）或字（32 位）的方式操作这些外设寄存器，由于是采用库函数方式编程，故不做进一步探讨。

1）TIM6 和 TIM7 的控制寄存器 1（TIMx_CR1）。

2）TIM6 和 TIM7 的控制寄存器 2（TIMx_CR2）。

3）TIM6 和 TIM7 DMA/中断使能寄存器（TIMx_DIER）。

4）TIM6 和 TIM7 的状态寄存器（TIMx_SR）。

5）TIM6 和 TIM7 的事件产生寄存器（TIMx_EGR）。

6）TIM6 和 TIM7 的 TIMx_CNT。

7）TIM6 和 TIM7 的 TIMx_PSC。

8）TIM6 和 TIM7 的 TIMx_ARR。

6.3　通用定时器

6.3.1　通用定时器简介

通用定时器（TIM2、TIM3、TIM4 和 TIM5）由一个通过可编程预分频器驱动的 16 位自动装载计数器构成。它适用于多种场合，包括测量输入信号的脉冲长度（输入捕获）或者产生输出波形（输出比较和 PWM）。使用定时器预分频器和 RCC 时钟控制器预分频器，脉冲长度和波形周期可以在几微秒到几毫秒间调整。每个定时器都是完全独立的，没有共享任何资源，但它们可以同步操作。

6.3.2　通用定时器的主要结构

通用定时器结构包括：

1）16 位向上、向下、向上/向下自动装载计数器。

2）16 位可编程（可以实时修改）预分频器，计数器时钟频率的分频系数为 1～65536 之间的任意数值。

3）4 个独立通道，包括：

① 输入捕获。

② 输出比较。

③ PWM 生成（边缘或中间对齐模式）。

④ 单脉冲模式输出。

4）使用外部信号控制定时器和定时器互连的同步电路。

5）如下事件发生时产生中断/DMA：

① 更新，计数器向上/向下溢出，计数器初始化（通过软件或者内部/外部触发）。

② 触发事件（计数器启动、停止、初始化或者由内部/外部触发计数）。

③ 输入捕获。

④ 输出比较。

6）支持针对定位的增量（正交）编码器和霍尔传感器电路。

7）触发输入作为外部时钟或者按周期实施的电流管理。

6.3.3　通用定时器中包含的寄存器

现将通用定时器的相关寄存器名称介绍如下，可以用半字（16 位）或字（32 位）的方式操作这些外设寄存器，由于是采用库函数方式编程，故不做进一步探讨。

1）控制寄存器 1（TIMx_CR1）。

2）控制寄存器 2（TIMx_CR2）。

3）从模式控制寄存器（TIMx_SMCR）。

4）DMA/中断使能寄存器（TIMx_DIER）。

5）状态寄存器（TIMx_SR）。

6）事件产生寄存器（TIMx_EGR）。

7）捕获/比较模式寄存器 1（TIMx_CCMR1）。

8）捕获/比较模式寄存器 2（TIMx_CCMR2）。

9）捕获/比较使能寄存器（TIMx_CCER）。

10）计数器（TIMx_CNT）。

11）预分频器（TIMx_PSC）。

12）自动重装载寄存器（TIMx_ARR）。

13）捕获/比较寄存器 1（TIMx_CCR1）。

14）捕获/比较寄存器 2（TIMx_CCR2）。

15）捕获/比较寄存器 3（TIMx_CCR3）。

16）捕获/比较寄存器 4（TIMx_CCR4）。

17）DMA 控制寄存器（TIMx_DCR）。

18）连续模式的 DMA 地址（TIMx_DMAR）。

6.3.4　通用定时器的功能描述

通用定时器内部结构如图 6-6 所示，相比于基本定时器其内部结构要复杂得多，其中最显著的地方就是增加了 4 个捕获/比较寄存器（TIMx_CCR），这也是通用定时器拥有强大功能的原因。

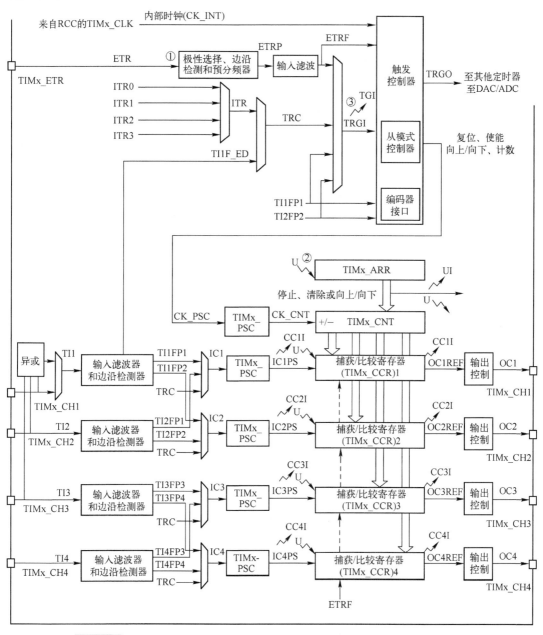

图 6-6　通用定时器内部结构

1. 时基单元

通用定时器的主要部分是一个 16 位 TIMx_CNT 和与其相关的 TIM_ARR。这个 TIMx_CNT 可以向上计数、向下计数或者向上/向下双向计数。此计数器时钟由 TIMx_PSC 分频得到。TIMx_CNT、TIMx_ARR 和 TIMx_PSC 可以由软件读写，在 TIM_CNT 运行时仍可以读写。

TIM_PSC 可以将 TIMx_CNT 的时钟频率按 1～65536 之间的任意值分频。它是基于一个（在 TIMx_PSC 中的）16 位寄存器控制的 16 位计数器。这个控制寄存器带有缓冲器，它能够在工作时被改变。新的 TIMx_PSC 参数在下一次更新事件到来时被采用。

2. 计数模式

（1）向上计数工作模式　向上计数工作模式过程同基本定时器向上计数工作模式，工作过程见图 6-3。在向上计数工作模式中，TIMx_CNT 在时钟 CK_CNT 的驱动下从 0 计数到 TIMx_ARR 的预设值，然后重新从 0 开始计数，并产生一个计数器溢出事件，可触发中断或 DMA 请求。当发生一个更新事件时，所有的寄存器都被更新，硬件同时设置更新标志位。

对于一个工作在向上计数模式下的通用定时器，当 TIMx_ARR 的值为 0x36，内部预分频系数为 4（TIMx_PSC 的值为 3）的计数器时序图如图 6-7 所示。

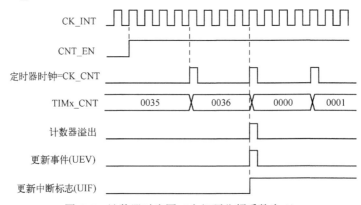

图 6-7　计数器时序图（内部预分频系数为 4）

（2）向下计数工作模式　通用定时器向下计数工作模式过程如图 6-8 所示。在向下计数工作模式中，计数器在时钟 CK_CNT 的驱动下从 TIMx_ARR 的预设值开如向下计数到 0，然后从 TIMx_ARR 的预设值重新开始计数，并产生一个计数器溢出事件，可触发中断或 DMA 请求。当发生一个更新事件时，所有的寄存器都被更新，硬件同时设置更新标志位。

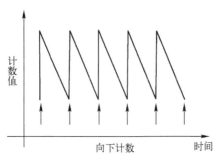

图 6-8　通用定时器向下计数工作模式过程

对于一个工作在向下计数工作模式下的通用定时器来说，TIMx_ARR 的值为 0x36，内部预分频系数为 2 (TIMx_PSC 的值为 1) 的计数器时序图如图 6-9 所示。

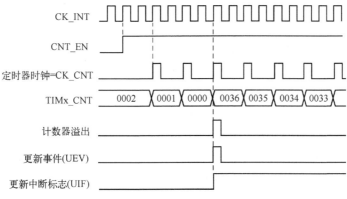

图 6-9　计数器时序图 (内部预分频系数为 2)

(3) 向上/向下计数工作模式　向上/向下计数工作模式又称为中央对齐模式或双向计数工作模式,其工作过程如图 6-10 所示,计数器从 0 开始计数到自动加载的值 (TIMx_ARR) -1,产生一个计数器溢出事件,然后向下计数到 1 并且产生一个计数器下溢事件;然后再从 0 开始重新计数。在这个工作模式,不能写入 TIMx_CR1 中的 DIR 方向位,它由硬件更新并指示当前的计数方向。可以在每次计数上溢和每次计数下溢时产生更新事件,触发中断或 DMA 请求。

对于一个工作在向上/向下计数工作模式下的通用定时器,当 TIMx_ARR 的值为 0x06,内部预分频系数为 1 (TIMx_PSC 的值为 0) 的计数器时序图如图 6-11 所示。

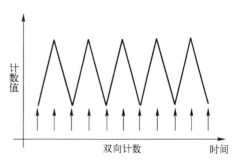

图 6-10　向上/向下计数工作模式

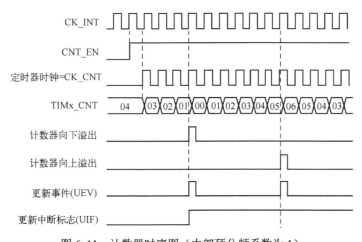

图 6-11　计数器时序图 (内部预分频系数为 1)

3. 时钟选择

相比于基本定时器单一的内部时钟源,STM32F103 通用定时器的 16 位计数器的时钟源有多种选择,可由以下时钟源提供:

（1）内部时钟（CK_INT） CK_INT 来自 RCC 的 TIMx_CLK，根据 STM32F103 时钟树，通用定时器 TIM2~TIM5 的 CK_INT 的来源 TIM_CLK 与基本定时器相同，都是来自 APB1 的 TIMx_PSC 的输出，通常情况下，其时钟频率是 72MHz。

（2）外部输入捕获引脚 TIx（外部时钟模式 1） TIx（外部时钟模式 1）来自外部输入捕获引脚上的边沿信号。计数器可以在选定的输入端（引脚 1 为 TI1FP1 或 TI1F_ED，引脚 2 为 TI2FP2）的每个上升沿或下降沿计数。

（3）外部触发输入引脚 ETR（外部时钟模式 2） ETR（外部时钟模式 2）来自外部引脚 ETR。计数器能在 ETR 的每个上升沿或下降沿计数。

（4）内部触发器输入 ITRx ITRx 来自芯片内部其他定时器的触发输入，使用一个定时器作为另一个定时器的 TIMx_PSC，例如，可以配置 TIM1 作为 TIM2 的 TIMx_PSC。

4．捕获/比较通道

每一个捕获/比较通道都围绕一个 TIMx_CCRx，（包含影子寄存器），包括捕获的输入部分（数字滤波、多路复用和 TIMx_PSC）和输出部分（比较器和输出控制）。输入部分对相应的 TIx 输入信号采样，并产生一个滤波后的信号 TIxF。然后，一个带极性选择的边缘检测器产生一个信号（TIxFPx），它可以作为从模式控制器的输入触发或者作为捕获控制。该信号通过预分频进入捕获寄存器（ICxPS）。输出部分产生一个中间波形 OCxRef（高有效）作为基准，末端决定最终输出信号的极性。

6.3.5 通用定时器的工作模式

1．输入捕获模式

在输入捕获模式下，当检测到 ICx 信号上相应的边沿后，计数器的当前值被锁存到 TIMx_CCRx 中。当捕获事件发生时，相应的 CCxIF 标志（TIMx_SR）被置为 1，如果使能了中断或者 DMA 操作，则将产生中断或者 DMA 操作。如果捕获事件发生时 CCxIF 标志已经为高，那么重复捕获标志 CCxOF（TIMx_SR）被置为 1。写 CCxIF=0 可清除 CCxIF，或读取存储在 TIMx_CCRx 中的捕获数据也可清除 CCxIF。写 CCxOF=0 可清除 CCxOF。

2．PWM 输入模式

PWM 输入模式是输入捕获模式的一个特例，除下列区别外，操作与输入捕获模式相同。

1）两个 ICx 信号被映射至同一个 TIx 输入。

2）这两个 ICx 信号为边沿有效，但是极性相反。

3）其中一个 TIxFP 信号被作为触发输入信号，而从模式控制器被配置成复位模式。例如，需要测量输入到 TI1 上的 PWM 信号的长度（TIMx_CCR1）和占空比（TIMx_CCR2），具体步骤如下（取决于 CK_INT 的频率和预分频器的值）。

① 选择 TIMx_CCR1 的有效输入：置 TIMx_CCMR1 寄存器的 CC1S=01（选择 TI1）。

② 选择 TI1FP1 的有效极性（用来捕获数据到 TIMx_CCR1 中和清除计数器）：置 CC1P=0（上升沿有效）。

③ 选择 TIMx_CCR2 的有效输入：置 TIMx_CCMR1 的 CC2S=10（选择 14478）。

④ 选择 T1FP2 的有效极性（捕获数据到 TIMx_CCR2）：置 CC2P=1（下降沿有效）。

⑤ 选择有效的触发输入信号：置 TIMx_SMCR 中的 TS=101（选择 TI1FP1）。

⑥ 配置从模式控制器为复位模式：置 TIMx_SMCR 中的 SMS=100。

⑦ 使能捕获：置 TIMx_CCER 中 CC1E=1 且 CC2E=1。

3．强置输出模式

在输出模式（TIMx_CCMRx 中 CCxS=00）下，输出比较信号（OCxREF 和相应的 OCx）能够直接由软件强置为有效或无效状态，而不依赖于输出比较寄存器和计数器间的比较结果。置 TIMx_CCMRx 中相应的 OCxM=101，即可强置输出比较信号（OCxREF/OCx）为有效状态。这样 OCxREF 被强置为高电平（OCxREF 始终为高电平有效），同时 OCx 得到 CCxP 极性位相反的值。

例如，CCxP=0（OCx 高电平有效），则 OCx 被强置为高电平。置 TIMx_CCMRx 中的 OCxM=100，可强置 OCxREF 信号为低。该模式下，在 TIMx_CCRx 影子寄存器和计数器之间的比较仍然在进行，相应的标志也会被修改，因此仍然会产生相应的中断和 DMA 请求。

4．输出比较模式

输出比较模式是用来控制一个输出波形，或者指示一段给定的的时间已经到时。

当计数器与 TIMx_CCRx 的内容相同时，输出比较功能做如下操作：

1）将输出比较模式（TIMx_CCMRx 中的 OCxM 位）和输出极性（TIMx_CCER 中的 CCxP 位）定义的值输出到对应的引脚上。在比较匹配时，输出引脚可以保持它的电平（OCxM=000）被设置成有效电平（OCxM=001）、被设置成无效电平 OCxM=010）或进行翻转（OCxM=011）。

2）设置中断状态寄存器中的标志位（TIMx_SR 中的 CCxIF 位）。

3）若设置了相应的中断屏蔽（TIMx_DIER 中的 CCxIE 位），则产生一个中断。

4）若设置了相应的使能位（TIMx_DIER 中的 CCxDE 位，TIMx_CR2 中的 CCDS 位选择 DMA 请求功能），则产生一个 DMA 请求。

输出比较模式的配置步骤包括：

① 选择计数器时钟（内部、外部、TIMx_PSC）。

② 将相应的数据写入 TIMx_ARR 和 TIMx_CCRx 中。

③ 如果要产生一个中断请求和/或一个 DMA 请求，则设置 CCxIE 位和/或 CCxDE 位。

④ 选择输出模式，例如，当计数器 CNT 与 CCRx 匹配时翻转 OCx 的输出引脚，CCRx 预装载未用，开启 OCx 输出且高电平有效，则必须设置 OCxM=011、OCxPE=0，CCxP=0 和 CCxE=1。

⑤ 设置 TIMx_CR1 寄存器的 CEN 位启动计数器。TIMx_CCRx 能够在任何时候通过软件进行更新以控制输出波形，条件是未使用预装载寄存器（OCxPE=0，否则 TIMx_CCRx 影子寄存器只能在发生下一次更新事件时被更新）。

5．PWM 输出模式

PWM 输出模式是一种特殊的输出模式，在电力、电子和电机控制领域得到广泛应用。

PWM 是 Pulse Width Modulation 的缩写，中文意思就是脉冲宽度调制，简称脉宽调制。

它是利用微处理器的数字输出来对模拟电路进行控制的一种非常有效的技术，因控制简单、灵活和动态响应好等优点而成为电力、电子技术中最广泛应用的控制方式，其应用领域包括测量、通信、功率控制与变换、电动机控制、伺服控制、调光、开关电源，甚至某些音频放大器，因此研究基于 PWM 技术的正负脉宽数控调制信号发生器具有十分重要的现实意义。PWM 是一种对模拟信号电平进行数字编码的方法。通过高分辨率计数器的使用，方波的占空比被调制用来对一个具体模拟信号的电平进行编码。PWM 信号仍然是数字的，因为在给定的任何时刻，满幅值的直流供电要么完全有（ON），要么完全无（OFF），电压或电流源是以一种通（ON）或断（OFF）的重复脉冲序列被加载到模拟负载上去的。通的时候即是直流供电被加到负载上的时候，断的时候即是直流供电被断开的时候。只要带宽足够，任何模拟值都可以使用 PWM 进行编码。

目前，在运动控制系统或电动机控制系统中实现 PWM 的方式主要有传统的数字电路、微控制器普通 I/O 模拟和微控制器的 PWM 直接输出等。

传统的数字电路方式：用传统的数字电路实现 PWM（如 555 定时器），电路设计较复杂，体积大，抗干扰能力差，系统的研发周期较长。

微控制器普通 I/O 模拟方式：对于微控制器中无 PWM 输出功能情况（如 51 单片机），可以通过 CPU 操控普通 I/O 接口来实现 PWM 输出。但这样实现 PWM 将消耗大量的时间，大大降低 CPU 的效率，而且得到的 PWM 信号精度不太高。

微控制器的 PWM 直接输出方式：对于具有 PWM 输出功能的微控制器，在进行简单的配置后即可在微控制器的指定引脚上输出 PWM 脉冲。这也是目前使用最多的 PWM 输出实现方式。

STM32F103 就是这样一款具有 PWM 输出功能的微控制器，除了基本定时器 TIM6 和 TIM7，其他的定时器都可以用来产生 PWM 输出。其中高级定时器 TIM1 和 TIM8 可以同时产生多达 7 路的 PWM 输出。而通用定时器也能同时产生多达 4 路的 PWM 输出，STM32F103 最多可以同时产生 30 路 PWM 输出。

STM32F103 微控制器的 PWM 模式可以产生一个由 TIMx_ARR 确定频率、由 TIMx_CCRx 确定占空比的信号，其产生原理如图 6-12 所示。

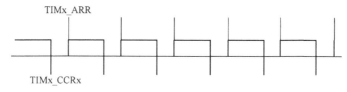

图 6-12　STM32F103 微控制器信号产生原理

通用定时器 PWM 输出模式的工作过程如下：

① 若配置 TIMx_CNT 为向上计数工作模式，TIMx_ARR 的预设值为 N，则 TIMx_CNT 的当前计数值 X 在时钟 CK_CNT（通常由 TIMA_CLK 经 TIMx_PSC 分频而得到）的驱动下从 0 开始不断累加计数。

② 在 TIMx_CNT 随着时钟 CK_CNT 触发进行累加计数的同时，脉冲计数 M_CNT 的当前计数值 X 与 TIMx_CCR 的预设值 A 进行比较；如果 $X<A$，输出高电平（或低电平）；如果 $X \geqslant A$，输出低电平（或高电平）。

③ 当 TIMx_CNT 的计数值 X 大于 TIMx_ARR 的值 N 时，TIMx_CNT 的计数值清零并重新开始计数。如此循环往复，得到的 PWM 输出信号周期为（$N+1$）× TCK_CNT，其中，N 为 TIMx_ARR 的预设值，TCK_CNT 为时钟 CK_CNT 的周期。PWM 输出信号脉冲宽度为 AXTCKCNT，其中，A 为 TIMx_CCR 的预设值，TCK_CNT 为时钟 CK_CNT 的周期。PWM 输出信号的占空比为 $A/(N+1)$。

下面举例具体说明。当通用定时器被设置为向上计数，TIMx_ARR 的预设值为 8，4 个 TIMx_CCRx 分别设为 0、4、8 和大于 8 时，通用定时器的 4 个 PWM 通道的输出时序 OCxREF 和触发中断时序 CCxIF，如图 6-13 所示。例如，当 TIMx_CCR=4，TIMx_CNT<4 时，OCxREF 输出高电平；当 TIMx_CNT≥4 时，OCxREF 输出低电平，并在比较结果改变时触发 CCxIF 中断标志，此 PWM 的占空比为 4/(8+1)。

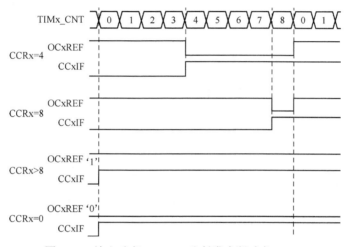

图 6-13　输出时序 OCxREF 和触发中断时序 CCxIF

需要注意的是，在 PWM 输出模式下，TIMx_CNT 的计数工作模式有向上计数、向下计数和向上/向下计数（中央对齐）3 种。以上仅介绍其中的向上计数方式，但是读者在掌握了通用定时器向上计数工作模式的 PWM 输出原理后，举一反三，通用定时器的其他两种计数工作模式的 PWM 输出也就容易推出了。

6.4　高级定时器

6.4.1　高级定时器简介

高级定时器由一个 16 位的自动装载计数器组成，由一个可编程的预分频器驱动，适合多种用途，包括测量输入信号的脉冲宽度（输入捕获），或者产生输出波形（输出比较、PWM、嵌入死区时间的互补 PWM 等）。使用定时器预分频器和 RCC，可以实现脉冲宽度和波形周期从几微秒到几毫秒的调节。高级控制定时器和通用定时器是完全独立的，它们不共享任何资源，但可以同步操作。

高级定时器的特性包括：

1）16 位向上、向下、向上/向下自动装载计数器。

2）16 位可编程（可以实时修改）预分频器，计数器时钟频率的分频系数为 1~65536 的任意数值。

3）多达 4 个独立通道：输入捕获、输出比较、PWM 生成（边缘或中间对齐模式）、单脉冲模式输出。

4）死区时间可编程的互补输出。

5）使用外部信号控制定时器和定时器互联的同步电路。

6）允许在指定数目的计数器周期之后更新定时器寄存器的重复计数器。

7）刹车输入信号可以将定时器输出信号置于复位状态或者一个已知状态。

8）如下事件发生时产生中断/DMA：

① 更新，计数器向上溢出/向下溢出，计数器初始化。

② 触发事件（计数器启动、停止、初始化或者由内部/外部触发计数）。

③ 输入捕获。

④ 输出比较。

⑤ 刹车信号输入。

9）支持针对定位的增量（正交）编码器和霍尔传感器电路。

10）触发输入作为外部时钟或者按周期的电流管理。

6.4.2　高级定时器结构

高级定时器的内部结构要比通用定时器复杂一些，但其核心仍然与基本定时器、通用定时器相同，是一个由可编程的预分频器驱动的具有自动重装载功能的 16 位计数器。与通用定时器相比，高级定时器主要多了 BRK 和 DTG 两个结构，因而具有死区时间的控制功能。

因为高级定时器的特殊功能在普通应用中一般较少使用，所以不作为本书讨论的重点，如需详细了解可以查阅 STM32 中文参考手册。

6.5　定时器库函数

TIM 固件库支持 72 种库函数，见表 6-2。为了理解这些函数的具体使用方法，本节将对其中的部分库函数做详细介绍。

STM32F10x 的定时器库函数存放在 STM32F10x 标准外设库的 STM32F10x_tim.h 和 STM32F10x_tim.c 文件中。其中，头文件 STM32F10x_tim.h 用来存放定时器相关结构体和宏定义以及定时器库函数声明，源代码文件 STM32F10x_tim.c 用来存放定时器库函数定义。

表 6-2　TIM 库函数

函数名称	功能描述
TIM_DeInit	将外设 TIMx 寄存器重设为缺省值
TIM_TimeBaseInit	根据 TIM_TimeBaseInitStruct 中指定的参数，初始化 TIMx 的时间基数单位
TIM_OCxInit	根据 TIM_OCInitStruct 中指定的参数，初始化外设 TIMx
TIM_ICInit	根据 TIM_ICInitStruct 中指定的参数，初始化外设 TIMx
TIM_TimeBaseStructInit	把 TIM_TimeBaseInitStruct 中的每一个参数按缺省值填入

（续）

函数名称	功能描述
TIM_OCStructInit	把 TIM_OCInitStruct 中的每一个参数按缺省值填入
TIM_ICStructInit	把 TIM_ICInitStruct 中的每一个参数按缺省值填入
TIM_Cmd	使能或者失能 TIMx 外设
TIM_ITConfig	使能或者失能指定的 TIM 中断
TIM_DMAConfig	设置 TIMx 的 DMA 接口
TIM_DMACmd	使能或者失能指定的 TIMx 的 DMA 请求
TIM_InternalClockConfig	设置 TIMx 内部时钟
TIM_ITRxExternalClockConfig	设置 TIMx 内部触发为外部时钟模式
TIM_TIxExternalClockConfig	设置 TIMx 触发为外部时钟
TIM_ETRClockMode1Config	配置 TIMx 外部时钟模式 1
TIM_ETRClockMode2Config	配置 TIMx 外部时钟模式 2
TIM_ETRConfig	配置 TIMx 外部触发
TIM_SelectInputTrigger	选择 TIMx 输入触发源
TIM_PrescalerConfig	设置 TIMx 预分频
TIM_CounterModeConfig	设置 TIMx 计数器模式
TIM_ForcedOC1Config	置 TIMx 输出 1 为活动或者非活动电平
TIM_ForcedOC2Config	置 TIMx 输出 2 为活动或者非活动电平
TIM_ForcedOC3Config	置 TIMx 输出 3 为活动或者非活动电平
TIM_ForcedOC4Config	置 TIMx 输出 4 为活动或者非活动电平
TIM_ARRPreloadConfig	使能或者失能 TIMx 在 ARR 上的预装载寄存器
TIM_SelectCCDMA	选择 TIMx 外设的捕获比较 DMA 源
TIM_OC1PreloadConfig	使能或者失能 TIMx 在 CCR1 上的预装载寄存器
TIM_OC2PreloadConfig	使能或者失能 TIMx 在 CCR2 上的预装载寄存器
TIM_OC3PreloadConfig	使能或者失能 TIMx 在 CCR3 上的预装载寄存器
TIM_OC4PreloadConfig	使能或者失能 TIMx 在 CCR4 上的预装载寄存器
TIM_OC1FastConfig	设置 TIMx 捕获/比较 1 快速特征
TIM_OC2FastConfig	设置 TIMx 捕获/比较 2 快速特征
TIM_OC3FastConfig	设置 TIMx 捕获/比较 3 快速特征
TIM_OC4FastConfig	设置 TIMx 捕获/比较 4 快速特征
TIM_ClearOC1Ref	在一个外部事件时清除或者保持 OCREF1 信号
TIM_ClearOC2Ref	在一个外部事件时清除或者保持 OCREF2 信号
TIM_ClearOC3Ref	在一个外部事件时清除或者保持 OCREF3 信号
TIM_ClearOC4Ref	在一个外部事件时清除或者保持 OCREF4 信号
TIM_UpdateDisableConfig	使能或者失能 TIMx 更新事件
TIM_EncoderInterfaceConfig	设置 TIMx 编码界面
TIM_GenerateEvent	设置 TIMx 事件由软件产生
TIM_OC1PolarityConfig	设置 TIMx 通道 1 极性
TIM_OC2PolarityConfig	设置 TIMx 通道 2 极性
TIM_OC3PolarityConfig	设置 TIMx 通道 3 极性
TIM_OC4PolarityConfig	设置 TIMx 通道 4 极性

（续）

函数名称	功能描述
TIM_UpdateRequestConfig	设置 TIMx 更新请求源
TIM_SelectHallSensor	使能或者失能 TIMx 霍尔传感器接口
TIM_SelectOnePulseMode	设置 TIMx 单脉冲模式
TIM_SelectOutputTrigger	选择 TIMx 触发输出模式
TIM_SelectSlaveMode	选择 TIMx 从模式
TIM_SelectMasterSlaveMode	设置或重置 TIMx 主/从模式
TIM_SetCounter	设置 TIMx 计数器寄存器值
TIM_SetAutoreload	设置 TIMx 自动重装载寄存器值
TIM_SetCompare1	设置 TIMx 捕获/比较 1 寄存器值
TIM_SetCompare2	设置 TIMx 捕获/比较 2 寄存器值
TIM_SetCompare3	设置 TIMx 捕获/比较 3 寄存器值
TIM_SetCompare4	设置 TIMx 捕获/比较 4 寄存器值
TIM_SetIC1Prescaler	设置 TIMx 输入捕获 1 预分频
TIM_SetIC2Prescaler	设置 TIMx 输入捕获 2 预分频
TIM_SetIC3Prescaler	设置 TIMx 输入捕获 3 预分频
TIM_SetIC4Prescaler	设置 TIMx 输入捕获 4 预分频
TIM_SetClockDivision	设置 TIMx 的时钟分割值
TIM_GetCapture1	获得 TIMx 输入捕获 1 的值
TIM_GetCapture2	获得 TIMx 输入捕获 2 的值
TIM_GetCapture3	获得 TIMx 输入捕获 3 的值
TIM_GetCapture4	获得 TIMx 输入捕获 4 的值
TIM_GetCounter	获得 TIMx 计数器的值
TIM_GetPrescaler	获得 TIMx 预分频值
TIM_GetFlagStatus	检查指定的 TIM 标志位设置与否
TIM_ClearFlag	清除 TIMx 的待处理标志位
TIM_GetITStatus	检查指定的 TIM 中断发生与否
TIM_ClearITPendingBit	清除 TIMx 的中断待处理位

1. 函数 TIM_DeInit

函数名称：TIM_DeInit。

函数原型：void TIM_DeInit（TIM_TypeDef * TIMx）。

功能描述：将外设 TIMx 寄存器重设为缺省值。

输入参数：TIMx，x 可以是 1～8，用来选择 TIM 外设。

输出参数：无。

返回值：无。

例如：

```
/*Resets the TIM2*/
TIM_DeInit（TIM2）;
```

2．函数 TIM_TimeBaseInit

函数名称：TIM_TimeBaseInit。

函数原型：void TIM_TimeBaseInit（TIM_TypeDef＊TIMx，TIM_TimeBaseInitTypeDef＊TIM_TimeBaseInitStruct）。

功能描述：根据 TIM_TimeBaseInitStruct 中指定的参数，初始化 TIMx 的时间基数单位。

输入参数 1：TIMx，x 可以是 1～8，用来选择 TIM 外设。

输入参数 2：TIMTimeBase_InitStruct，指向结构 TIM_TimeBaseInitTypeDef 的指针，包含了 TIMx 时间基数单位的配置信息。

输出参数：无。

返回值：无。

（1）TIM_TimeBaseInitTypeDef structure　TIM_TimeBaseInitTypeDef 定义于文件 "stm32f10x_tim.h"：

```
typedef struct
{
uint16_t TIM_Prescaler；
uint16_t TIM_CounterMode；
uint16_t TIM_Period；
uint16_t TIM_ClockDivision； //仅高级定时器 TIM1 和 TIM8 有效
uint8_t TIM_RepetitionCounter；
}TIM_TimeBaseInitTypeDef；
```

（2）TIM_Period　TIM_Period 设置了在下一个更新事件装入活动的自动重装载寄存器周期的值。它的取值必须在 0x0000～0xFFFF。

（3）TIM_Prescaler　TIM_Prescaler 设置了用来作为 TIMx 时钟频率除数的预分频值。它的取值必须在 0x0000～0xFFFF。

（4）TIM_ClockDivision　TIM_ClockDivision 设置了时钟分割，该参数取值见表 6-3。

表 6-3　TIM_ClockDivision 参数取值

TIM_ClockDivision 参数取值	描述
TIM_CKD_DIV1	TDTS=Tck_tim
TIM_CKD_DIV2	TDTS=2Tck_tim
TIM_CKD_DIV4	TDTS=4Tck_tim

（5）TIM_CounterMode　TIM_CounterMode 选择了计数器模式，该参数取值见表 6-4。

表 6-4　TIM_CounterMode 参数取值

TIM_CounterMode 参数取值	描述
TIM_CounterMode_Up	TIM 向上计数工作模式
TIM_CounterMode_Down	TIM 向下计数工作模式
TIM_CounterMode_CenterAligned1	TIM 中央对齐模式 1 计数工作模式
TIM_CounterMode_CenterAligned2	TIM 中央对齐模式 2 计数工作模式
TIM_CounterMode_CenterAligned3	TIM 中央对齐模式 3 计数工作模式

例如：

```
TIM_TimeBaseInitTypeDef    TIM_TimeBaseStructure;
TIM_TimeBaseStructure.TIM_Period =0xFFFF;
TIM_TimeBaseStructure.TIM_Prescaler = 0xF;
TIM_TimeBaseStructure.TIM_ClockDivision = 0x0;
TIM_TimeBaseStructure.TIM_CounterMode = TIM_CounterMode_Up;
TIM_TimeBaseInit(TIM2, &TIM_TimeBaseStructure);
```

3．函数 TIM_OC1Init

函数名称：TIM_OC1Init。

函数原型：void TIM_OC1Init（TIM_TypeDef * TIMx，TIM_OCInitTypeDef * TIM_OCInitStruct）。

功能描述：根据 TIM_OCInitStruct 中指定的参数，初始化 TIMx 通道 1。

输入参数 1：TIMx，x 可以是 1、2、3、4、5 或 8，用于选择 TIM 外设。

输入参数 2：TIM_OCInitStruct，指向结构 TIM_OCInitTypeDef 的指针，包含了 TIMx 时间基数单位的配置信息。

输出参数：无。

返回值：无。

（1）TIM_OCInitTypeDef structure   TIM_OCInitTypeDef 定义于文件 "stm32f10x_tim.h"：

```
 typedef struct
{
u16 TIM_OCMode;
u16 TIM_OutputState;
u16 TIM_OutputNState;    //仅高级定时器有效
u16 TIM_Pulse;
u16 TIM_OCPolarity;
u16 TIM_OCNPolarity;     //仅高级定时器有效
u16 TIM_OCIdleState;     //仅高级定时器有效
u16 TIM_OCNIdleState;    //仅高级定时器有效
}TIM_OCInitTypeDef
```

（2）TIM_OCMode   TIM_OCMode 选择定时器模式，该参数取值见表 6-5。

表 6-5 TIM_OCMode 参数取值

TIM_OCMode 参数取值	描述
TIM_OCMode_TIMing	TIM 输出比较时间模式
TIM_OCMode_Active	TIM 输出比较主动模式
TIM_OCMode_Inactive	TIM 输出比较非主动模式
TIM_OCMode_Toggle	TIM 输出比较触发模式
TIM_OCMode_PWM1	TIM 脉冲宽度调制模式 1
TIM_OCMode_PWM2	TIM 脉冲宽度调制模式 2

（3）TIM_OutputState   TIM_OutputState 选择输出比较状态，该参数取值见表 6-6。

表 6-6　**TIM_OutputState 参数取值**

TIM_OutputState 参数取值	描述
TIM_OutputState_Disable	失能输出比较状态
TIM_OutputState_Enable	使能输出比较状态

（4）TIM_OutputNState　TIM_OutputNState 选择互补输出比较状态，该参数取值见表 6-7。

表 6-7　**TIM_OutputNState 参数取值**

TIM_OutputNState 参数取值	描述
TIM_OutputNState_Disable	失能输出比较 N 状态
TIM_OutputNState_Enable	使能输出比较 N 状态

（5）TIM_Pulse　TIM_Pulse 设置了待装入捕获比较寄存器的脉冲值，它的取值必须是 0x0000～0xFFFF。

（6）TIM_OCPolarity　TIM_OCPolarity 输出极性，该参数取值见表 6-8。

表 6-8　**TIM_OCPolarity 参数取值**

TIM_OCPolarity 参数取值	描述
TIM_OCPolarity_High	TIM 输出比较极性高
TIM_OCPolarity_Low	TIM 输出比较极性低

（7）TIM_OCNPolarity　TIM_OCNPolarity 互补输出极性，该参数取值见表 6-9。

表 6-9　**TIM_OCNPolarity 参数取值**

TIM_OCNPolarity 参数取值	描述
TIM_OCNPolarity_High	TIM 输出比较 N 极性高
TIM_OCNPolarity_Low	TIM 输出比较 N 极性低

（8）TIM_OCIdleState　TIM_OCIdleState 选择空闲状态下的非工作状态，该参数取值见表 6-10。

表 6-10　**TIM_OCIdleState 参数取值**

TIM_OCIdleState 参数取值	描述
TIM_OCIdleState_Set	当 MOE=0 设置 TIM 输出比较空闲状态
TIM_OCIdleState_Reset	当 MOE=0 重置 TIM 输出比较空闲状态

（9）TIM_OCNIdleState　TIM_OCNIdleState 选择空闲状态下的非工作状态，该参数取值见表 6-11。

表 6-11　**TIM_OCNIdleState 参数取值**

TIM_OCNIdleState 参数取值	描述
TIM_OCNIdleState_Set	当 MOE=0 设置 TIM 输出比较 N 空闲状态
TIM_OCNIdleState_Reset	当 MOE=0 重置 TIM 输出比较 N 空闲状态

例如：

```
/*Conf igures the TIM1 Channnel in PWM Mode*/
TIM_OCInitTypeDef   TIM_OCInitStructure;
TIM_OCInitStructure.TIM_OCMode=TIM_OCMode_PWM1;
TIM_OCInitStructure.TIM_OutputState =TIM_OutputState_Enable;
TIM_OCInitStructure.TIM_OutputNState=TIM_OutputNState_Enable;
TIM_OCInitStructure.TIM_Pulse=0x7FF;
TIM_OCInitStructure.TIM_OCPolarity=TIM_OCPolarity_Low;
TIM_OCInitStructure.TIM_OCNPolarity =TIM_OCNPolarity_Low;
TIM_OCInitStructure.TIM_OCIdleState = TIM_OCIdleState_Set;
TIM_OCInitStructure.TIM_OCNIdleState=TIM_OCIdleState_Reset;
TIM_OC1Init(TIM1,&TIM_OCInitStructure);
```

4. 函数 TIM_OC2Init

函数名称：TIM_OC2Init。

函数原型：void TIM_OC2Init（TIM_TypeDef* TIMx，TIM_OCInitTypeDef* TIM_OCInit-Struct）。

功能描述：根据 TIM_OCInitStruct 中指定的参数，初始化 TIMx 通道 2。

输入参数 1：TIMx，x 可以是 1、2、3、4、5 或 8，用于选择 TIM 外设。

输入参数 2：TIM_OCInitStruct，指向结构 TIM_OCInitTypeDef 的指针，包含了 TIMx 时间基数单位的配置信息。

输出参数：无。

返回值：无。

5. 函数 TIM_OC3Init

函数名称：TIM_OC3Init。

函数原型：void TIM_OC3Init（TIM_TypeDef* TIMx，TIM_OCInitTypeDef* TIM_OCInit-Struct）。

功能描述：根据 TIM_OCInitStruct 中指定的参数，初始化 TIMx 通道 3。

输入参数 1：TIMx，x 可以是 1、2、3、4、5 或 8，用于选择 TIM 外设。

输入参数 2：TIM_OCInitStruct，指向结构 TIM_OCInitTypeDef 的指针，包含了 TIMx 时间基数单位的配置信息。

输出参数：无。

返回值：无。

6. 函数 TIM_OC4Init

函数名称：TIM_OC4Init。

函数原型：void TIM_OC4Init（TIM_TypeDef* TIMx，TIM_OCInitTypeDef* TIM_OCInit-Struct）。

功能描述：根据 TIM_OCInitStruct 中指定的参数，初始化 TIMx 通道 4。

输入参数 1：TIMx，x 可以是 1、2、3、4、5 或 8，用于选择 TIM 外设。

输入参数 2：TIM_OCInitStruct，指向结构 TIM_OCInitTypeDef 的指针，包含了 TIMx

时间基数单位的配置信息。

输出参数：无。

返回值：无。

7．函数 TIM_Cmd

函数名称：TIM_Cmd。

函数原型：void TIM_Cmd（TIM_TypeDef＊TIMx，FunctionalState NewState）。

功能描述：使能或者失能 TIMx 外设。

输入参数 1：TIMx，x 可以是 1～8，用于选择 TIM 外设。

输入参数 2：NewState，外设 TIMx 的新状态。这个参数可以取 ENABLE 或者 DISABLE。

输出参数：无。

返回值：无。

例如：

```
/*Enables the TIM2 counter*/
TIM_Cmd（TIM2，ENABLE）;
```

8．函数 TIM_ITConfig

函数名称：TIM_ITConfig。

函数原型：void TIM_ITConfig（TIM_TypeDef＊TIMx，u16 TIM_IT，FunctionalState NewState）。

功能描述：使能或者失能指定的 TIM 中断。

输入参数 1：TIMx，x 可以是 1～8，用来选择 TIM 外设。

输入参数 2：TIM_IT，待使能或者失能的 TIM 中断源，可以取表 6-12 中的一个或者多个值的组合作为该参数的值。

输入参数 3：NewState，TIMx 中断的新状态，这个参数可以取 ENABLE 或者 DISABLE。

输出参数：无。

返回值：无。

表 6-12　TIM_IT 值

TIM_IT 值	描述
TIM_IT_Update	TIM 中断源
TIM_IT_CC1	TIM 捕获/比较 1 中断源
TIM_IT_CC2	TIM 捕获/比较 2 中断源
TIM_IT_CC3	TIM 捕获/比较 3 中断源
TIM_IT_CC4	TIM 捕获/比较 4 中断源
TIM_IT_Trigger	TIM 触发中断源

例如：

```
/*Enables the TIM2 Capture Compare channel 1 Interrupt source*/
TIM_ITConfig（TIM2，TIM_IT_CC1，ENABLE）;
```

9．函数 TIM_OC1PreloadConfig

函数名称：TIM_OC1PreloadConfig。

函数原型：void TIM_OC1PreloadConfig（TIM_TypeDef*TIMx，u16 TIM_OCPreload）。

功能描述：使能或者失能 TIMx 在 CCR1 上的预装载寄存器。

输入参数 1：TIMx，可以是 1、2、3、4、5 或 8，用于选择 TIM 外设。

输入参数 2：TIM_OCPreload，比较预装载状态，可以使能或者失能，见表 6-13。

输出参数：无。

返回值：无。

表6-13　TIM_OCPreload 值

TIM_OCPreload 值	描述
TIM_OCPreload_Enable	TIMx 在 CCR1 上的预装载寄存器使能
TIM_OCPreload_Disable	TIMx 在 CCR1 上的预装载寄存器失能

例如：

```
/*Enables the TIM2 Preload on CC1 Register*/
TIM_OC1PreloadConfig（TIM2，TIM_OCPreload_Enable）；
```

10．函数 TIM_OC2PreloadConfig

函数名称：TIM_OC2PreloadConfig。

函数原型：void TIM_OC2PreloadConfig（TIM_TypeDef*TIMx，u16 TIM_OCPreload）。

功能描述：使能或者失能 TIMx 在 CCR2 上的预装载寄存器。

输入参数 1：TIMx，可以是 1、2、3、4、5 或 8，用于选择 TIM 外设。

输入参数 2：TIM_OCPreload，比较预装载状态。

输出参数：无。

返回值：无。

例如:

```
/*Enables the TIM2 Preload on CC2 Register */
TIM_OC2PreloadConfig（TIM2，TIM_OCPreload_Enable）；
```

11．函数 TIM_OC3PreloadConfig

函数名称：TIM_OC3PreloadConfig。

函数原型：void TIM_OC3PreloadConfig（TIM_TypeDef* TIMx，u16 TIM_OCPreload）。

功能描述：使能或者失能 TIMx 在 CCR3 上的预装载寄存器。

输入参数 1：TIMx，可以是 1、2、3、4、5 或 8，用于选择 TIM 外设。

输入参数 2：TIM_OCPreload，比较预装载状态。

输出参数：无。

返回值：无。

例如:

```
/*Enables the TIM2 Preload on CC3 Register*/
TIM_OC3PreloadConfig（TIM2，TIM_OCPreload_Enable）;
```

12．函数 TIM_OC4PreloadConfig

函数名称：TIM_OC4PreloadConfig。

函数原型：void TIM_OC4PreloadConfig（TIM_TypeDef＊TIMx，u16 TIM_OCPreload）。

功能描述：使能或者失能 TIMx 在 CCR4 上的预装载寄存器。

输入参数 1：TIMx，可以是 1、2、3、4、5 或 8，用于选择 TIM 外设。

输入参数 2：TIM_OCPreload，比较预装载状态。

输出参数：无。

返回值：无。

例如:

```
/*Enables the TIM2 Preload on CC4 Register*/
TIM_OC4PreloadConfig（TIM2，TIM_OCPreload_Enable）;
```

13．函数 TIM_SetComparel

函数名称：TIM_SetCompare1。

函数原型：void TIM_SetCompare1（TIM_TypeDef＊TIMx，u16 Compare1）。

功能描述：设置 TIMx 捕获/比较 1 寄存器值。

输入参数 1：TIMx，可以是 1、2、3、4、5 或 8，用于选择 TIM 外设。

输入参数 2：Compare1，捕获/比较 1 寄存器新值。

输出参数：无。

返回值：无。

例如:

```
/*Sets the TIM2 new Output Compare 1 value*/
u16 TIMCompare1=0x7FFF;
TIM_SetComparel(TIM2,TIMCompare1);
```

14．函数 TIM_SetCompare2

函数名称：TIM_SetCompare2。

函数原型：void TIM_SetCompare2（TIM_TypeDef＊TIMx，u16 Compare2）。

功能描述：设置 TIMx 捕获/比较 2 寄存器值。

输入参数 1：TIMx，可以是 1、2、3、4、5 或 8，用于选择 TIM 外设。

输入参数 2：Compare2，捕获/比较 2 寄存器新值。

输出参数：无。

返回值：无。

15．函数 TIM_SetCompare3

函数名称：TIM_SetCompare3。

函数原型：void TIM_SetCompare3（TIM_TypeDef＊TIMx，u16 Compare3）。

功能描述：设置 TIMx 捕获/比较 3 寄存器值。

输入参数 1：TIMx，可以是 1、2、3、4、5 或 8，用于选择 TIM 外设。

输入参数 2：Compare3，捕获/比较 3 寄存器新值。

输出参数：无。

返回值：无。

16．函数 TIM_SetCompare4

函数名称：TIM_SetCompare4。

函数原型：void TIM_SetCompare4（TIM_TypeDef＊TIMx，u16 Compare4）。

功能描述：设置 TIMx 捕获/比较 4 寄存器值。

输入参数 1：TIMx，可以是 1、2、3、4、5 或 8，用于选择 TIM 外设。

输入参数 2：Compare4，捕获/比较 4 寄存器新值。

输出参数：无。

返回值：无。

17．函数 TIM_GetFlagStatus

函数名称：TIM_GetFlagStatus。

函数原型：FlagStatus TIM_GetFlagStatus（TIM_TypeDef＊TIMx，u16 TIM_FLAG）。

功能描述：检查指定的 TIM 标志位设置与否。

输入参数 1：TIMx，可以是 1～8，用来选择 TIM 外设。

输入参数 2：TIM_FLAG，检查的 TIM 标志位。

输出参数：无。

返回值：TIM_FLAG 的新状态（SET 或者 RESET）。

表 6-14 给出了所有可以被函数 TIM_GetFlagStatus 检查的标志位列表。

表 6-14　TIM_FLAG 值

TIM_FLAG 值	描述
TIM_FLAG_Update	TIM 更新标志位
TIM_FLAG_CC1	TIM 捕获/比较 1 标志位
TIM_FLAG_CC2	TIM 捕获/比较 2 标志位
TIM_FLAG_CC3	TIM 捕获/比较 3 标志位
TIM_FLAG_CC4	TIM 捕获/比较 4 标志位
TIM_FLAG_Trigger	TIM 触发标志位
TIM_FLAG_CC1OF	TIM 捕获/比较 1 溢出标志位
TIM_FLAG_CC2OF	TIM 捕获/比较 2 溢出标志位
TIM_FLAG_CC3OF	TIM 捕获/比较 3 溢出标志位
TIM_FLAG_CC4OF	TIM 捕获/比较 4 溢出标志位

例如：

```
/*Check if the TIM2 Capture Compare 1 flag is set or reset */
```

```
if（TIM_GetFlagStatus（TIM2，TIM_FLAG_CC1）==SET）
{
}
```

18．函数 TIM_ClearFlag

函数名称：TIM_ ClearFlag。

函数原型：void TIM_ClearFlag（TIM_TypeDef＊TIMx，uint16_t TIM_FLAG）。

功能描述：清除 TIMx 的待处理标志位。

输入参数 1：TIMx，可以是 1～8，用来选择 TIM 外设。

输入参数 2：TIM_FLAG，清除的 TIM 标志位。

输出参数：无。

返回值：无。

例如：

```
/*Clear the TIM2 Capture Compare 1 flag*/
TIM_ClearFlag（TIM2，TIM_FLAG_CC1）;
```

19．函数 TIM_GetITStatus

函数名称：TIM_ GetITStatus。

函数原型：ITStatus TIM_GetITStatus（TIM_TypeDef＊TIMx，u16 TIM_IT）。

功能描述：检查指定的 TIM 中断发生与否。

输入参数 1：TIMx，可以是 1～8，用来选择 TIM 外设。

输入参数 2：TIM_IT，检查的 TIM 中断源。

输出参数：无。

返回值：TIM_IT 的新状态。

例如：

```
/*Check if the TIN2 Capture Compare 1 interrupt has occured or not*/
if（TIM_GetITStatus（TIM2，TIM_IT_CC1）==SET）
{
}
```

20．函数 TIM_ClearITPendingBit

函数名称：TIM_ ClearITPendingBit。

函数原型：void TIM_ClearITPendingBit（TIM_TypeDef＊TIMx，u16 TIM_IT）。

功能描述：清除 TIMx 的中断待处理位。

输入参数 1：TIMx，可以是 1～8，用来选择 TIM 外设。

输入参数 2：TIM_IT，检查的 TIM 中断待处理位。

输出参数：无。

返回值：无。

例如：

```
/*Clear the TIM2 Capture Compare 1 interrupt pending bit */
TIM_ClearITPendingBit(TIM2,TIM_IT_CC1);
```

6.6　定时器应用实例

6.6.1　通用定时器配置流程

通用定时器具有多种功能，其原理大致相同，但其流程有所区别，以使用中断方式为例，主要包括三部分，即 NVIC 设置、TIM 中断配置、定时器中断处理程序。

1. NVIC 设置

NVIC 设置用来完成中断分组、中断通道选择、中断优先级设置及使能中断的功能，其流程图见图 4-5。其中，值得注意的是通道的选择，对于不同的定时器，不同事件发生时产生不同的中断请求，针对不同的功能要选择相应的中断通道。

2. TIM 中断配置

TIM 中断配置用来配置定时器时基及开启中新，TIM 中断配置流程图如图 6-14 所示。

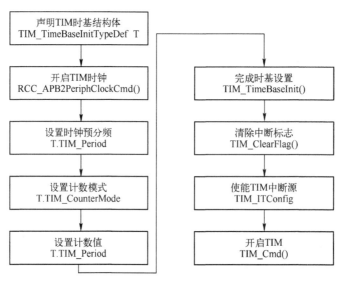

图 6-14　TIM 中断配置流程图

高级定时器使用的是 APB2 总线，基本定时器和通用定时器使用 APB1 总线，采用相应函数开启时钟。

TIM_PSC 将输入时钟频率按 1～65536 的值任意分频，分频值决定了计数频率。计数值为计数的个数，当 TIM_CNT 的值达到计数值时，严生溢出，发生中断。如 TIM1 系统时钟为 72MHz，则设定的预分频 TIM_Prescaler=7200-1。计数值 TIM_Period=10000，则计数时钟周期（TIM_Pescaler+1）/72MHz=0.1ms，定时器产生 10000×0.1ms=1000ms 的定时，每 1s 产生一次中断。

计数模式可以设置为向上计数、向下计数和向上/向下计数，设置好时基参数后，调用函数 TIM_TimeBaseInt()完成时基设置。

为了避免在设置时进入中断，这里需要清除中断标志。如设置为向上计数模式，则调

用函数 TIM_ClearFlag（TIM1，TIM_FLAG_Update）清除向
上溢出中断标志。

中断在使用时必须使能，如向上溢出中断，则需调用函
数 TIM_ITConfig()。不同的模式其参数不同，如向上计数工
作模式时为 TIM_ITConfig（TIM1，TIMIT_Update，
ENABLE）。

在需要的时候使用函数 TIM_CMD()开启定时器。

3. 定时器中断处理程序

进入定时器中断后需根据设计完成相应操作，定时器中
断处理流程如图 6-15 所示。

在启动文件中定义了定时器中断的入口，对于不同的中
断请求要采用相应的中断函数名，程序代码如下：

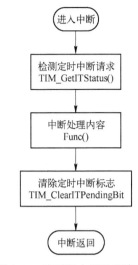

图 6-15　定时器中断处理流程图

```
DCD TIM1_BRK_IRQHandler         ; TIM1 Break
DCD TIM1_UP_IRQHandler          ; TIM1 Update
DCD TIM1_TRG_COM_IRQHandler     ; TIM1 Trigger and Commutation
DCD TIM1_CC_IRQHandler          ; TIM1 Capture Compare
DCD TIM2_IRQHandler             ; TIM2
DCD TIM3_IRQHandler             ; TIM3
DCD TIM4_IRQHandler             ; TIM4
```

进入中断后，首先要检测中断请求是否为所需中断，以防误操作。如果确实是所需中
断，则进行中断处理，中断处理完后清除中断标志位，否则会一直处于中断中。

6.6.2　定时器应用硬件设计

本实验用到的硬件资源有指示灯 DS0 和 DS1、定时器 TIM3。通过 TIM3 的中断来控制
DS1 的亮灭，DS1 是直接连接到 PE5 上的。而 TIM3 属于 STM32 的内部资源，只需要软件
设置即可正常工作。

6.6.3　定时器应用软件设计

1. timer.c 代码

```c
#include "timer.h"
#include "led.h"

//通用定时器 3 中断初始化
//这里时钟选择为 APB1 的 2 倍，而 APB1 为 36MHz
//arr：自动重装值。
//psc：时钟预分频数
//这里使用的是定时器 3
void TIM3_Int_Init(u16 arr,u16 psc)
{
    TIM_TimeBaseInitTypeDef   TIM_TimeBaseStructure;
    NVIC_InitTypeDef NVIC_InitStructure;
```

```
        RCC_APB1PeriphClockCmd(RCC_APB1Periph_TIM3, ENABLE); //时钟使能

        //定时器 TIM3 初始化
        TIM_TimeBaseStructure.TIM_Period = arr; //设置在下一个更新事件装入活动的自动重装载寄
存器周期的值
        TIM_TimeBaseStructure.TIM_Prescaler =psc; //设置用来作为 TIMx 时钟频率除数的预分频值
        TIM_TimeBaseStructure.TIM_ClockDivision = TIM_CKD_DIV1;// 设置时钟分割:TDTS =
Tck_tim
        TIM_TimeBaseStructure.TIM_CounterMode = TIM_CounterMode_Up; //TIM 向上计数模式
        TIM_TimeBaseInit(TIM3, &TIM_TimeBaseStructure); //根据指定的参数初始化 TIMx 的时间基
数单位

        TIM_ITConfig(TIM3,TIM_IT_Update,ENABLE ); //使能指定的 TIM3 中断,允许更新中断

        //中断优先级 NVIC 设置
        NVIC_InitStructure.NVIC_IRQChannel = TIM3_IRQn;              //TIM3 中断
        NVIC_InitStructure.NVIC_IRQChannelPreemptionPriority = 0;    //先占优先级 0 级
        NVIC_InitStructure.NVIC_IRQChannelSubPriority = 3;           //从优先级 3 级
        NVIC_InitStructure.NVIC_IRQChannelCmd = ENABLE;              //IRQ 通道被使能
        NVIC_Init(&NVIC_InitStructure);                             //初始化 NVIC 寄存器

        TIM_Cmd(TIM3, ENABLE);              //使能 TIMx
    }
    //定时器 3 中断服务程序
    void TIM3_IRQHandler(void)             //TIM3 中断
    {
        if (TIM_GetITStatus(TIM3, TIM_IT_Update) != RESET)       //检查 TIM3 更新中断发生与否
            {
            TIM_ClearITPendingBit(TIM3,TIM_IT_Update   );  //清除 TIMx 更新中断标志
            LED1=!LED1;
            }
    }
```

该文件包含一个中断服务函数和一个定时器 3 中断初始化函数。中断服务函数较简单，在每次中断后判断 TIM3 的中断类型，如果中断类型正确（溢出中断），则执行 LED1（DS1）的取反。

2. main.c 代码

```
    #include "led.h"
    #include "delay.h"
    #include "key.h"
    #include "sys.h"
    #include "usart.h"
    #include "timer.h"

    int main(void)
        {

        delay_init();        //延时函数初始化
```

```
        NVIC_PriorityGroupConfig(NVIC_PriorityGroup_2); //设置 NVIC 中断分组 2:2 位抢占优先级,
2 位响应式优先级
        uart_init(115200);           //串口初始化为 115200
        LED_Init();                  //LED 端口初始化
        TIM3_Int_Init(4999,7199);    //10kHz 的计数频率, 计数到 5000 为 500ms
        while(1)
        {
                LED0=!LED0;
                delay_ms(200);
        }
}
```

此段代码对 TIM3 进行初始化之后，进入死循环等待 TIM3 溢出中断，当 TIM3_CNT 的值等于 TIM3_ARR 的值，就会产生 TIM3 的更新中断，然后在中断里面取反 LED1，TIM3_CNT 再从 0 开始计数。

完成软件设计之后，将编译好的文件下载到战舰 STM32 开发板上，观看其运行结果。如果没有错误，可以看到 DS0 不停闪烁（每 400ms 闪烁一次），而 DS1 也是不停地闪烁，但是闪烁时间较 DS0 慢（1s 一次）。

6.7　系统滴答定时器（SysTick）

6.7.1　SysTick 功能综述

SysTick 系统滴答定时器是属于 CM3 内核中的一个外设，内嵌在 NVIC 中。系统定时器是一个 24 位的向下递减的计数器，计数器每计数一次的时间为 1/SYSCLK，一般设置系统时钟 SYSCLK 等于 72MHz。当 TIMx_ARR 的值递减到 0 的时候，系统定时器就发生一次中断，以此循环往复。

因为 SysTick 是属于 CM3 内核的外设，所以所有基于 CM3 内核的微控制器都具有这样的系统定时器，这使得软件在微控制器中很容易移植。系统定时器一般用于操作系统，用于产生时基，维持操作系统的心跳。

当 SysTick 计数器值到达 0（0 并未计完）时，将从 RELOAD 寄存器中自动重装载定时初值。只要不把它在 SysTick 控制及状态寄存器中的使能位清除，就永不停息。SysTick 工作时序如图 6-16 所示。

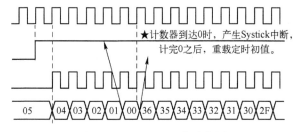

图 6-16　SysTick 工作时序图

SysTick 的控制与状态寄存器如图 6-17 所示，SysTick 的控制与状态寄存器的位分配见表 6-15。

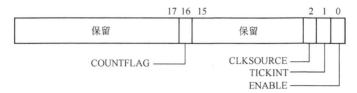

图 6-17　SysTick 的控制与状态寄存器

表 6-15　SysTick 的控制与状态寄存器的位分配

域	名称	定义
[16]	COUNTFLAG	从上次读取定时器开始，如果定时器计数到 0，则返回 1，读取时清零
[2]	CLKSOURCE	0：外部参考时钟 1：内核时钟 如果没有提供参考时钟，那么该位保持为 1，并且因此赋予和内核时钟一样多的时间。内核时钟比参考时钟至少要快 2.5 倍。否则计数值将不可预测
[1]	TICKINT	1：向下计数到 0 会导致挂起 SysTick 处理器，使用 Systick 中断 0：向下计数至 0 不会导致挂起 SysTick 处理器，软件可以使用 COUNTFLAG 来判断是否计数到
[0]	ENABLE	1：计数器工作在连拍模式（multi-shot）。即计数器装载重装值后接着开始往下计数，到计数到 0 时将 COUNTFLAG 设为 1，此时根据 TICKINT 的值可以选择是否挂起 SysTick 处理器，接着又再次装载重装值，并重新开始计数 0：禁能计数器

1. 连拍式（Multi-Shot）定时器

Multi-Shot 每 N+1 个时钟脉冲就触发一次，周而复始，此处 N 为 1～0x00FFFFFF。如果每 100 个时钟脉冲就请求一次时钟中断（Tick Interrupt），那么必须向 RELOAD 写入计数值 99。

2. 单拍式（Single Shot）定时器

如果每次时钟中断后都写入一个新值，那么可以看作 Single Shot 模式，因而必须写入实际的倒计数值。例如，如果在 400 个时钟脉冲后想请求一个时钟中断（Tick），那么必须向 RELOAD 写入计数值 400。

CM3 允许为 SysTick 提供两个时钟源以供选择。第一个是内核的"自由运行时钟（FCLK）"。"自由"表现在它不来自系统时钟 HCLK，因此在系统时钟停止时 FCLK 也继续运行。第二个是一个外部的参考时钟。

STM32 微控制器的 RCC 通过 AHB 的时钟 8 分频后供给 Cortex 系统定时器的 SysTick 外部时钟。通过对 SysTick 的设置，可选择上述时钟或 Cortex AHB 时钟作为 SysTick 时钟。STM32 的 SysTick 时钟只能为 AHB/8 或者 AHB。

当 SysTick 从 1 计到 0 时，它将把 COUNTFLAG 位置位；而下述方法可以清零：

1）读取 SysTick 控制及状态寄存器（STCSR）。

2）向 SysTick 当前值寄存器（STCVR）中写任何数据。

关于 SysTick 的详细说明，请读者参考有关手册。

6.7.2　SysTick 配置例程

SysTick 的寄存器结构体 SysTick_TypeDeff，在文件"stm32f10x_map.h"中定义如下：

```
typedef struct
{
```

```
   vu32 CTRL;
   vu32 LOAD;
   vu32 VAL;
   vuc32 CALIB;
   } SysTick_TypeDef;
```

SysTick 的配置流程如下：

1）选择时钟源：　　　　　SysTick_CLKSourceConfig()。

2）配置中断优先级：　　　NVIC_SystemHandlerPriorityConfig()。

3）配置定时周期：　　　　SysTick_SetReload()。

4）使能中断：　　　　　　SysTick_ITConfig()。

5）使能定时器：　　　　　SysTick_CounterCmd()。

6）编写中断函数：　　　　SysTickHandler()。

下面详细介绍 SysTick 配置函数。

```
   /*************************************************************************
   * 函数名：SysTick_Configuration          系统滴答定时器 1ms 溢出中断。
   * 描述：Configures the SysTick to generate an interrupt each 1 millisecond.
   * 输入参数：无。
   * 输出参数：无。
   * 返回值：　无。
   * 调用处：main 函数初始化。
   *************************************************************************/
   void SysTick_Configuration(void)
   {
       /* 1）选择系统滴答定时器的时钟源为 AHB 时钟，即 72MHz*/
       SysTick_CLKSourceConfig(SysTick_CLKSource_HCLK);
       /* 2）系统滴答定时器优先级为（2,1）*/
       NVIC_SystemHandlerPriorityConfig(SystemHandler_SysTick, 2, 1);
       /*3）定时周期 1ms。设置重装载寄存器为 71999，SysTick 时钟为 72M。定时周期=
   （71999+1）/72M=1ms*/
       SysTick_SetReload(71999);
       /*4）使能 SysTick 中断。系统滴答定时器只支持一种中断，即向下溢出中断，SysTick 是一
   个递减的定时器，当定时器递减至 0 时，产生中断，重载寄存器中的值就会被重装载，继续开始递减。*/
       SysTick_ITConfig(ENABLE);
       /*5）使能 SysTick 定时器。*/
       SysTick_CounterCmd(SysTick_Counter_Enable);
   }
       /*6）中断函数的编写。使用 SysTick 中断，不需清除中断标志（没有中断标志）。*/
   void SysTickHandler(void)
   {
   }
```

注意：

1）定时周期的设定在连拍式和单拍式时是不同的。

2）在 AHB 确定的情况下，SysTick 的最小和最大定时周期可以确定，使用时应考虑是否满足要求。

习题

1. 简要说明 STM32F103x 微控制器定时器的结构和工作原理。

2. 简要说明定时器的主要功能。

3. 说明通用定时器的计数器的计数方式。

4. 简要说明计数器时钟的时钟源有哪些？

5. 写出配置向下计数器在 TI2 输入端的下降计数的配置步骤。

6. 写出配置 ETR 下每个上升沿计数一次的向上计数器的配置步骤。

7. 写出在 TI1 输入的下降沿时捕获计数器的值到 TIMxCCR1 中的配置步骤。

8. 根据本章讲述的定时器应用实例，编写一个程序：每 0.5s 发光二极管 LED 按红、绿、蓝顺序循环显示。

第7章 STM32 通用同步/异步收发器（USART）

本章介绍了 STM32 通用同步/异步串行收发器（USART），包括串行通信基础、USART 工作原理、USART 库函数和 USART 串行通信应用实例。

7.1 串行通信基础

在串行通信中，参与通信的两台或多台设备通常共享一条物理通路。发送者逐位发送一串数据信号，按一定的约定规则为接收者所接收。由于串行端口通常只是规定了物理层的端口规范，所以为确保每次传送的数据报文能准确到达目的地，使每一个接收者能够接收到所有发向它的数据，必须在通信连接上采取相应的措施。

借助串行端口所连接的设备在功能、型号上往往互不相同，且其中大多数设备除了等待接收数据之外还会有其他任务。例如，一个数据采集单元需要周期性地收集和存储数据；一个控制器需要负责控制计算或向其他设备发送报文；一台设备可能会在接收方正在进行其他任务时向它发送信息。因此，必须有能应对多种不同工作状态的一系列规则来保证通信的有效性。这里所讲的保证串行通信有效性的方法包括：使用轮询或者中断来检测、接收信息；设置通信帧的起始、停止位；建立连接握手；实行对接收数据的确认、数据缓存以及错误检查等。

7.1.1 通用异步通信数据格式

无论是 RS-232 还是 RS-485，均可采用通用异步收发器（UART，Universal Asynchronous Receiver/Transmitter）数据格式。

在串行端口的异步传输中，接收方一般事先并不知道数据会在什么时候到达。在它检测到数据并做出响应之前，第一个数据位就已经过去了。因此每次异步传输都应该在发送的数据之前设置至少一个起始位，以通知接收方有数据到达，给接收方一个准备接收数据、缓存数据和做出其他响应所需要的时间。而在传输过程结束时，则应由一个停止位通知接收方本次传输过程已终止，以便接收方正常终止本次通信而转入其他工作程序。

UART 通信的数据格式如图 7-1 所示。

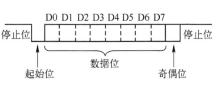

图 7-1　UART 通信的数据格式

若通信线上无数据发送，该线路应处于逻辑 1 状态（高电平）。当计算机向外发送一个字符数据时，应先送出起始位（逻辑 0 状态，低电平），随后紧跟着数据位，这些数据构成要发送的字符信息。有效数据位的个数可以规定为 5、6、7 或 8。奇偶校验位视需要设定，紧跟其后的是停止位（逻辑 1 状态，高电平），其位数可在 1、1.5、2 中选择其一。

7.1.2　连接握手

通信帧的起始位可以引起接收方的注意，但发送方并不知道，也不能确认接收方是否已经做好了接收数据的准备。利用连接握手可以使收发双方确认已经建立了连接关系，接收方已经做好准备，可以进入数据收发状态。

连接握手过程是指发送者在发送一个数据块之前使用一个特定的握手信号来引起接收者的注意，表明要发送数据，接收者则通过握手信号回应发送者，说明它已经做好了接收数据的准备。

连接握手可以通过软件，也可以通过硬件来实现。在软件连接握手中，发送者通过发送一个字节表明它想要发送数据。接收者看到这个字节的时候，也发送一个编码来声明自己可以接收数据，当发送者看到这个信息时，便知道它可以发送数据了。接收者还可以通过另一个编码来告诉发送者停止发送。

在普通的硬件握手方式中，接收者在准备好接收数据的时候将相应的 I/O 线带入到高电平，然后开始全神贯注地监视它的串行输入端口的允许发送端。这个允许发送端与接收者的已准备好接收数据的信号端相连，发送者在发送数据之前一直在等待这个信号的变化。一旦得到信号说明接收者已处于准备好接收数据的状态，便开始发送数据。接收者可以在任何时候将这根 I/O 线带入到低电平，即便是在接收一个数据块的过程中间也可以把这根 I/O 线带入到低电平。当发送者检测到这个低电平信号时，就应该停止发送。而在完成本次传输之前，发送者还会继续等待这根 I/O 线再次回到高电平，以继续被中止的数据传输。

7.1.3　确认

接收者为表明数据已经收到而向发送者回复信息的过程称为确认。有的传输过程可能会收到报文而不需要向相关节点回复确认信息。但是在许多情况下，需要通过确认告知发送者数据已经收到。有的发送者需要根据是否收到确认信息来采取相应的措施，因而确认某些通信过程是必需的和有用的。即便接收者没有其他信息要告诉发送者，也要为此单独发一个确认数据已经收到的信息。

确认报文可以是一个特别定义过的字节，例如一个标识接收者的数值。发送者收到确认报文就可以认为数据传输过程正常结束。发送者如果没有收到所希望回复的确认报文，就认为通信出现了问题，然后将采取重发或者其他行动。

7.1.4　中断

中断是一个信号，它通知 CPU 有需要立即响应的任务。每个中断请求对应一个连接到中断源和中断控制器的信号。通过自动检测端口事件发现中断并转入中断处理。

许多串行端口采用硬件中断。在串口发生硬件中断，或者一个软件缓存的计数器到达一个触发值时，表明某个事件已经发生，需要执行相应的中断响应程序，并对该事件做出及时的反应，这种过程也称为事件驱动。

　　采用硬件中断就应该提供中断服务程序，以便在中断发生时让它执行所期望的操作。很多微控制器为满足这种应用需求而设置了硬件中断。在一个事件发生的时候，应用程序会自动对端口的变化做出响应，跳转到中断服务程序。例如发送数据、接收数据、握手信号变化、接收到错误报文等，都可能成为串行端口的不同工作状态，或称为通信中发生了不同事件，需要根据状态变化停止执行现行程序而转向与状态变化相适应的应用程序。

　　外部事件驱动可以在任何时间插入并且使得程序转向执行一个专门的应用程序。

7.1.5　轮询

　　通过周期性地获取特征或信号来读取数据，或发现是否有事件发生的工作过程称为轮询。它需要足够频繁地轮询端口，以便不遗失任何数据或者事件。轮询的频率取决于对事件快速反应的需求以及缓存区的大小。

　　轮询通常用于计算机与 I/O 端口之间较短数据或字符组的传输。由于轮询端口不需要硬件中断，因此可以在一个没有分配中断的端口运行此类程序。很多轮询使用系统计时器来确定周期性读取端口的操作时间。

7.2　USART 工作原理

7.2.1　USART 介绍

　　通用同步/异步收发器（Universal Synchronous/Asynchronous Receiver and Transmitter，USART）可以说是嵌入式系统中除了 GPIO 外最常用的一种外设。常用 USART 的原因在于USART 的简单、通用。自 Intel 公司 20 世纪 70 年代发明 USART 以来，上至服务器、PC之类的高性能设备，下到 4 位或 8 位的单片机几乎无一例外地都配置了 USART 接口，通过USART，嵌入式系统可以和几乎所有的计算机系统进行简单的数据交换。USART 接口的物理连接也很简单，只要 2～3 根数据线即可实现通信。

　　与 PC 软件开发不同，很多嵌入式系统没有完备的显示系统，开发者在软/硬件开发和调试过程中很难实时地了解系统的运行状态。一般开发者会选择用 USART 作为调试手段：开发首先完成 USART 的调试，在后续功能的调试中就通过 USART 向 PC 发送嵌入式系统运行状态的提示信息，以便定位软/硬件错误，加快调试进度。

　　USART 通信的另一个优势是可以适应不同的物理层。例如，使用 RS-232 或 RS-485 可以明显提升 USART 通信的距离，无线 FSK 调制可以降低布线施工的难度。所以 USART 接口在工控领域也有着广泛的应用，是串行接口的工业标准（Industry Standard）。

　　USART 提供了一种灵活的方法与使用工业标准 NRZ 异步串行数据格式的外部设备之间进行全双工数据交换。USART 利用分数波特率发生器提供宽范围的波特率选择。它支持同步单向通信和半双工单线通信，也支持 LIN（局部互联网）、智能卡协议和 IrDA（红外数据组织）SIR ENDEC 规范，以及调制解调器（CTS/RTS）操作，它还允许多处理器通信。使用多缓冲器配置的 DMA 方式，可以实现高速数据通信。

　　SM32F103 微控制器的小容量产品有 2 个 USART，中等容量产品有 3 个 USART，大容量产品有 3 个 USART+2 个 UART。

7.2.2　USART 主要特性

USART 主要特性如下：

1）全双工异步通信。

2）NRZ 标准格式。

3）分数波特率发生器系统。

发送和接收共用的可编程比特率，最高达 4.5Mbit/s。

4）可编程数据字长度（8 位或 9 位）。

5）可配置的停止位，支持 1 或 2 个停止位。

6）LIN 主发送同步断开符的能力以及 LIN 从检测断开符的能力。

当 USART 硬件配置成 LIN 时，生成 13 位断开符；检测 10/11 位断开符。

7）发送方为同步传输提供时钟。

8）IRDA SIR 编码器解码器。

在正常模式下支持 3/16 位的持续时间。

9）智能卡模拟功能。

智能卡接口支持 ISO 7816-3 标准里定义的异步智能卡协议；智能卡用到 0.5 和 1.5 个停止位。

10）单线半双工通信。

11）可配置的使用 DMA 的多缓冲器通信。

在 SRAM 里利用集中式 DMA 缓冲接收/发送字节。

12）单独的发送器和接收器使能位。

13）检测标志。

接收缓冲器满；发送缓冲器空；传输结束标志。

14）校验控制。

发送校验位；对接收数据进行校验。

15）四个错误检测标志。

溢出错误；噪声错误；帧错误；校验错误。

16）10 个带标志的中断源。

CTS 改变；LIN 断开符检测；发送数据寄存器空；发送完成；接收数据寄存器满；检测到总线为空闲；溢出错误；帧错误；噪声错误；校验错误。

17）多处理器通信。

如果地址不匹配，则进入静默模式。

18）从静默模式中唤醒。

通过空闲总线检测或地址标志检测。

19）两种唤醒接收器的方式。

地址位（MSB，第 9 位），总线空闲。

7.2.3　USART 功能概述

STM32F103 微控制器 USART 接口通过三个引脚与其他设备连接在一起，其内部结构如图 7-2 所示。

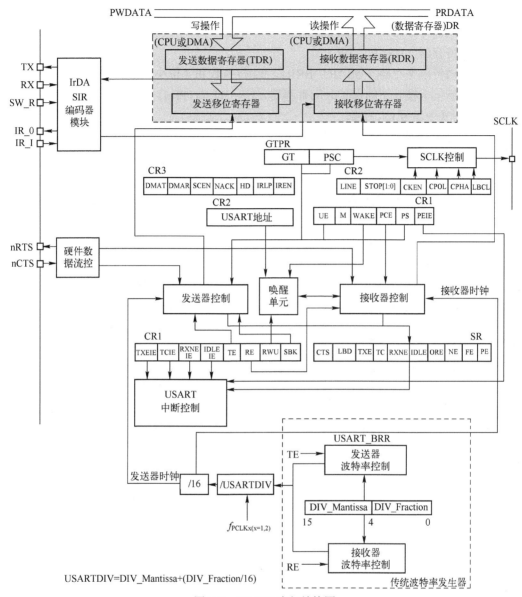

图 7-2　USART 内部结构图

任何 USART 双向通信至少需要两个引脚：接收数据串行输入（RX）和发送数据串行输出（TX）。

RX：接收数据串行输入。通过采样技术来区别数据和噪声，从而恢复数据。

TX：发送数据串行输出。当发送器被禁止时，输出引脚恢复到它的 I/O 端口配置。当发送器被激活，并且不发送数据时，TX 引脚处于高电平。在单线和智能卡模式里，此 I/O 端口被同时用于数据的发送和接收。

1）总线在发送或接收前应处于空闲状态。

2）一个起始位。

3）一个数据字（8 或 9 位），最低有效位在前。

4）0.5、1.5、2 个的停止位，由此表明数据帧的结束。

5）使用分数波特率发生器——12 位整数和 4 位小数的表示方法。

6）一个状态寄存器（USART_SR）。

7）数据寄存器（USART_DR）。

8）一个波特率寄存器（USART_BRR），12 位整数和 4 位小数。

9）一个智能卡模式下的保护时间寄存器（USART_GTPR）。

在同步模式中需要 CK 引脚：

CK 引脚是发送器时钟输出，此引脚输出用于同步传输的时钟。这可以用来控制带有移位寄存器的外部设备（如 LCD 驱动器）。时钟相位和极性都是软件可编程的，在智能卡模式里，CK 引脚可以为智能卡提供时钟输出。

在 IrDA 模式里需要下列引脚：

1）IrDA_RDI：IrDA 模式下的数据输入。

2）IrDA_TDO：IrDA 模式下的数据输出。

在硬件流控模式中需要下列引脚：

1）nCTS：清除发送，若是高电平，在当前数据传输结束时阻断下一次的数据发送。

2）nRTS：发送请求，若是低电平，表明 USART 准备好接收数据。

7.2.4 USART 通信时序

字长可以通过编程 USART_CR1 中的 M 位，选择 8 或 9 位，如图 7-3 所示。

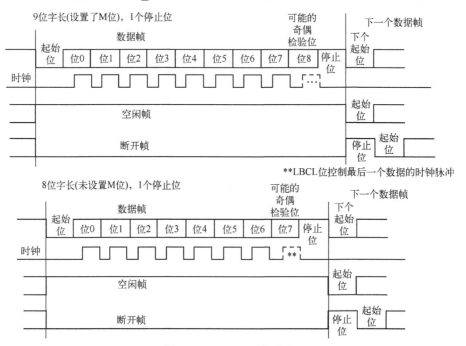

图 7-3 USART 通信时序

在起始位期间，TX 引脚处于低电平，在停止位期间 TX 引脚处于高电平。空闲符号被视为完全由 1 组成的一个完整的数据帧，后面跟着包含了数据的下一帧的开始位。断开符号被视为在一个帧周期内全部收到 0。在断开帧结束时，发送器再插入 1 或 2 个停止位（1）

来应答起始位。发送和接收由一个共用的波特率发生器驱动，当发送器和接收器的使能位分别置位时，分别为其产生时钟。

图 7-3 中的 LBCL，即最后一位时钟脉冲（Last Bit Clock Pulse），为控制寄存器 2（USART_CR2）的位 8。在同步模式下，该位用于控制是否在 CK 引脚上输出最后发送的那个数据位（最高位）对应的时钟脉冲。

0：最后一位数据的时钟脉冲不从 CK 引脚输出。

1：最后一位数据的时钟脉冲会从 CK 引脚输出。

注意：

1）最后一个数据位就是第 8 或者第 9 个发送的位（根据 USART_CR1 中的 M 位所定义的 8 或者 9 位数据帧格式）。

2）UART4 和 UART5 上不存在这一位。

7.2.5　USART 中断

STM32F103 微控制器的 USART 主要有以下各种中断事件：

1）发送期间的中断事件包括发送完成（TC）、清除发送（CTS）、发送数据寄存器空（TXE）。

2）接收期间的中断事件包括空闲总线检测（IDLE）、溢出错误（ORE）、接收数据寄存器非空（RXNE）、校验错误（PE）、LIN 断开检测（LBD）、噪声错误（NE，仅在多缓冲器通信）和帧错误（FE，仅在多缓冲器通信）。

如果设置了对应的使能标志位，这些事件就可以产生各自的中断，见表 7-1。

表 7-1　STM32F103 微控制器 USART 的中断事件及其使能标志位

中断事件	事件标志位	使能标志位
发送数据寄存器空	TXE	TXEIE
CTS 标志	CTS	CTSIE
发送完成	TC	TCIE
接收数据寄存器非空	RXNE	RXNEIE
检测到数据溢出错误	ORE	OREIE
检测到空闲总线	IDLE	IDLEIE
检验错误	PE	PEIE
LIN 断开检测	LBD	LBDIE
噪声错误、溢出错误和帧错误	NE 或 ORE 或 FE	EIE

7.2.6　USART 相关寄存器

现将 STM32F103 的 USART 相关寄存器名称介绍如下，可以用半字（16 位）或字（32位）的方式操作这些外设寄存器，由于采用库函数方式编程，故不做进一步探讨。

1）状态寄存器（USART_SR）。

2）数据寄存器（USART_DR）。

3）波特率寄存器（USART_BRR）。

4）控制寄存器 1（USART_CR1）。

5）控制寄存器 2（USART_CR2）。

6）控制寄存器 3（USART_CR3）。

7）保护时间和预分频寄存器（USART_GTPR）。

7.3 USART 库函数

STM32 标准库中提供了几乎覆盖所有 USART 操作的函数，见表 7-2。为了理解这些函数的具体使用方法，对标准库中部分函数做详细介绍。

STM32F10x 的 USART 库函数存放在其标准外设库的 stm32f10x_usart.h、stm32f10x_usart.c 等文件中。其中，头文件 stm32f10x_usart.h 用来存放 USART 相关结构体和宏定义以及 USART 库函数的声明，源代码文件 stm32f10x_usart.c 用来存放 USART 库函数定义。

表 7-2　USART 库函数

函数名称	功能描述
USART_DeInit	将外设 USARTx 寄存器重设为默认值
USART_Init	根据 USART_InitStruct 中指定的参数初始化外设 USARTx 寄存器
USART_StructInit	把 USART_InitStruct 中的每一个参数按默认值填入
USART_Cmd	使能或失能 USART 外设
USART_ITConfig	使能或失能指定的 USART 中断
USART_DMAConfig	使能或失能指定 USART 的 DMA 请求
USART_SetAddress	设置 USART 节点的地址
USART_WakeUpConfig	选择 USART 的唤醒方式
USART_ReceiveWakeUpConfig	检查 USART 是否处于静默模式
USART_LINBreakDetectLengthConfig	设置 USART LIN 中断检测长度
USART_LINCmd	使能或失能 USARTx 的 LIN 模式
USART_SendData	通过外设 USARTx 发送数据
USART_ReceiveData	通过外设 USARTx 接收数据
USART_SendBreak	发送中断字
USART_SetGuardTime	设置指定的 USART 保护时间
USART_SetPrescaler	设置 USART 时钟预分频
USART_SmartCardCmd	使能或失能指定 USART 的智能卡模式
USART_SmartCardNackCmd	使能或失能 Nack 传输
USART_HalfDuplexCmd	使能或失能 USART 半双工模式
USART_IrDAConfig	设置 USART IrDA 模式
USART_IrDACmd	使能或失能 USART IrDA 模式
USART_GetFlagStatus	检查指定的 USART 标志位设置与否
USART_ClearFlag	清除 USARTx 的待处理标志位
USART_GetITStatus	检查指定的 USART 中断发生与否
USART_ClearITPendingBit	清除 USARTx 的中断待处理标志位
USART_DMACmd	使能或者失能指定 USART 的 DMA 请求

1．函数 USART_DeInit

函数名称：USART_DeInit。

函数原型：void USART_DeInit（USART_TypeDef* USARTx）。

功能描述：将外设 USARTx 寄存器重设为默认值。

输入参数：USARTx，x 可以是 1、2 或者 3，用来选择 USART 外设。

输出参数：无。

返回值：无。

例如：

```
/*Resets the USART1 registers to their default reset value * /
USART_DeInit(USART1);
```

2．函数 USART_Init

函数名称：USART_Init。

函数原型：void USART_Init（USART_TypeDef* USARTx，USART_InitTypeDef* USART_InitStruct）。

功能描述：根据 USART_InitStruct 中指定的参数初始化外设 USARTx 寄存器。

输入参数 1：USARTx，x 可以是 1、2 或者 3，用来选择 USART 外设。

输入参数 2：USART_InitStruct，指向结构体 USART_InitTypeDef 的指针，包含了外设 USART 的配置信息。

输出参数：无。

返回值：无。

（1）USART_InitTypeDef structure　USART_InitTypeDef 定义于头文件 stm32f10x_usart.h：

```
typedef struct
{
uint32_t USART_BaudRate;
uint16_t USART_WordLength;
uint16_t USART_StopBits;
uint16_t USART_Parity;
uint16_t USART_Mode;
uint16_t USART_HardwareFlowControl;
}USART_InitTypeDef
```

（2）USART_BaudRate　该成员设置了 USART 传输的波特率，波特率可以由以下公式计算：

$$IntegerDivider = ((APBClock) / (16 * (USART\_InitStruct\text{-}>USART\_BaudRate)))$$

$$FractionalDivider = ((IntegerDivider - ((u32) IntegerDivider)) * 16) + 0.5$$

（3）USART_WordLength　USART_WordLength 提示了在一个帧中传输或者接收到的数据位数。

表 7-3 给出了该参数可取的值。

表 7-3   USART_WordLength 定义

USART_WordLength 值	描述
USART_WordLength_8b	8 位数据
USART_WordLength_9b	9 位数据

（4）USART_StopBits   USART_StopBits 定义了发送的停止位数目，表 7-4 给出了该参数可取的值。

表 7-4   USART_StopBits 定义

USART_StopBits	描述
USART_StopBits_1	在帧结尾传输 1 个停止位
USART_StopBits_0_5	在帧结尾传输 0.5 个停止位
USART_StopBits_2	在帧结尾传输 2 个停止位
USART_StopBits_1_5	在帧结尾传输 1.5 个停止位

（5）USART_Parity   USART_Parity 定义了奇偶模式，表 7-5 给出了该参数可取的值。

表 7-5   USART_Parity 定义

USART_Parity	描述
USART_Parity_No	奇偶失能
USART_Parity_Even	偶模式
USART_Parity_Odd	奇模式

注意：奇偶校验一旦使能，在发送数据的 MSB 位插入经计算的奇偶位（字长 9 位时的第 9 位，字长 8 位时的第 8 位）。

（6）USART_Mode   USART_Mode 指定了使能或者失能发送和接收模式，表 7-6 给出了该参数可取的值。

表 7-6   USART_Mode 定义

USART_Mode	描述
USART_Mode_Tx	发送使能
USART_Mode_Rx	接收使能

（7）USART_HardwareFlowControl   USART_HardwareFlowControl 指定了硬件流控制模式使能还是失能，表 7-7 给出了该参数可取的值。

表 7-7   USART_HardwareFlowControl 定义

USART_HardwareFlowControl	描述
USART_HardwareFlowControl_None	硬件流控制失能
USART_HardwareFlowControl_RTS	发送请求 RTS 使能
USART_HardwareFlowControl_CTS	清除发送 CTS 使能
USART_HardwareFlowControl_RTS_CTS	RTS 和 CTS 使能

例如：

```
/* The following example illustrates how to configure the USART1 */
```

```
USART_InitTypeDef   USART_InitStructure;
USART_InitStructure.USART_BaudRate = 9600;
USART_InitStructure.USART_WordLength=USART_WordLength_8b;
USART_InitStructure.USART_StopBits = USART_StopBits_1;
USART_InitStructure.USART_Parity = USART_Parity_Odd;
USART_InitStructure.USART_Mode = USART_Mode_Tx |USART_Mode_Rx;
USART_InitStructure.USART_HardwareFlowControl=USART_HardwareFlowControl_RTS_CTS;
USART_Init(USART1,&USART_InitStructure);
```

3．函数 USART_Cmd

函数名称：USART_Cmd。

函数原型：void USART_Cmd（USART_TypeDef* USARTx，FunctionalState NewState）。

功能描述：使能或失能 USART 外设。

输入参数 1：USARTx，x 可以是 1、2 或者 3，用来选择 USART 外设。

输入参数 2：NewState，外设 USARTx 的新状态。

这个参数可以取 ENABLE 或者 DISABLE。

输出参数：无。

返回值：无。

例如：

```
/* Enable the USART1 */
USART_Cmd(USART1,ENABLE);
```

4．函数 USART_SendData

函数名称：USART_SendData。

函数原型：void USART_SendData（USART_TypeDef* USARTx，uint16_t Data）。

功能描述：通过外设 USARTx 发送数据。

输入参数 1：USARTx，x 可以是 1、2 或者 3，用来选择 USART 外设。

输入参数 2：Data 是待发送的数据。

输出参数：无。

返回值：无。

例如：

```
/*Send one HalfWord on USART3 */
USART_SendData(USART3, 0x26);
```

5．函数 USART_ReceiveData

函数名称：USART_ReceiveData。

函数原型：u16 USART_ReceiveData（USART_TypeDef* USARTx）。

功能描述：通过外设 USARTx 接收数据。

输入参数 1：USARTx，x 可以是 1、2 或者 3，用来选择 USART 外设。

输出参数：无。

返回值：接收到的字。

例如：

```
/*Receive one halfword on USART2*/
u16 RxData;
RxData=USART_ReceiveData(USART2);函数 USART_GetFlagStatus
```

6．函数 USART_GetFlagStatus

函数名称：USART_GetFlagStatus。

函数原型：FlagStatus USART_GetFlagStatus（USART_TypeDef* USARTx，uint16_t USART_FLAG）。

功能描述：检查指定的 USART 标志位设置与否。

输入参数 1：USARTx，x 可以是 1、2 或者 3，用来选择 USART 外设。

输入参数 2：USART_FLAG，待指定的 USART 标志位。

输出参数：无。

返回值：USART_FLAG 的新状态（SET 或者 RESET）。

USART_FLAG

表 7-8 给出了所有可以被函数 USART_GetFlagStatus 检查的标志位列表。

表 7-8　USART_FLAG 值

USART_FLAG 值	描述
USART_FLAG_CTS	CTS 标志位
USART_FLAG_LBD	LIN 中断检测标志位
USART_FLAG_TXE	发送数据寄存器标志位
USART_FLAG_TC	发送完成标志位
USART_FLAG_RXNE	接收数据寄存器非空标志位
USART_FLAG_IDLE	空闲总线标志位
USART_FLAG_ORE	溢出错误标志位
USART_FLAG_NE	噪声错误标志位
USART_FLAG_FE	帧错误标志位
USART_FLAG_PE	奇偶错误标志位

例如：

```
/*Check if the transmit data register is full or not */
FlagStatus Status；
Status =USART_GetFlagStatus（USART1，USART_FLAG_TXE）；
```

7．函数 USART_ClearFlag

函数名称：USART_ClearFlag。

函数原型：void USART_ClearFlag（USART_TypeDef* USARTx，uint16_t USART_FLAG）。

功能描述：清除 USARTx 的待处理标志位。

输入参数 1：USARTx，x 可以是 1、2 或者 3，用来选择 USART 外设。

输入参数 2：USART_FLAG，待清除的 USART 标志位。

输出参数：无。

返回值：无。

例如：

```
/*Clear Overrun error flag*/
USART_ClearFlag(USART1,USART_FLAG_OR);
```

8. 函数 USART_ITConfig

函数名称：USART_ITConfig。

函数原型：void USART_ITConfig（USART_TypeDef* USARTx，uint16_t USART_IT，FunctionalState NewState）。

功能描述：使能或者失能指定的 USART 中断。

输入参数 1：USARTx，x 可以是 1、2 或者 3，用来选择 USART 外设。

输入参数 2：USART_IT，待使能或者失能的 USART 中断源。

输入参数 3：NewState，USARTx 中断的新状态，这个参数可以取 ENABLE 或者 DISABLE。

输出参数：无。

返回值：无。

USART_IT

输入参数 USART_IT 使能或者失能 USART 的中断，可以取表 7-9 的一个或者多个取值的组合作为该参数的值。

表 7-9　USART_IT 参数值

USART_IT 值	描述
USART_IT_PE	奇偶错误中断
USART_IT_TXE	发送中断
USART_IT_TC	传输完成中断
USART_IT_RXNE	接收中断
USART_IT_IDLE	空闲总线中断
USART_IT_LBD	LIN 中断检测中断
USART_IT_CTS	CTS 中断
USART_IT_ERR	错误中断

例如：

```
/*Enables the USART1 transmit interrupt */
USART_ITConf ig(USART1,USART_IT_Transmit ENABLE);
```

9. 函数 USART_GetITStatus

函数名称：USART_GetITStatus。

函数原型：ITStatus USART_GetITStatus（USART_TypeDef* USARTx，uint16_t USART_IT）。

功能描述：检查指定的 USART 中断发生与否。

输入参数 1：USARTx，x 可以是 1、2 或者 3，用来选择 USART 外设。

输入参数 2：USART_IT，待检查的 USART 中断源。

输出参数：无。

返回值：USART_IT 的新状态。

USART_IT

表 7-10 给出了所有可以被函数 USART_GetITStatus 检查的中断标志位列表。

表 7-10　USART_IT 值

USART_IT 值	描述
USART_IT_PE	奇偶错误中断
USART_IT_TXE	发送中断
USART_IT_TC	传输完成中断
USART_IT_RXNE	接收中断
USART_IT_IDLE	空闲总线中断
USART_IT_LBD	LIN 中断检测中断
USART_IT_CTS	CTS 中断
USART_IT_ORE	溢出错误中断
USART_IT_NE	噪声错误中断
USART_IT_FE	帧错误中断

例如：

```
/*Get the USART1 Overrun Error interrupt status */
ITStatus    ErrorITStatus;
ErrorITStatus =USART_GetITStatus(USART1,USART_IT_ORE);
```

10. 函数 USART_ClearITPendingBit

函数名称：USART_ClearITPendingBit。

函数原型：void USART_ClearITPendingBit（USART_TypeDef* USARTx, uint16_t USART_IT）。

功能描述：清除 USARTx 的中断待处理标志位。

输入参数 1：USARTx，x 可以是 1、2 或者 3，用来选择 USART 外设。

输入参数 2：USART_IT，待检查的 USART 中断源。

输出参数：无。

返回值：无。

例如：

```
/*Clear the Overrun Error interrupt pending bit * /
USART_ClearITPendingBit(USART1,USART_IT_OverrunError);
```

11. 函数 USART_DMACmd

函数名称：USART_DMACmd。

函数原型：void USART_DMACmd（USART_TypeDef* USARTx, uint16_t USART_DMAReq, FunctionalState NewState）。

功能描述：使能或者失能指定 USART 的 DMA 请求。

输入参数 1：USARTx，x 可以是 1、2 或者 3，用来选择 USART 外设。

输入参数 2：USART_DMAReq，指定 DMA 请求。

输入参数 3：NewState，USARTx DMA 请求源的新状态，这个参数可以取 ENABLE 或者 DISABLE。

输出参数：无。

返回值：无。

USART_DMAReq

USART_DMAReq 选择待使能或者失能的 DMA 请求。表 7-11 给出了该参数可取的值。

表 7-11　USART_DMAReq 参数值

USART_DMAReq 值	描述
USART_DMAReq_Tx	发送 DMA 请求
USART_DMAReq_Rx	接收 DMA 请求

例如：

```
/* Enable the DMA transfer on Rx and Tx action for USART2 */
USART_DMACmd（USART2，USART_DMAReq_Rx| USART_DMAReq_Tx， ENABLE）；
```

7.4　USART 串行通信应用实例

STM32 通常具有 3 个以上的 USART，可根据需要选择其中一个。

在串行通信应用的实现中，难点在于正确配置、设置相应的 USART。与 51 单片机不同的是，除了要设置串行通信口的波特率、数据位数、停止位和奇偶校验等参数外，还要正确配置 USART 涉及的 GPIO 和 USART 接口本身的时钟，即使能相应的时钟。否则，无法正常通信。

由于串行通信通常有查询法和中断法两种，因此，如果采用中断法，还必须正确配置中断向量、中断优先级，使能相应的中断，并设计具体的中断函数；如果采用查询法，则只要判断发送、接收的标志，即可进行数据的发送和接收。

USART 只需两根信号线即可完成双向通信，对硬件要求低，因此很多模块都预留 USART 接口来实现与其他模块或者控制器进行数据传输，如 GSM 模块、Wi-Fi 模块、蓝牙模块等。在设计硬件时，注意还需要一根"共地线"。

经常使用 USART 来实现控制器与计算机之间的数据传输，使得调试程序非常方便。比如可以把一些变量的值、函数的返回值、寄存器标志位等，通过 USART 发送到串口调试助手，这样可以非常清楚程序的运行状态，在正式发布程序时再把这些调试信息去掉即可。

不仅可以将数据发送到串口调试助手，还可以从串口调试助手发送数据给控制器，控制器程序根据接收到的数据进行下一步工作。

首先，编写一个程序实现开发板与计算机通信，在开发板上电时通过 USART 发送一串字符串给计算机，然后开发板进入中断接收等待状态。如果计算机发送数据过来，开发板就会产生中断，通过中断服务函数接收数据，并把数据返回给计算机。

7.4.1 USART 的基本配置流程

USART 的功能有很多，最基本的功能就是发送和接收。其功能的实现需要串口工作方式配置、串口发送和串口接收三部分程序。本节只介绍串口方式配置，其他功能和技巧都是在基本配置的基础上完成的，读者可参考相关资料。USART 的基本配置流程如图 7-4 所示。

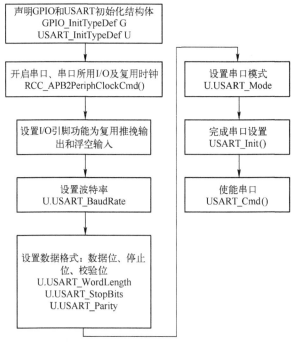

图 7-4　USART 的基本配置流程

需要注意的是，串口是 I/O 的复用功能，需要根据数据手册将相应的 I/O 配置为复用功能。如 USART1 的发送引脚和 PA9 复用，需将 PA9 配置为复用推挽输出，接收引脚和 PA10 复用，需将 PA10 配置为浮空输入，并开启复用功能时钟。另外，根据需要设置串口波特率和数据格式。

和其他外设一样，完成配置后一定要使能串口功能。

发送数据使用 USART_SendData()函数。发送数据时一般要判断发送状态，等发送完成后再执行后面的程序，如下所示。

```
/*发送数据*/
USART_SendData（USART1，i）;
/*等待发送完成*/
while（USART_GetFlagStatus（USART1，USART_FLAG_TC)! =SET）;
```

接收数据使用 USART_ReceiveData()函数。无论使用中断方式接收还是查询方式接收，首先要判断接收数据寄存器是否为空，非空时才进行接收，如下所示。

```
/*接收寄存器非空*/
（USART_GetFlagStats（USART1，USART_IT_RXNE）==SET）;
/*接收数据*/
i=USART_ReceiveData（USARTI）;
```

7.4.2　USART 串行通信应用硬件设计

为利用 USART 实现开发板与计算机通信，需要用到一个 USB 转 USART 的 IC 电路，可以选择 CH340G 芯片来实现这个功能。CH340G 是一个 USB 总线的转接芯片，实现 USB 转 USART、USB 转 IrDA 红外或者 USB 转打印机接口的功能。使用其 USB 转 USART 功能，具体电路设计如图 7-5 所示。

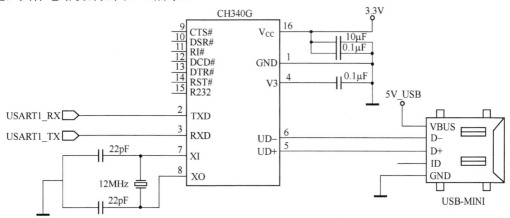

图 7-5　USB 转 USART 功能的硬件电路设计

将 CH340G 的 TXD 引脚与 USART1 的 RX 引脚连接，CH340G 的 RXD 引脚与 USART1 的 TX 引脚连接。CH340G 芯片集成在开发板上，其地线（GND）已与控制器的 GND 相连。

7.4.3　USART 串行通信应用软件设计

编程的要点包括：

1）使能 RX 和 TX 引脚 GPIO 时钟和 USART 时钟。

2）初始化 GPIO，并将 GPIO 复用到 USART 上。

3）配置 USART 参数。

4）配置中断控制器并使能 USART 接收中断。

5）使能 USART。

6）在 USART 接收中断服务函数中实现数据接收。

1. usart.h 头文件

```
#ifndef _USART_H
#define _USART_H
#include "stdio.h"
#include "sys.h"
#define USART_REC_LEN          200     //定义最大接收字节数 200
#define EN_USART1_RX           1       //使能（1）/禁止（0）串口 1 接收

extern u8   USART_RX_BUF[USART_REC_LEN]; //接收缓冲，最大 USART_REC_LEN 个字节.
末字节为换行符
extern u16 USART_RX_STA; //接收状态标记
//如果想串口中断接收，请不要注释以下宏定义
void uart_init(u32 bound);
```

System

```
#endif
```

2. usart.c 代码

```c
#include "sys.h"
#include "usart.h"
/////////////////////////////////////////////////////////////////////////////
//如果使用 ucos,则包括下面的头文件即可.
#if SYSTEM_SUPPORT_OS
#include "includes.h"        //ucos 使用
#endif

//加入以下代码,支持 printf 函数,而不需要选择 use MicroLIB
#if 1
#pragma import(__use_no_semihosting)
//标准库需要的支持函数
struct __FILE
{
    int handle;
};

FILE __stdout;
//定义_sys_exit()以避免使用半主机模式
void _sys_exit(int x)
{
    x = x;
}
//重定义 fputc 函数
int fputc(int ch, FILE *f)
{
    while((USART1->SR&0X40)==0);//循环发送,直到发送完毕
    USART1->DR = (u8) ch;
    return ch;
}
#endif

#if EN_USART1_RX      //如果使能了接收
//串口 1 中断服务程序
//注意,读取 USARTx->SR 能避免莫名其妙的错误
u8 USART_RX_BUF[USART_REC_LEN]; //接收缓冲,最大 USART_REC_LEN 个字节
//接收状态
//bit15,           接收完成标志
//bit14,           接收到 0x0d
//bit13~0,         接收到的有效字节数目
u16 USART_RX_STA=0; //接收状态标记

void uart_init(u32 bound)
{
    //GPIO 端口设置
    GPIO_InitTypeDef GPIO_InitStructure;
    USART_InitTypeDef USART_InitStructure;
    NVIC_InitTypeDef NVIC_InitStructure;

    RCC_APB2PeriphClockCmd(RCC_APB2Periph_USART1|RCC_APB2Periph_GPIOA,ENABLE);
//使能 USART1, GPIOA 时钟
```

```
//USART1_TX    GPIOA.9
GPIO_InitStructure.GPIO_Pin = GPIO_Pin_9; //PA.9
GPIO_InitStructure.GPIO_Speed = GPIO_Speed_50MHz;
GPIO_InitStructure.GPIO_Mode = GPIO_Mode_AF_PP;              //复用推挽输出
GPIO_Init(GPIOA, &GPIO_InitStructure);//初始化 GPIOA.9

//USART1_RX    GPIOA.10 初始化
GPIO_InitStructure.GPIO_Pin = GPIO_Pin_10;//PA10
GPIO_InitStructure.GPIO_Mode = GPIO_Mode_IN_FLOATING;//浮空输入
GPIO_Init(GPIOA, &GPIO_InitStructure);//初始化 GPIOA.10

//Usart1 NVIC 配置
NVIC_InitStructure.NVIC_IRQChannel = USART1_IRQn;
NVIC_InitStructure.NVIC_IRQChannelPreemptionPriority=3 ;     //抢占优先级 3
NVIC_InitStructure.NVIC_IRQChannelSubPriority = 3;           //子优先级 3
NVIC_InitStructure.NVIC_IRQChannelCmd = ENABLE;             //IRQ 通道使能
NVIC_Init(&NVIC_InitStructure);      //根据指定的参数初始化 VIC 寄存器

//USART 初始化设置
USART_InitStructure.USART_BaudRate = bound;//串口波特率
USART_InitStructure.USART_WordLength = USART_WordLength_8b; //字长为 8 位数据格式
USART_InitStructure.USART_StopBits = USART_StopBits_1;       //一个停止位
USART_InitStructure.USART_Parity = USART_Parity_No;          //无奇偶校验位
USART_InitStructure.USART_HardwareFlowControl = USART_HardwareFlowControl_None;
                                                            //无硬件数据流控制
USART_InitStructure.USART_Mode = USART_Mode_Rx | USART_Mode_Tx;     //收发模式

USART_Init(USART1, &USART_InitStructure);                   //初始化串口 1
USART_ITConfig(USART1, USART_IT_RXNE, ENABLE);             //开启串口接受中断
USART_Cmd(USART1, ENABLE);                                  //使能串口 1

}

void USART1_IRQHandler(void) //串口 1 中断服务程序
{
    u8 Res;
    #if SYSTEM_SUPPORT_OS //如果 SYSTEM_SUPPORT_OS 为真，则需要支持 OS
    OSIntEnter();
    #endif
    if(USART_GetITStatus(USART1, USART_IT_RXNE) != RESET)      //接收中断(接收到的数据
必须以 0x0d 0x0a 结尾)
        {
        Res =USART_ReceiveData(USART1);//读取接收到的数据

        if((USART_RX_STA&0x8000)==0)//接收未完成
            {
            if(USART_RX_STA&0x4000)//接收到了 0x0d
                {
                if(Res!=0x0a)USART_RX_STA=0;                //接收错误，重新开始
                else USART_RX_STA|=0x8000;                  //接收完成了
                }
            else //还没收到 0X0D
                {
                if(Res==0x0d)USART_RX_STA|=0x4000;
                else
```

```
                               {
                                   USART_RX_BUF[USART_RX_STA&0X3FFF]=Res ;
                                   USART_RX_STA++;
                                   if(USART_RX_STA>(USART_REC_LEN-
1))USART_RX_STA=0;//接收数据错误，重新开始接收
                               }
                           }
                       }
                   }
           #if SYSTEM_SUPPORT_OS        //如果 SYSTEM_SUPPORT_OS 为真，则需要支持 OS
               OSIntExit();
           #endif
           }
           #endif
```

3. main.c 代码

```
           #include "led.h"
           #include "delay.h"
           #include "key.h"
           #include "sys.h"
           #include "usart.h"

            int main(void)
            {
                u16 t;
                u16 len;
                u16 times=0;
                delay_init();                //延时函数初始化
                NVIC_PriorityGroupConfig(NVIC_PriorityGroup_2); //设置 NVIC 中断分组 2:2 位抢占式优先
级，2 位响应式优先级
                uart_init(115200);           //串口初始化为 115200
                LED_Init();                  //LED 端口初始化
                KEY_Init();                  //初始化与按键连接的硬件接口
                while(1)
                {
                       if(USART_RX_STA&0x8000)
                       {
                           len=USART_RX_STA&0x3fff;//得到此次接收到的数据长度
                           printf("\r\n 您发送的消息为:\r\n\r\n");
                           for(t=0;t<len;t++)
                           {
                               USART_SendData(USART1, USART_RX_BUF[t]);//向串口 1 发送数据
                               while(USART_GetFlagStatus(USART1,USART_FLAG_TC)!=SET);//等待
发送结束
                           }
                           printf("\r\n\r\n");//插入换行
                           USART_RX_STA=0;
                       }else
                       {
                           times++;
                           if(times%5000==0)
                           {
                               printf("\r\n 战舰 STM32 开发板 串口实验\r\n");
                               printf("正点原子@ALIENTEK\r\n\r\n");
                           }
```

```
            if(times%200==0) printf("请输入数据,以回车键结束\n");
            if(times%30==0) LED0=!LED0;//闪烁 LED，提示系统正在运行
            delay_ms(10);
        }
    }
}
```

当发送"1234567890"字符串时，串口助手显示界面如图 7-6 所示。

图 7-6　串口助手显示界面

习题

1．通用异步通信数据格式是什么？画图说明。

2．已知异步通信接口的帧格式由 1 个起始位、8 个数据位、无奇偶校验位和 1 个停止位组成。当该接口每分钟传送 9600 个字符时，试计算其波特率。

3．简要说明 USART 的工作原理。

4．简要说明 USART 数据接收配置步骤。

5．当使用 USART 进行全双工异步通信时，需要做哪些配置？

6．编程写出 USART 的初始化程序。

7．分别说明 USART 在发送期间和接收期间有几种中断事件?

第 8 章　STM32 SPI 控制器

本章介绍了 STM32 SPI 控制器，包括 STM32 的 SPI 通信原理、STM32F103 的 SPI 工作原理、SPI 库函数、SPI 串行总线应用实例。

8.1　STM32 的 SPI 通信原理

实际生产生活当中，有些系统的功能无法完全通过 STM32 的外设来实现，例如，16 位及以上的 A-D 转换器、温/湿度传感器、大容量 EEPROM 或 Flash、大功率电机驱动芯片、无线通信控制芯片等。此时，只能通过扩展特定功能的芯片来实现这些功能。另外，有的系统需要两个或者两个以上的主控器（STM32 或 FPGA），而这些主控器之间也需要通过适当的芯片间通信方式来实现通信。

常见的系统内通信方式有并行通信和串行通信两种。并行通信方式指同一个时刻，在嵌入式处理器和外围芯片之间传递的数据有多位；串行通信方式则是指每个时刻传递的数据只有一位，需要通过多次传递才能完成一字节的传输。并行通信方式具有传输速度快的优点，但连线较多，且传输距离较近；串行通信方式虽然较慢，但连线数量少，且传输距离较远。早期的 MCS-51 单片机只集成了并行接口，但在实际应用中人们发现：对于可靠性、体积和功耗要求较高的嵌入式系统，串行通信方式更加实用。

串行通信可以分为同步串行通信和异步串行通信两种。它们的不同点在于判断一个数据位结束和另一个数据位开始的方法。同步串行端口通过另一个时钟信号来判断数据位的起始时刻。在同步串行通信中，这个时钟信号被称为同步时钟，如果失去了同步时钟，同步串行通信将无法完成。异步串行通信则通过时间来判断数据位的起始，即通信双方约定一个相同的时间长度作为每个数据位的时间长度（这个时间长度的倒数称为波特率）。当某位的时间到达后，发送方就开始发送下一位的数据，而接收方也把下一个时刻的数据存放到下一个数据位的位置。在使用当中，同步串行端口虽然比异步串行端口多一条时钟信号线，但由于无须计时操作，同步串行接口硬件结构比较简单，因此通信速度比异步串行接口快得多。

根据在实际嵌入式系统中的重要程度，本书在后续章节中会分别介绍两种同步串行接口的使用方法：SPI 模式、I^2C 模式。

8.1.1　SPI 概述

串行外设接口（Serial Peripheral Interface，SPI）是由美国摩托罗拉（Motorola）公司提出

的一种高速全双工串行同步通信接口，首先出现在 M68HC 系列处理器中，由于其使用简单方便，成本低廉，信号传输速度快，因此被其他半导体厂商广泛使用，从而成为事实上的标准。

SPI 与 USART 相比，其数据传输速度要快得多，因此被广泛地应用于微控制器与 ADC、LCD 等设备的通信，尤其是高速通信的场合。微控制器还可以通过 SPI 组成一个小型同步网络进行高速数据交换，完成较复杂的工作。

作为全双工串行同步通信接口，SPI 采用主/从模式（Master/Slave），支持一个或多个从设备，能够实现主设备和从设备之间的高速数据通信。

SPI 具有硬件简单、成本低廉、易于使用、传输数据速度快等优点，适用于成本敏感或者高速通信的场合。但同时，SPI 也存在无法检查纠错、不具备寻址能力和接收方没有应答信号等缺点，不适合复杂或者可靠性要求较高的场合。

SPI 是同步全双工串行通信接口。由于同步，SPI 有一条公共的时钟线；由于全双工，SPI 至少有两条数据线来实现数据的双向同时传输；由于串行，SPI 收发数据只能一位一位地在各自的数据线上传输，因此最多只有两条数据线，一条发送数据线和一条接收数据线。由此可见，SPI 在物理层体现为 4 条信号线，分别是 SCK、MOSI、MISO 和 SS。

1）SCK（Serial Clock），即时钟线，由主设备产生。不同的设备支持的时钟频率不同。但每个时钟周期可以传输一位数据，经过 8 个时钟周期，一个完整的字节数据就传输完成了。

2）MOSI（Master Output Slave Input），即主设备数据输出/从设备数据输入线。这条信号线上的方向是从主设备到从设备，即主设备从这条信号线发送数据，从设备从这条信号线上接收数据。有的半导体厂商（如 Microchip 公司），站在从设备的角度，将其命名为 SDI。

3）MISO（Master Input Slave Output），即主设备数据输入/从设备数据输出线。这条信号线上的方向是由从设备到主设备，即从设备从这条信号线发送数据，主设备从这条信号线上接收数据。有的半导体厂商（如 Microchip 公司），站在从设备的角度，将其命名为 SDO。

4）SS（Slave Select），有时候也叫 CS（Chip Select），即 SPI 从设备选择信号线。当有多个 SPI 从设备与 SPI 主设备相连（即一主多从）时，SS 用来选择激活指定的从设备，由 SPI 主设备（通常是微控制器）驱动，低电平有效。当只有一个 SPI 从设备与 SPI 主设备相连（即一主一从）时，SS 并不是必需的。因此，SPI 也被称为三线同步通信接口。

除了 SCK、MOSI、MISO 和 SS 这 4 条信号线外，SPI 还包含两个串行移位数据寄存器，如图 8-1 所示。

SPI 主设备向它的 SPI 串行移位数据寄存器写入一个字节发起一次传输，该寄存器通过数据线 MOSI 一位一位地将字节传送给 SPI 从设备；与此同时，SPI 从设备也将自

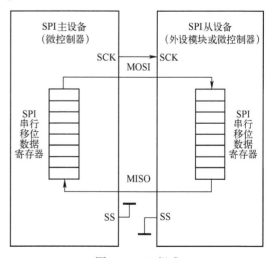

图 8-1　SPI 组成

己的 SPI 串行移位数据寄存器中的内容通过数据线 MISO 返回给主设备。这样，SPI 主设备和 SPI 从设备的两个串行移位数据寄存器中的内容相互交换。需要注意的是，对从设备的写操作和读操作是同步完成的。

如果只进行 SPI 从设备写操作（即 SPI 主设备向 SPI 从设备发送一个字节数据），只需忽略收到字节即可。反之，如果要进行 SPI 从设备读操作（即 SPI 主设备要读取 SPI 从设备发送的一个字节数据），则 SPI 主设备发送一个空字节触发从设备的数据传输。

8.1.2 SPI 互连方式

SPI 互连主要有一主一从和一主多从两种互连方式。

1. 一主一从互连方式

在一主一从的 SPI 互连方式下，只有一个 SPI 主设备和一个 SPI 从设备进行通信。这种情况下，只需要分别将主设备的 SCK、MOSI、MISO 和从设备的 SCK、MOSI、MISO 直接相连，并将主设备的 SS 置为高电平，从设备的 SS 接地（置为低电平，片选有效，选中该从设备）即可，如图 8-2 所示。

值得注意的是，USART 互连时，通信双方 USART 的两条数据线必须交叉连接，即一端的 TxD 必须与另一端的 RxD 相连，对应的，一端的 RxD 必须与另一端的 TxD 相连。而当 SPI 互连时，主设备和从设备的两条信号线必须直接相连，即

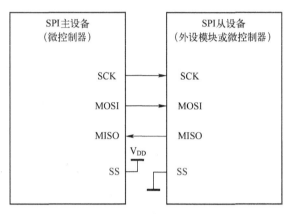

图 8-2 一主一从的 SPI 互连方式

主设备的 MISO 与从设备的 MISO 相连，主设备的 MOSI 与从设备的 MOSI 相连。

2. 一主多从互连方式

在一主多从的 SPI 互连方式下，一个 SPI 主设备可以和多个 SPI 从设备相互通信。这种情况下，所有的 SPI 设备（包括主设备和从设备）共享时钟线和数据线，即 SCK、MOSI、MISO 这 3 条线，并在主设备端使用多个 GPIO 引脚来选择不同的 SPI 从设备，如图 8-3 所示。显然，在多个从设备的 SPI 互连方式下，片选信号 SS 必须对每个从设备分别进行选通，增加了连接的难度和连接的数量，失去了串行通信的优势。

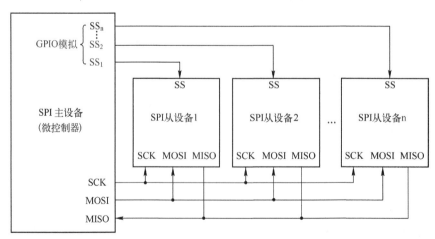

图 8-3 一主多从的 SPI 互连方式

需要特别注意的是，在多个从设备的 SPI 的系统中，由于时钟线和数据线为所有的 SPI 设备共享，因此，在同一时刻只能有一个从设备参与通信。而且，当主设备与其中一个从设备进行通信时，其他从设备的时钟和数据线都应保持高阻态，以避免影响当前数据的传输。

8.2 STM32F103 的 SPI 工作原理

SPI 允许芯片与外部设备以半/全双工、同步、串行方式通信，此接口可以被配置成主模式，并为外部从设备提供 SCK，接口还能以多主的配置方式工作。SPI 可用于多种用途，包括使用一条双向数据线的双线单工同步传输，还可使用 CRC 校验的可靠通信。

8.2.1 SPI 主要特征

STM32F103 微控制器的小容量产品有 1 个 SPI，中等容量产品有 2 个 SPI，大容量产品则有 3 个 SPI。

STM32F103 微控制器的 SPI 主要具有以下特征：

1）3 线全双工同步传输。

2）带或不带第三根双向数据线的双线单工同步传输。

3）8 或 16 位传输帧格式选择。

4）主或从操作。

5）支持多主模式。

6）8 个主模式波特率预分频系数（最大为 $f_{PCLK/2}$）。

7）从模式频率（最大为 $f_{PCLK/2}$）。

8）主模式和从模式的快速通信。

9）主模式和从模式下均可以由软件或硬件进行 NSS 管理：主/从操作模式的动态改变。

10）可编程的时钟极性和相位。

11）可编程的数据顺序，MSB 在前或 LSB 在前。

12）可触发中断的专用发送和接收标志。

13）SPI 总线忙状态标志。

14）支持可靠通信的硬件 CRC。在发送模式下，CRC 值可以被作为最后一个字节发送；在全双工模式下，对接收到的最后一个字节自动进行 CRC 校验。

15）可触发中断的主模式故障、过载以及 CRC 错误标志。

16）支持 DMA 功能的 1 字节发送和接收缓冲器：产生发送和接受请求。

8.2.2 SPI 内部结构和功能

STM32F103 微控制器的 SPI 主要由波特率发生器、收发控制和数据存储转移三部分组成，内部结构如图 8-4 所示。波特率发生器用来产生 SPI 的 SCK 时钟信号，收发控制主要由控制寄存器组成，数据存储转移主要由接收缓冲区、移位寄存器和发送缓冲区等构成。

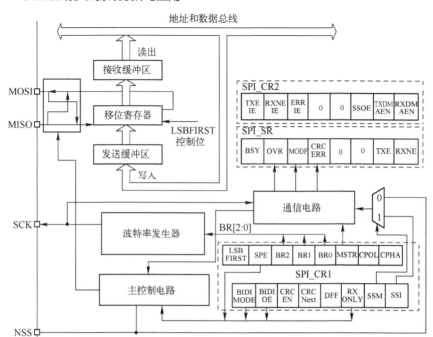

图 8-4　STM32F103 微控制器的 SPI 内部结构图

通常 SPI 通过 4 个引脚与外部器件相连:

1）MISO: 主设备输入/从设备输出引脚。该引脚在从模式下发送数据,在主模式下接收数据。

2）MOSI: 主设备输出/从设备输入引脚。该引脚在主模式下发送数据,在从模式下接收数据。

3）SCK: 串口时钟作为主设备的输出,从设备的输入。

4）NSS: 从设备选择。这是一个可选的引脚,用来选择主/从设备。它的功能是用来作为片选引脚,让主设备可以单独地与特定从设备通信,避免数据线上的冲突。

STM32 微控制器 SPI 的功能主要由波特率控制、收发控制和数据存储转移 3 部分构成。

1. 波特率控制

波特率发生器可产生 SPI 的 SCK 时钟信号。波特率预分频系数为 2、4、8、16、32、64、128 或 256。通过设置波特率控制位（BR）可以控制 SCK 的输出频率,从而控制 SPI 的传输速率。

2. 收发控制

收发控制由若干个控制寄存器组成,如 SPI 控制寄存器 SPI_CR1、SPI_CR2 和 SPI 状态寄存器 SPI_SR 等。

SPI_CR1 主控收发电路,用于设置 SPI 的协议,如时钟极性、相位和数据格式等。

SPI_CR2 用于设置各种 SPI 中断使能,如使能 TXE 的 TXEIE 和 RXNE 的 RXNEIE 等。通过 SPI_SR 中的各个标志位可以查询 SPI 当前的状态。

SPI 的控制和状态查询可以通过库函数实现。

3．数据存储转移

数据存储转移见图 8-4 的左上部分，主要由接收缓冲区、移位寄存器和发送缓冲区等构成。

移位寄存器与 SPI 的引脚 MISO 和 MOSI 连接，一方面将从 MISO 收到的数据位根据数据格式及顺序经串/并转换后转发到接收缓冲区，另一方面将从发送缓冲区收到的数据根据数据格式及顺序经并/串转换后逐位从 MOSI 上发送出去。

8.2.3　时钟信号的相位和极性

SPI_CR 的 CPOL（时钟极性）和 CPHA（时钟相位）位，能够组合成四种可能的时序关系。CPOL 位控制在没有数据传输时时钟的空闲状态电平，此位对主模式和从模式下的设备都有效。如果 CPOL 被清零，SCK 引脚在空闲状态保持低电平；如果 CPOL 被置 1，SCK 引脚在空闲状态保持高电平。

如图 8-5 所示，如果 CPHA 位被清零，数据在 SCK 时钟的奇数（第 1、3、5 个…）跳变沿（CPOL 位为 0 时就是上升沿，CPOL 位为 1 时就是下降沿）进行数据位的存取，数据在 SCK 时钟的偶数（第 2、4、6 个…）跳变沿（CPOL 位为 0 时就是下降沿，CPOL 位为 1 时就是上升沿）准备就绪。

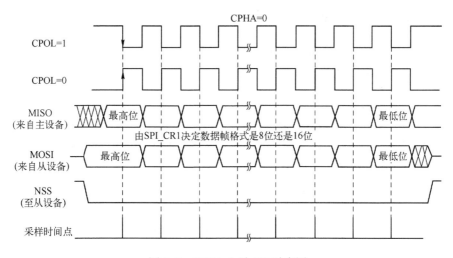

图 8-5　CPHA=0 时 SPI 时序图

如图 8-6 所示，如果 CPHA 位被置 1，数据在 SCK 时钟的偶数（第 2、4、6 个…）跳变沿（CPOL 位为 0 时就是下降沿，CPOL 位为 1 时就是上升沿）进行数据位的存取，数据在 SCK 时钟的奇数（第 1、3、5 个…）跳变沿（CPOL 位为 0 时就是上升沿，CPOL 位为 1 时就是下降沿）准备就绪。

CPOL 和 CPHA 的组合选择数据捕捉的时钟边沿。图 8-5 和图 8-6 显示了 SPI 传输的 4 种 CPHA 和 CPOL 位组合，可以解释为主设备和从设备的 SCK、MISO、MOSI 引脚直接连接的主或从时序图。

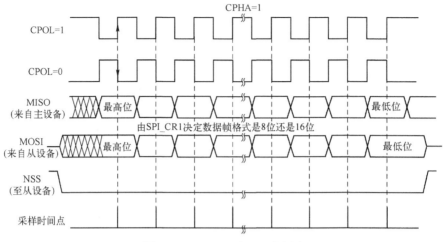

图 8-6   CPHA=1 时 SPI 时序图

8.2.4   数据帧格式

根据 SPI_CR1 中的 LSBFIRST 位，输出数据位时可以 MSB 在先也可以 LSB 在先。

根据 SPI_CR1 的 DFF 位，每个数据帧可以是 8 位或 16 位。所选择的数据帧格式决定发送/接收的数据长度。

8.2.5   配置 SPI 为主模式

在 SPI 为主模式时，在 SCK 引脚产生串行时钟。

应按照以下步骤配置 SPI 为主模式。

1. 配置步骤

1）通过 SPI_CR1 的 BR[2:0]位定义串行时钟波特率。

2）选择 CPOL 和 CPHA 位，定义数据传输和串行时钟间的相位关系。

3）设置 DFF 位来定义 8 位或 16 位数据帧格式。

4）配置 SPI_CR1 的 LSBFIRST 位定义帧格式。

5）如果需要 NSS 引脚工作在输入模式，硬件模式下，在整个数据帧传输期间应把 NSS 引脚连接到高电平；在软件模式下，需设置 SPI_CR1 的 SSM 位和 SSI 位。如果 NSS 引脚工作在输出模式，则只需设置 SSOE 位。

6）必须设置 MSTR 位和 SPE 位（只有当 NSS 脚被连到高电平，这些位才能保持置位）。在这个配置中，MOSI 引脚是数据输出，而 MISO 引脚是数据输入。

2. 数据发送过程

当写入数据至发送缓冲区时，发送过程开始。

在发送第一个数据位时，数据字被并行地（通过内部总线）传入移位寄存器，而后串行地移出到 MOSI 引脚上；"MSB 在先"还是"LSB 在先"，取决于 SPI_CR1 中的 LSBFIRST 控制位的设置。

数据从发送缓冲区传输到移位寄存器时 TXE 标志将被置位，如果设置了 SPI_CR1 中的 TXEIE 位，将产生中断。

3. 数据接收过程

对于接收器来说，当数据传输完成时：

1）传送移位寄存器里的数据到接收缓冲区，并且 RXNE 标志被置位。

2）如果设置了 SPI_CR2 中的 RXNEIE 位，则产生中断。

在最后一个采样时钟沿，RXNE 位被设置，在移位寄存器中接收到的数据字被传送到接收缓冲区。读 SPI_DR 时，SPI 返回接收缓冲区中的数据。读 SPI_DR 将清除 RXNE 位。

8.3　SPI 库函数

SPI 固件库支持 21 种库函数，见表 8-1。为了帮助读者理解这些函数的具体使用方法，对标准库中部分函数做详细介绍。

表 8-1　SPI 库函数

函数名称	功能描述
SPI_DeInit	将外设 SPIx 寄存器重设为缺省值
SPI_Init	根据 SPI_InitStruct 中指定的参数初始化外设 SPIx 寄存器
SPI_StructInit	把 SPI_InitStruct 中的每一个参数按缺省值填入
SPI_Cmd	使能或者失能 SPI 外设
SPI_ITConfig	使能或者失能指定的 SPI 中断
SPI_DMACmd	使能或者失能指定 SPI 的 DMA 请求
SPI_SendData	通过外设 SPIx 发送一个数据
SPI_ReceiveData	返回通过 SPIx 接收最近的数据
SPI_DMALastTransferCmd	使下一次 DMA 传输为最后一次传输
SPI_NSSInternalSoftwareConfig	为选定的 SPI 软件配置内部 NSS 引脚
SPI_SSOutputCmd	使能或者失能指定的 SPI
SPI_DataSizeConfig	设置选定的 SPI 数据大小
SPI_TransmitCRC	发送 SPIx 的 CRC 值
SPI_CalculateCRC	使能或者失能指定 SPI 的传输字 CRC 值计算
SPI_GetCRC	返回指定 SPI 的发送或者接收 CRC 寄存器值
SPI_GetCRCPolynomial	返回指定 SPI 的 CRC 多项式寄存器值
SPI_BiDirectionalLineConfig	选择指定 SPI 在双向模式下的数据传输方向
SPI_GetFlagStatus	检查指定的 SPI 标志位设置与否
SPI_ClearFlag	清除 SPIx 的待处理标志位
SPI_GetITStatus	检查指定的 SPI 中断发生与否
SPI_ClearITPendingBit	清除 SPIx 的中断待处理位

1. 函数 SPI_DeInit

函数名称：SPI_DeInit。

函数原型：void SPI_DeInit（SPI_TypeDef* SPIx）。

功能描述：将外设 SPIx 寄存器重设为缺省值。

输入参数：SPIx，x 可以是 1 或者 2，用来选择 SPI 外设。

输出参数：无。

返回值：无。

2．函数 SPI_Init

函数名称：SPI_Init。

函数原型：void SPI_Init（SPI_TypeDef* SPIx，SPI_InitTypeDef* SPI_InitStruct）。

功能描述：根据 SPI_InitStruct 中指定的参数初始化外设 SPIx 寄存器。

输入参数 1：SPIx，x 可以是 1 或者 2，用来选择 SPI 外设。

输入参数 2：SPI_InitStruct，指向结构 SPI_InitTypeDef 的指针，包含了外设 SPI 的配置信息。

输出参数：无。

返回值：无。

3．函数 SPI_Cmd

函数名称：SPI_ Cmd。

函数原型：void SPI_Cmd（SPI_TypeDef* SPIx，FunctionalState NewState）。

功能描述：使能或者失能 SPI 外设。

输入参数 1：SPIx，x 可以是 1 或者 2，用来选择 SPI 外设。

输入参数 2：NewState，外设 SPIx 的新状态，这个参数可以取 ENABLE 或者 DISABLE。

输出参数：无。

返回值：无。

4．函数 SPI_SendData

函数名称：SPI_SendData。

函数原型：void SPI_SendData（SPI_TypeDef* SPIx，u16 Data）。

功能描述：通过外设 SPIx 发送一个数据。

输入参数 1：SPIx，x 可以是 1 或者 2，用来选择 SPI 外设。

输入参数 2：Data，待发送的数据。

输出参数：无。

返回值：无。

5．函数 SPI_ReceiveData

函数名称：SPI_ReceiveData。

函数原型：u16 SPI_ReceiveData（SPI_TypeDef* SPIx）。

功能描述：返回通过 SPIx 接收的最近的数据。

输入参数：SPIx，x 可以是 1 或者 2，用来选择 SPI 外设。

输出参数：无。

返回值：接收到的字。

6．函数 SPI_ITConfig

函数名称：SPI_ITConfig。

函数原型：void SPI_ITConfig（SPI_TypeDef* SPIx，uint8_t SPI_IT，Functional-State NewState）。

功能描述：使能或者失能指定的 SPI 中断。

输入参数 1：SPIx，x 可以是 1 或者 2，用来选择 SPI 外设。

输入参数 2：SPI_IT，待使能或者失能的 SPI 中断源。

输入参数 3：NewState，SPIx 中断的新状态，这个参数可以取 ENABLE 或者 DISABLE。

输出参数：无。

返回值：无。

7．函数 SPI_GetITStatus

函数名称：SPI_GetITStatus。

函数原型：ITStatus SPI_GetITStatus（SPI_TypeDef＊SPIx，uint8_t SPI_IT）。

功能描述：检查指定的 SPI 中断发生与否。

输入参数 1：SPIx，x 可以是 1 或者 2，用来选择 SPI 外设。

输入参数 2：SPI_IT，待检查的 SPI 中断源。

输出参数：无。

返回值：SPI_IT 的新状态。

8．函数 SPI_ClearFlag

函数名称：SPI_ClearFlag。

函数原型：void SPI_ClearFlag（SPI_TypeDef＊SPIx，uint16_t SPI_FLAG）。

功能描述：清除 SPIx 的待处理标志位。

输入参数 1：SPIx，x 可以是 1 或者 2，用来选择 SPI 外设。

输入参数 2：SPI_FLAG，待清除的 SPI 标志位。

输出参数：无。

返回值：无。

8.4　SPI 串行总线应用实例

Flash 又称闪存，它与 EEPROM 都是掉电后不丢失数据的存储器，但 Flash 的容量普遍大于 EEPROM，现在基本取代了 EFPROM 的地位。生活中常用的 U 盘、SD 卡、SSD 固态硬盘以及 STM32 内部用于存储程序的设备，都是 Flash 类型的存储器。

本节以一种使用 SPI 通信的串行 Flash 存储芯片 W25Q64 的读写为例，讲述 STM32 的 SPI 使用方法。实例中 STM32 的 SPI 外设采用主模式，通过查询事件的方式来确保正常通信。

8.4.1　STM32 的 SPI 配置流程

SPI 是一种串行同步通信协议，由一个主设备和一个或多个从设备组成，主设备启动一个与从设备的同步通信，从而完成数据的交换。该总线大量用在 Flash、ADC、RAM 和显示驱动器之类的慢速外设器件中。因为不同的器件通信命令不同，这里具体介绍 STM32 上 SPI 的配置方法，关于具体器件请参考相关说明书。

SPI 配置流程图如图 8-7 所示，主要包括开启时钟、相关引脚配置和 SPI 工作模式设置。其中，GPIO 配置需将 SPI 器件片选设置为高电平，SCK、MISO、MOSI 设置为复用功能。

配置完成后，可根据器件功能和命令进行读写操作。

8.4.2　SPI 与 Flash 接口的硬件设计

W25Q128 SPI 串行 Flash 硬件连接图如图 8-8 所示。

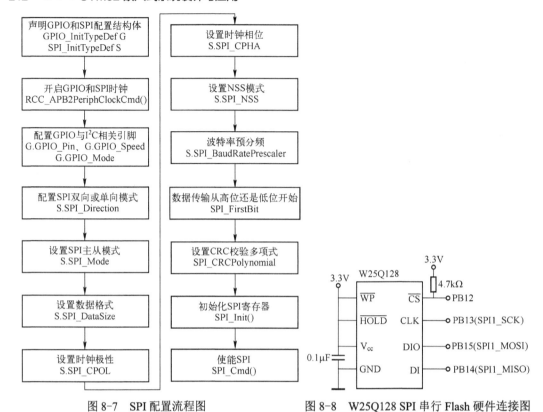

图 8-7　SPI 配置流程图　　　　图 8-8　W25Q128 SPI 串行 Flash 硬件连接图

　　本开发板中的 Flash（W25Q128）是一种使用 SPI 的 NOR Flash，它的 CS/CLK/DIO/DO 引脚分别连接到 STM32 对应的 SPI 引脚 NSS、SCK、MOSI、MISO 上，其中 STM32 的 NSS 引脚是一个普通的 GPIO，不是 SPI 的专用 NSS 引脚，所以程序中要使用软件控制的方式。

　　Flash 中还有 WP 和 HOLD 引脚。WP 引脚可控制写保护功能，当该引脚为低电平时，禁止写入数据此引脚直接接电源，不使用写保护功能。HOLD 引脚可用于暂停通信，该引脚为低电平时，通信暂停，数据输出引脚输出高阻抗状态，时钟和数据输入引脚无效，HOLD 引脚直接接电源，不使用通信暂停功能。

　　关于 Flash 的更多信息，可参考 W25Q128 数据手册。若使用的 Flash 型号或控制引脚不一样，只需根据工程模板修改即可，程序的控制原理相同。

8.4.3　SPI 与 Flash 接口的软件设计

编程的要点包括：

1）初始化通信使用的目标引脚及端口时钟。

2）使能 SPI 外设的时钟。

3）配置 SPI 外设的模式、地址、速率等参数并使能 SPI 外设。

4）编写基本 SPI 按字节收发的函数。

5）编写对 Flash 擦除及读写操作的函数。

6）编写测试程序，对读写数据进行校验。

1. spi.c 代码

```
#include "spi.h"

//以下是 SPI 模块的初始化代码，配置成主机模式，访问 SD Card/W25Q64/NRF24L01
//SPI 口初始化
//这里针是对 SPI2 的初始化

void SPI2_Init(void)
{
    GPIO_InitTypeDef GPIO_InitStructure;
    SPI_InitTypeDef   SPI_InitStructure;

    RCC_APB2PeriphClockCmd(RCC_APB2Periph_GPIOB, ENABLE );//PORTB 时钟使能
    RCC_APB1PeriphClockCmd(RCC_APB1Periph_SPI2,   ENABLE );//SPI2 时钟使能

    GPIO_InitStructure.GPIO_Pin = GPIO_Pin_13 | GPIO_Pin_14 | GPIO_Pin_15;
    GPIO_InitStructure.GPIO_Mode = GPIO_Mode_AF_PP;   //PB13/14/15 复用推挽输出
    GPIO_InitStructure.GPIO_Speed = GPIO_Speed_50MHz;
    GPIO_Init(GPIOB, &GPIO_InitStructure);//初始化 GPIOB

    GPIO_SetBits(GPIOB,GPIO_Pin_13|GPIO_Pin_14|GPIO_Pin_15);//PB13/14/15 上拉

    SPI_InitStructure.SPI_Direction = SPI_Direction_2Lines_FullDuplex;//设置 SPI 单向或者双向的
数据模式：SPI 设置为双线双向全双工
    SPI_InitStructure.SPI_Mode = SPI_Mode_Master;//设置 SPI 工作模式:设置为主 SPI
    SPI_InitStructure.SPI_DataSize = SPI_DataSize_8b;//设置 SPI 的数据大小：SPI 发送接收 8 位帧
结构
    SPI_InitStructure.SPI_CPOL = SPI_CPOL_High;//串行同步时钟的空闲状态为高电平
    SPI_InitStructure.SPI_CPHA = SPI_CPHA_2Edge;//串行同步时钟的第二个跳变沿（上升或下
降）数据被采样
    SPI_InitStructure.SPI_NSS = SPI_NSS_Soft;//NSS 信号由硬件（NSS 管脚）还是软件（使用
SSI 位）管理:内部 NSS 信号有 SSI 位控制
    SPI_InitStructure.SPI_BaudRatePrescaler = SPI_BaudRatePrescaler_256;//定义波特率预分频的值:
波特率预分频值为256
    SPI_InitStructure.SPI_FirstBit = SPI_FirstBit_MSB;//指定数据传输从 MSB 位还是 LSB 位开始:
数据传输从 MSB 位开始
    SPI_InitStructure.SPI_CRCPolynomial = 7;//CRC 值计算的多项式
    SPI_Init(SPI2, &SPI_InitStructure); //根据 SPI_InitStruct 中指定的参数初始化外设 SPIx 寄存器

    SPI_Cmd(SPI2, ENABLE); //使能 SPI 外设

    SPI2_ReadWriteByte(0xff);//启动传输

}
//SPI 速度设置函数
//SpeedSet:
//SPI_BaudRatePrescaler_2       2 分频
//SPI_BaudRatePrescaler_8       8 分频
//SPI_BaudRatePrescaler_16      16 分频
//SPI_BaudRatePrescaler_256     256 分频
```

```
void SPI2_SetSpeed(u8 SPI_BaudRatePrescaler)
{
    assert_param(IS_SPI_BAUDRATE_PRESCALER(SPI_BaudRatePrescaler));
    SPI2->CR1&=0XFFC7;
    SPI2->CR1|=SPI_BaudRatePrescaler;//设置 SPI2 速度
    SPI_Cmd(SPI2,ENABLE);

}

//SPIx 读写一个字节
//TxData：要写入的字节
//返回值：读取到的字节
u8 SPI2_ReadWriteByte(u8 TxData)
{
    u8 retry=0;
    while (SPI_I2S_GetFlagStatus(SPI2, SPI_I2S_FLAG_TXE) == RESET) //检查指定的 SPI 标志位
设置与否：发送缓存空标志位
            {
            retry++;
            if(retry>200)return 0;
            }
    SPI_I2S_SendData(SPI2, TxData); //通过外设 SPIx 发送一个数据
    retry=0;

    while (SPI_I2S_GetFlagStatus(SPI2, SPI_I2S_FLAG_RXNE) == RESET) //检查指定的 SPI 标志
位设置与否：接受缓存非空标志位
            {
            retry++;
            if(retry>200)return 0;
            }
    return SPI_I2S_ReceiveData(SPI2); //返回通过 SPIx 最近接收的数据
}
```

2. w25qxx.c 代码

```
#include "w25qxx.h"
#include "spi.h"
#include "delay.h"
#include "usart.h"

u16 W25QXX_TYPE=W25Q128; //默认是 W25Q128

//4Kbytes 为一个 Sector
//16 个扇区为 1 个 Block
//W25Q128
//容量为 16MB，共有 128 个 Block，4096 个 Sector

//初始化 SPI FLASH 的 IO 口
void W25QXX_Init(void)
{
```

```
    GPIO_InitTypeDef GPIO_InitStructure;
    RCC_APB2PeriphClockCmd( RCC_APB2Periph_GPIOB, ENABLE );//PORTB 时钟使能

    GPIO_InitStructure.GPIO_Pin = GPIO_Pin_12;                    // PB12 推挽
    GPIO_InitStructure.GPIO_Mode = GPIO_Mode_Out_PP;             //推挽输出
    GPIO_InitStructure.GPIO_Speed = GPIO_Speed_50MHz;
    GPIO_Init(GPIOB, &GPIO_InitStructure);
    GPIO_SetBits(GPIOB,GPIO_Pin_12);

    W25QXX_CS=1;                                                  //SPI FLASH 不选中
    SPI2_Init();                                                  //初始化 SPI
    SPI2_SetSpeed(SPI_BaudRatePrescaler_2);                       //设置为 18MHz 时钟，高速模式
    W25QXX_TYPE=W25QXX_ReadID();                                  //读取 FLASH ID

}

//读取 W25QXX 的状态寄存器
//BIT7  6   5   4   3   2   1    0
//SPR    RV  TB BP2 BP1 BP0 WEL BUSY
//SPR：默认 0，状态寄存器保护位，配合 WP 使用
//TB，BP2，BP1，BP0：FLASH 区域写保护设置
//WEL：写使能锁定
//BUSY：忙标记位(1，忙；0，空闲)
//默认：0x00
u8 W25QXX_ReadSR(void)
{
    u8 byte=0;
    W25QXX_CS=0;                                                  //使能器件
    SPI2_ReadWriteByte(W25X_ReadStatusReg);                      //发送读取状态寄存器命令
    byte=SPI2_ReadWriteByte(0Xff);                               //读取一个字节
    W25QXX_CS=1;                                                  //取消片选
    return byte;
}
//写 W25QXX 状态寄存器
//只有 SPR，TB，BP2，BP1，BP0(bit 7，5，4，3，2)可以写
void W25QXX_Write_SR(u8 sr)
{
    W25QXX_CS=0;                                                  //使能器件
    SPI2_ReadWriteByte(W25X_WriteStatusReg);                     //发送写取状态寄存器命令
    SPI2_ReadWriteByte(sr);                                      //写入一个字节
    W25QXX_CS=1;                                                  //取消片选
}
//W25QXX 写使能
//将 WEL 置位
void W25QXX_Write_Enable(void)
{
    W25QXX_CS=0;                                                  //使能器件
    SPI2_ReadWriteByte(W25X_WriteEnable);                        //发送写使能
    W25QXX_CS=1;                                                  //取消片选
}
//W25QXX 写禁止
```

```
//将 WEL 清零
void W25QXX_Write_Disable(void)
{
    W25QXX_CS=0;                                  //使能器件
    SPI2_ReadWriteByte(W25X_WriteDisable);        //发送写禁止指令
    W25QXX_CS=1;                                  //取消片选
}
//读取芯片 ID
//返回值如下：
//0XEF13，表示芯片型号为 W25Q80
//0XEF14，表示芯片型号为 W25Q16
//0XEF15，表示芯片型号为 W25Q32
//0XEF16，表示芯片型号为 W25Q64
//0XEF17，表示芯片型号为 W25Q128
u16 W25QXX_ReadID(void)
{
    u16 Temp = 0;
    W25QXX_CS=0;
    SPI2_ReadWriteByte(0x90);//发送读取 ID 命令
    SPI2_ReadWriteByte(0x00);
    SPI2_ReadWriteByte(0x00);
    SPI2_ReadWriteByte(0x00);
    Temp|=SPI2_ReadWriteByte(0xFF)<<8;
    Temp|=SPI2_ReadWriteByte(0xFF);
    W25QXX_CS=1;
    return Temp;
}
//读取 SPI FLASH
//在指定地址开始读取指定长度的数据
//pBuffer：数据存储区
//ReadAddr：开始读取的地址(24bit)
//NumByteToRead：要读取的字节数(最大 65535)
void W25QXX_Read(u8* pBuffer,u32 ReadAddr,u16 NumByteToRead)
{
    u16 i;
    W25QXX_CS=0;                                  //使能器件
    SPI2_ReadWriteByte(W25X_ReadData);            //发送读取命令
    SPI2_ReadWriteByte((u8)((ReadAddr)>>16));     //发送 24bit 地址
    SPI2_ReadWriteByte((u8)((ReadAddr)>>8));
    SPI2_ReadWriteByte((u8)ReadAddr);
    for(i=0;i<NumByteToRead;i++)
    {
        pBuffer[i]=SPI2_ReadWriteByte(0XFF); //循环读数
    }
    W25QXX_CS=1;
}
//SPI 在一页（0～65535）内写入少于 256 个字节的数据
//在指定地址开始写入最大 256 字节的数据
//pBuffer：数据存储区
//WriteAddr：开始写入的地址(24bit)
//NumByteToWrite：要写入的字节数(最大 256)，该数不应该超过该页的剩余字节数
```

```
void W25QXX_Write_Page(u8* pBuffer,u32 WriteAddr,u16 NumByteToWrite)
{
    u16 i;
    W25QXX_Write_Enable();                                        //SET WEL
    W25QXX_CS=0;                                                  //使能器件
    SPI2_ReadWriteByte(W25X_PageProgram);                         //发送写页命令
    SPI2_ReadWriteByte((u8)((WriteAddr)>>16));                    //发送 24bit 地址
    SPI2_ReadWriteByte((u8)((WriteAddr)>>8));
    SPI2_ReadWriteByte((u8)WriteAddr);
    for(i=0;i<NumByteToWrite;i++)SPI2_ReadWriteByte(pBuffer[i]);  //循环写数据
    W25QXX_CS=1;                                                  //取消片选
    W25QXX_Wait_Busy();                                           //等待写入结束
}
//无检验写 SPI FLASH
//必须确保所写的地址范围内的数据全部为 0XFF, 否则在非 0XFF 处写入的数据将失败
//具有自动换页功能
//在指定地址开始写入指定长度的数据, 但是要确保地址不越界!
//pBuffer: 数据存储区
//WriteAddr: 开始写入的地址(24bit)
//NumByteToWrite: 要写入的字节数(最大 65535)
//CHECK OK
void W25QXX_Write_NoCheck(u8* pBuffer,u32 WriteAddr,u16 NumByteToWrite)
{
    u16 pageremain;
    pageremain=256-WriteAddr%256; //单页剩余的字节数
    if(NumByteToWrite<=pageremain)pageremain=NumByteToWrite;//不大于 256 个字节
    while(1)
    {
        W25QXX_Write_Page(pBuffer,WriteAddr,pageremain);
        if(NumByteToWrite==pageremain)break;//写入结束了
        else //NumByteToWrite>pageremain
        {
            pBuffer+=pageremain;
            WriteAddr+=pageremain;

            NumByteToWrite-=pageremain;                   //减去已经写入了的字节数
            if(NumByteToWrite>256)pageremain=256;         //一次可以写入 256 个字节
            else pageremain=NumByteToWrite;               //不够 256 个字节了
        }
    };
}
//写 SPI FLASH
//在指定地址开始写入指定长度的数据
//该函数带擦除操作
//pBuffer: 数据存储区
//WriteAddr: 开始写入的地址(24bit)
//NumByteToWrite: 要写入的字节数(最大 65535)
u8 W25QXX_BUFFER[4096];
void W25QXX_Write(u8* pBuffer,u32 WriteAddr,u16 NumByteToWrite)
{
    u32 secpos;
```

```
        u16 secoff;
        u16 secremain;
        u16 i;
        u8 * W25QXX_BUF;
        W25QXX_BUF=W25QXX_BUFFER;
        secpos=WriteAddr/4096;                                    //扇区地址
        secoff=WriteAddr%4096;                                    //在扇区内的偏移
        secremain=4096-secoff;                                    //扇区剩余空间大小
        //printf("ad:%X,nb:%X\r\n",WriteAddr,NumByteToWrite);      //测试用
        if(NumByteToWrite<=secremain)secremain=NumByteToWrite;    //不大于 4096 个字节
        while(1)
        {
                W25QXX_Read(W25QXX_BUF,secpos*4096,4096);//读出整个扇区的内容
                for(i=0;i<secremain;i++)//校验数据
                {
                        if(W25QXX_BUF[secoff+i]!=0XFF)break;//需要擦除
                }
                if(i<secremain)//需要擦除
                {
                        W25QXX_Erase_Sector(secpos);//擦除这个扇区
                        for(i=0;i<secremain;i++)//复制
                        {
                                W25QXX_BUF[i+secoff]=pBuffer[i];
                        }
                        W25QXX_Write_NoCheck(W25QXX_BUF,secpos*4096,4096);//写入整个扇区

                }else   W25QXX_Write_NoCheck(pBuffer,WriteAddr,secremain);//写已经擦除了的,直接
写入扇区剩余区间
                if(NumByteToWrite==secremain)break;//写入结束了
                else//写入未结束
                {
                        secpos++;//扇区地址增 1
                        secoff=0;//偏移位置为 0

                        pBuffer+=secremain; //指针偏移
                        WriteAddr+=secremain;//写地址偏移
                        NumByteToWrite-=secremain;//字节数递减
                        if(NumByteToWrite>4096)secremain=4096;//下一个扇区还是写不完
                        else secremain=NumByteToWrite;//下一个扇区可以写完了
                }
        };
}
//擦除整个芯片
//等待时间超长
void W25QXX_Erase_Chip(void)
{
    W25QXX_Write_Enable(); //SET WEL
    W25QXX_Wait_Busy();
    W25QXX_CS=0; //使能器件
    SPI2_ReadWriteByte(W25X_ChipErase); //发送片擦除命令
    W25QXX_CS=1; //取消片选
```

```
    W25QXX_Wait_Busy(); //等待芯片擦除结束
}
//擦除一个扇区
//Dst_Addr: 扇区地址 根据实际容量设置
//擦除一个山区的最少时间：150ms
void W25QXX_Erase_Sector(u32 Dst_Addr)
{
    //监视 falsh 擦除情况，测试用
    printf("fe:%x\r\n",Dst_Addr);
    Dst_Addr*=4096;
    W25QXX_Write_Enable(); //SET WEL
    W25QXX_Wait_Busy();
    W25QXX_CS=0; //使能器件
    SPI2_ReadWriteByte(W25X_SectorErase); //发送扇区擦除指令
    SPI2_ReadWriteByte((u8)((Dst_Addr)>>16)); //发送 24bit 地址
    SPI2_ReadWriteByte((u8)((Dst_Addr)>>8));
    SPI2_ReadWriteByte((u8)Dst_Addr);
    W25QXX_CS=1; //取消片选
    W25QXX_Wait_Busy(); //等待擦除完成
}
//等待空闲
void W25QXX_Wait_Busy(void)
{
    while((W25QXX_ReadSR()&0x01)==0x01); // 等待 BUSY 位清空
}
//进入掉电模式
void W25QXX_PowerDown(void)
{
    W25QXX_CS=0; //使能器件
    SPI2_ReadWriteByte(W25X_PowerDown); //发送掉电命令
    W25QXX_CS=1; //取消片选
    delay_us(3); //等待 TPD
}
//唤醒
void W25QXX_WAKEUP(void)
{
    W25QXX_CS=0; //使能器件
    SPI2_ReadWriteByte(W25X_ReleasePowerDown);// send W25X_PowerDown command 0xAB
    W25QXX_CS=1; //取消片选
    delay_us(3); //等待 TRES1
}
```

3. main.c 代码

```
#include "led.h"
#include "delay.h"
#include "key.h"
#include "sys.h"
#include "lcd.h"
#include "usart.h"
#include "w25qxx.h"
```

```
//要写入到 W25Q64 的字符串数组
const u8 TEXT_Buffer[]={"WarShipSTM32 SPI TEST"};
#define SIZE sizeof(TEXT_Buffer)
 int main(void)
 {
    u8 key;
    u16 i=0;
    u8 datatemp[SIZE];
    u32 FLASH_SIZE;
    u16 id = 0;

    delay_init();//延时函数初始化
    NVIC_PriorityGroupConfig(NVIC_PriorityGroup_2);//设置中断优先级分组为组 2：2 位抢占式
优先级，2 位响应式优先级
    uart_init(115200);//串口初始化为 115200
    LED_Init();//初始化与 LED 连接的硬件接口
    LCD_Init();//初始化 LCD
    KEY_Init();//按键初始化
    W25QXX_Init();//W25QXX 初始化

    POINT_COLOR=RED;//设置字体为红色
    LCD_ShowString(30,50,200,16,16,"WarShip STM32");
    LCD_ShowString(30,70,200,16,16,"SPI TEST");
    LCD_ShowString(30,90,200,16,16,"ATOM@ALIENTEK");
    LCD_ShowString(30,110,200,16,16,"2022/5/31");
    LCD_ShowString(30,130,200,16,16,"KEY1:Write   KEY0:Read");//显示提示信息

    while(1)
    {
        id = W25QXX_ReadID();
        if (id == W25Q128 || id == NM25Q128)
        break;
        LCD_ShowString(30,150,200,16,16,"W25Q128 Check Failed!");
        delay_ms(500);
        LCD_ShowString(30,150,200,16,16,"Please Check!          ");
        delay_ms(500);
        LED0=!LED0;//DS0 闪烁
    }
    LCD_ShowString(30,150,200,16,16,"W25Q128 Ready!");
    FLASH_SIZE=128*1024*1024;        //FLASH 大小为 16MB
    POINT_COLOR=BLUE;//设置字体为蓝色
    while(1)
    {
        key=KEY_Scan(0);
        if(key==KEY1_PRES) //KEY1 按下，写入 W25QXX
        {
                LCD_Fill(0,170,239,319,WHITE);//清除半屏
                    LCD_ShowString(30,170,200,16,16,"Start Write W25Q128....");
                W25QXX_Write((u8*)TEXT_Buffer,FLASH_SIZE-100,SIZE);//从倒数第 100 个
地址处开始，写入 SIZE 长度的数据
                    LCD_ShowString(30,170,200,16,16,"W25Q128 Write Finished!");//提示传送完成
```

```
        }
        if(key==KEY0_PRES) //KEY0 按下，读取字符串并显示
        {
                LCD_ShowString(30,170,200,16,16,"Start Read W25Q128.... ");
                W25QXX_Read(datatemp,FLASH_SIZE-100,SIZE);
//从倒数第 100 个地址处开始，读出 SIZE 个字节
                LCD_ShowString(30,170,200,16,16,"The Data Readed Is:    ");//提示传送完成
                LCD_ShowString(30,190,200,16,16,datatemp);//显示读到的字符串
        }
        i++;
        delay_ms(10);
        if(i==20)
        {
                LED0=!LED0;//提示系统正在运行
                i=0;
        }
    }
}
```

编码成功后，下载代码到 ALIENTEK 战舰 STM32 开发板上，通过先按 KEY1 按键写入数据，然后按 KEY0 读取数据。伴随 DS0 的不停闪烁，提示程序在运行。程序开机的时候会检测 W25Q128 是否存在，如果不存在，则在 TFT LCD 模块上显示错误信息，同时 DS0 慢闪。

习题

1．简要说明 SPI 硬件引脚的作用。

2．分别写出 SPI 主/从模式的配置步骤。

3．编写程序配置 SPI 总线初始化。

4．SPI 共有几个中断源？

第 9 章　STM32 I²C 控制器

本章介绍了 STM32 I²C 控制器，包括 I²C 通信原理、STM32F103 的 I²C 接口、STM32F103 的 I²C 库函数和 I²C 控制器应用实例。

9.1　I²C 通信原理

I²C（Inter-Integrated Circuit，集成电路总线）是原 Philips 公司推出的一种用于 IC 器件之间连接的 2 线制串行通信总线，它通过两条信号线（SDA，串行数据线；SCL，串行时钟线）在连接到总线上的器件之间传送数据，所有连接在总线的 I²C 都可以工作于发送方式或接收方式。

I²C 主要是用来连接整体电路，它是一种多向控制总线，也就是说多个芯片可以连接到同一总线结构下，同时每个芯片都可以作为实时数据传输的控制源，这种方式简化了信号传输总线接口。

9.1.1　I²C 控制器概述

I²C 结构如图 9-1 所示，I²C 的 SDA 和 SCL 是双向 I/O 信号线，必须通过上拉电阻接到正电源，当总线空闲时，两线都是"高"。所有连接在 I²C 上的器件引脚必须是开漏或集电极开路输出，即具有"线与"功能。所有挂在总线上器件的引脚接口也应该是双向的；SDA 输出电路用于发送总线上的数据，而 SDA 输入电路用于接收总线上的数据；主机通过 SCL 输出电路发送时钟信号，同时其本身的接收电路需检测总线上的 SCL 电平，以决定下一步的动作，从机的 SCL 输入电路接收总线时钟信号，并在 SCL 控制下向 SDA 发出数据或从 SDA 上接收数据，另外也可以通过拉低 SCL（输出）来延长总线周期。

I²C 上允许连接多个器件，支持多主机通信。但为了保证数据可靠的传输，任一个时刻总线只能由一台主机控制，其他设备此时均表现为从机。I²C 的运行（指数据传输过程）由主机控制。所谓主机控制，就是由主机发出启动信号和时钟信号，控制传输过程结束时发出停止信号等。每一个接到 I²C 上的设备或器件都有一个唯一独立的地址，以便主机寻访。主机与从机之间的数据传输，可以是主机发送数据到从机，也可以是从机发送数据到主机。因此，在 I²C 的协议中，除了使用主机、从机的定义外，还使用了发送器、接收器的定义。发送器表示发送数据方，可以是主机，也可以是从机；接收器表示接收数据方，同样也可以代表主机或代表从机。在 I²C 上一次完整的通信过程中，主机和从机的角色是固定的，时钟信号由主机发出，但发送器和接收器是不固定的，经常变化，这一点请读者特别留意，尤其在学习 I²C 时序过程中，不要把它们混淆在一起。

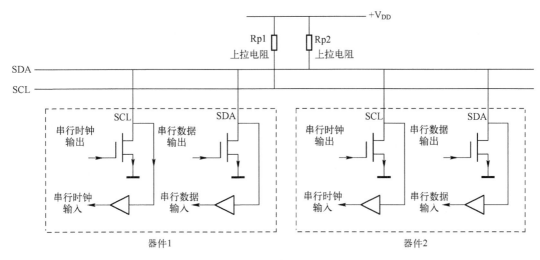

图 9-1　I²C 结构

在 I²C 上，双向串行的数据以字节为单位传输，位速率（即比特率）在标准模式下可达 100kbit/s，快速模式下可达 400kbit/s，高速模式下可达 3.4Mbit/s。各种被控制电路均并联在总线的 SDA 和 SCL 上，每个器件都有唯一的地址。通信由充当主机的器件发起，它像打电话一样呼叫希望与之通信的从机的地址（相当于从机的电话号码），只有被呼叫了地址的从机才能占据总线与主机"对话"。地址由器件的类别识别码和硬件地址共同组成，其中的器件类别包括微控制器、LCD 驱动器、存储器、实时时钟或键盘接口等，各类器件都有唯一的识别码。硬件地址则通过从机上的引脚连线设置。在信息的传输过程中，主机初始化 I²C 通信，并产生同步信号的时钟信号。任何被寻址的器件都被认为是从机，总线上并接的每个器件既可以是主机，又可以是从机，这取决于它所要完成的功能。如果两个或更多主机同时初始化数据传输，可以通过冲突检测和仲裁防止数据被破坏。I²C 上挂接的器件数量只受到信号线上的总负载电容的限制，只要不超过 400pF 的限制，理论上可以连接任意数量的器件。

与 SPI 相比，I²C 的接口最主要的优点是简单性和有效性。

1）I²C 仅用两根信号线（SDA 和 SCL）就实现了完善的半双工同步数据通信，且能够方便地构成多机系统和外围器件扩展系统。I²C 总线上的器件地址采用硬件设置方法，寻址则由软件完成，避免了从机选择线寻址时造成的片选线众多的弊端，使系统具有更简单也更灵活的扩展方法。

2）I²C 支持多主控系统，I²C 上任何能够进行发送和接收的设备都可以成为主机，所有主控都能够控制信号的传输和时钟频率。当然，在任何时刻只能有一个主控。

3）I²C 的接口被设计成漏极开路的形式。在这种结构中，高电平水平只由电阻上拉电平 +V_{DD} 的电压决定。图 9-1 中的上拉电阻 Rp1 和 Rp2 的电阻值决定了 I²C 的通信速率，理论上阻值越小，波特率越高。一般而言，当通信速度为 100kbit/s 时，上拉电阻的电阻值取

4.7kΩ；而当通信速度为 400kbit/s 时，上拉电阻的电阻值取 1kΩ。

目前 I²C 的接口已经获得了广大开发者和设备生产商的认同，市场上存在众多集成了 I²C 的接口的器件。意法半导体（ST）公司、微芯（Microchip）公司、德州仪器（TI）公司和恩智浦（NXP）公司等嵌入式处理器的主流厂商产品中几乎都集成有 I²C 接口。外围器件也有越来越多的低速、低成本器件使用 I²C 作为数据或控制信息的接口标准。

9.1.2　I²C 的数据传送

1．数据位的有效性规定

如图 9-2 所示，I²C 进行数据传送时，时钟信号为高电平期间，数据线上的数据必须保持稳定，只有在时钟线上的信号为低电平期间，数据线上的高电平或低电平状态才允许变化。

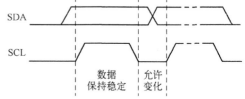

图 9-2　I²C 数据有效性规定

2．起始和终止信号

I²C 总线规定，当 SCL 为高电平时，SDA 的电平必须保持稳定不变的状态，只有当 SCL 处于低电平时，才可以改变 SDA 的电平值，但起始信号和停止信号是特例。因此，当 SCL 处于高电平时，SDA 的任何跳变都会被识别成为一个起始信号或停止信号。如图 9-3 所示，SCL 为高电平期间，SDA 由高电平向低电平的变化表示起始信号；SCL 为高电平期间，SDA 由低电平向高电平的变化表示终止信号。

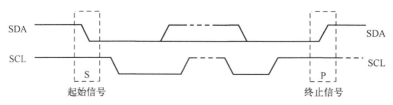

图 9-3　I²C 起始和终止信号

起始和终止信号都是由主机发出的，在起始信号产生后，总线就处于被占用的状态；在终止信号产生后，总线就处于空闲状态。连接到 I²C 上的器件，若具有 I²C 的硬件接口，则很容易检测到起始和终止信号。

每当发送器件传输完一个字节的数据后，后面必须紧跟一个校验位，这个校验位是接收端通过控制 SDA 来实现的，以提醒发送端数据，这边已经接收完成，数据传送可以继续进行。

3．数据传送格式

（1）字节传送与应答　在 I²C 的数据传输过程中，发送到 SDA 上的数据以字节为单位，每个字节必须为 8 位，而且是高位（MSB）在前，低位（LSB）在后，每次发送数据的字节数量不受限制。但在这个数据传输过程中需要着重强调的是，当发送方发送完每一字节后，都必须等待接收方返回一个应答响应信号，如图 9-4 所示。响应信号宽度为 1 位，紧跟在 8 个数据位后面，所以发送 1 字节的数据需要 9 个 SCL 时钟脉冲。响应时钟脉冲也是由主机产生的，主机在响应时钟脉冲期间释放 SDA，使其处在高电平。

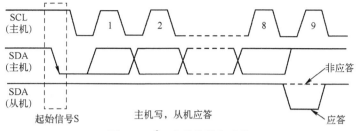

图 9-4 I²C 字节传送与应答

而在响应时钟脉冲期间，接收方需要将 SDA 拉低，使 SDA 在响应时钟脉冲高电平期间保持稳定的低电平，即为有效应答信号（ACK 或 A），表示接收器已经成功地接收高电平期间数据。

如果在响应时钟脉冲期间，接收方没有将 SDA 拉低，使 SDA 在响应时钟脉冲高电平期间保持稳定的高电平，即为非应答信号（NAK 或 $\overline{A}$），表示接收器接收该字节没有成功。

由于某种原因从机不对主机寻址信号应答时（如从机正在进行实时性的处理工作而无法接收总线上的数据），它必须将数据线置于高电平，而由主机产生一个终止信号以结束总线的数据传送。

如果从机对主机进行了应答，但在数据传送一段时间后无法继续接收更多的数据时，从机可以通过对无法接收的第一个数据字节的“非应答”通知主机，主机则应发出终止信号以结束数据的继续传送。

当主机接收数据时，在它收到最后一个数据字节后，必须向从机发出一个结束传送的信号。这个信号是由对从机的“非应答”来实现的。然后，从机释放 SDA，以允许主机产生终止信号。

（2）总线的寻址　挂在 I²C 上的器件可以很多，但相互间只有两根线连接，即 SDA 和 SCL，如何进行识别寻址呢？具有 I²C 结构的器件在其出厂时已经给定了器件的地址编码。I²C 器件地址 SLA（以 7 位为例）格式如图 9-5 所示。

图 9-5 I²C 器件地址 SLA 格式

1）DA3～DA0：4 位器件地址是 I²C 器件固有的地址编码，器件出厂时就已给定，用户不能自行设置。例如，I²C 器件 E2PROM AT24CXX 的器件地址为 1010。

2）A2～A0：3 位引脚地址用于相同地址器件的识别。若 I²C 上挂有相同地址的器件，或同时挂有多片相同器件时，可用硬件连接方式对 3 位引脚 A2～A0 接 Vcc 或接地，形成地址数据。

3）$R/\overline{W}$：用于确定数据传送方向。$R/\overline{W}$=1 时，主机接收（读）；$R/\overline{W}$=0，主机发送（写）。

主机发送地址时，总线上的每个从机都将这 7 位地址码与自己的地址进行比较，如果相同，则认为自己正被主机寻址，根据 $R/\overline{W}$ 位将自己确定为发送器或接收器。

（3）数据帧格式　I²C 上传送的数据信号是广义的，既包括地址信号，又包括真正的数据信号。在起始信号后必须传送一个从机的地址（7 位），第 8 位是数据的传送方向位

（$R/\overline{W}$），用 0 表示主机发送数据（$\overline{W}$），1 表示主机接收数据（R）。每次数据传送总是由主机产生的终止信号结束。但是，若主机希望继续占用总线进行新的数据传送，则可以不产生终止信号，立即再次发出起始信号对另一从机进行寻址。

在总线的一次数据传送过程中，可以有以下几种组合方式。

（1）主机向从机写数据 主机向从机写 n 个字节数据，数据传送方向在整个传送过程中不变。I^2C 的 SDA 上的数据流如图 9-6 所示。有阴影部分表示数据由主机向从机传送，无阴影部分则表示数据由从机向主机传送。A 表示应答，$\overline{A}$ 表示非应答（高电平），S 表示起始信号，P 表示终止信号。

图 9-6 主机向从机写数据时 SDA 上的数据流

如果主机要向从机传输一个或多个字节数据，在 SDA 上需经历以下过程：

1）主机产生起始信号 S。

2）主机发送寻址字节 SLAVE ADDRESS，其中的高 7 位表示数据传输目标的从机地址；最后 1 位是传输方向位，此时其值为 0，表示数据传输方向从主机到从机。

3）当某个从机检测到主机在 I^2C 总线上广播的地址与它的地址相同时，该从机就被选中，并返回一个应答信号 A。没被选中的从机会忽略之后 SDA 上的数据。

4）当主机收到来自从机的应答信号后，开始发送数据 DATA。主机每发送完一个字节，从机产生一个应答信号。如果在 I^2C 的数据传输过程中，从机产生了非应答信号 $\overline{A}$，则主机提前结束本次数据传输。

5）当主机的数据发送完毕后，主机产生一个停止信号结束数据传输，或者产生一个重复起始信号进入下一次数据传送。

（2）主机从从机读数据 主机由从机读 n 个字节数据时，I^2C 的 SDA 上的数据流如图 9-7 所示。其中，阴影框表示数据由主机传输到从机，无阴影部分表示数据流由从机传输到主机。

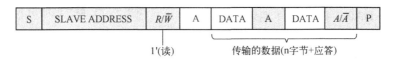

图 9-7 主机由从机读数据时 SDA 上的数据流

如果主机要由从机读取一个或多个字节数据，在 SDA 上需经历以下过程：

1）主机产生起始信号 S。

2）主机发送寻址字节 SLAVE ADDRESS，其中的高 7 位表示数据传输目标的从机地址；最后 1 位是传输方向位，此时其值为 1，表示数据传输方向由从机到主机。寻址字节 SLAVE ADDRESS 发送完毕后，主机释放 SDA 上的数据（拉高 SDA）。

3）当某个从机检测到主机在 I^2C 总线上广播的地址与它的地址相同时，该从机就被选中，并返回一个应答信号 A。没被选中的从机会忽略之后 SDA 上的数据。

4）当主机收到应答信号后，从机开始发送数据。从机每发送完一个字节，主机产生一个应答信号 A。当主机读取从机数据完毕或者主机想结束本次数据传输时，可以向从机返回一个非应答信号 $\overline{A}$，从机即自动停止数据传输。

5）当传输完毕后，主机产生一个停止信号结束数据传输，或者产生一个重复起始信号进入下一次数据传输。

（3）主机和从机双向数据传送　在传送过程中，当需要改变传送方向时，起始信号和从机地址都被重复产生一次，但两次读/写方向位正好反向。I²C 的 SDA 上的数据流如图 9-8 所示。

| S | 从机地址 | 0 | A | 数据 | $A/\overline{A}$ | S | 从机地址 | 1 | A | 数据 | $\overline{A}$ | P |

图 9-8　主机和从机双向数据传送 SDA 上的数据流

主机和从机双向数据传送的过程是主机向从机写数据和主机由从机读数据的组合，故不再赘述。

4. 传输速率

I²C 的标准传输速率为 100kbit/s，快速传输可达 400kbit/s。目前还增加了高速模式，最高传输速率可达 3.4Mbit/s。

9.2　STM32F103 的 I²C 接口

STM32F103 微控制器的 I²C 模块连接微控制器和 I²C，提供多主机功能，支持标准和快速两种传输速率，控制所有 I²C 特定的时序、协议、仲裁和定时。I²C 模块支持标准和快速两种模式，同时与 SMBus 2.0 兼容。I²C 模块有多种用途，包括 CRC 码的生成和校验、SMBus（System Management Bus，系统管理总线）和 PMBus（Power Management Bus，电源管理总线）。根据特定设备的需要，可以使用 DMA 以减轻 CPU 的负担。

9.2.1　STM32F103 的 I²C 主要特性

STM32F103 微控制器的小容量产品有 1 个 I²C，中等容量和大容量产品有 2 个 I²C。

STM32F103 微控制器的 I²C 主要具有以下特性：

1）所有的 I²C 都位于 APB1 总线。

2）支持标准和快速两种传输速率。

3）所有的 I²C 可工作于主模式或从模式，可以作为主发送器、主接收器、从发送器或者从接收器。

4）支持 7 位或 10 位寻址和广播呼叫。

5）具有 3 个状态标志，即发送器/接收器模式标志、字节发送结束标志、总线忙标志。

6）具有 2 个中断向量，即 1 个中断用于地址/数据通信成功，1 个中断用于错误。

7）具有单字节缓冲器的 DMA。

8）兼容系统管理总线 SMBus 2.0。

9.2.2　STM32F103 的 I²C 内部结构

STM32F103 微控制器的 I²C 结构，由 SDA 和 SCL 展开，主要分为时钟控制、数据控制和控制逻辑电路等部分，负责实现 I²C 的时钟产生、数据收发、总线仲裁和中断、DMA 等功能，如图 9-9 所示。

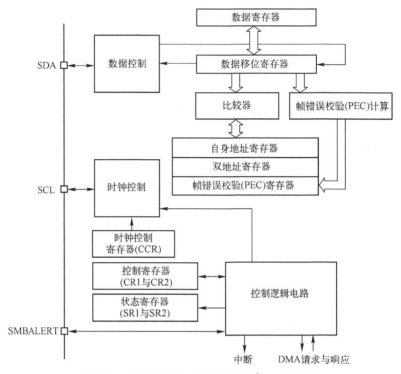

图 9-9　STM32F103 微控制器的 I²C 内部结构

1．时钟控制

时钟控制根据 CCR、CR1 和 CR2 中的配置，产生 I²C 协议的时钟信号，即 SCL 上的信号。为了产生正确的时序，必须在 I²C_CR2 中设定 I²C 的输入时钟。当 I²C 工作在标准传输速率时，输入时钟的频率必须大于或等于 2MHz；当 I²C 工作在快速传输速率时，输入时钟的频率必须大于或等于 4MHz。

2．数据控制

数据控制通过一系列控制架构，在将要发送数据的基础上，按照 I²C 的数据格式加上起始信号、地址信号、应答信号和停止信号，将数据一位一位从 SDA 发送出去。读取数据时，则从 SDA 上的信号中提取出接收到的数据值。发送和接收的数据都被保存在数据寄存器中。

3．控制逻辑电路

控制逻辑电路用于产生 I²C 中断和 DMA 请求。

9.2.3　STM32F103 的模式选择

I²C 接口可以按下述 4 种模式中的一种运行：

1）从发送器模式。

2）从接收器模式。

3）主发送器模式。

4）主接收器模式。

I²C 接口默认工作于从模式。接口在生成起始条件后自动地由从模式切换到主模式；当仲裁丢失或产生停止信号时，则从主模式切换到从模式。I²C 接口允许多主机功能。

主模式时，I²C 接口启动数据传输并产生时钟信号。串行数据传输总是以起始条件开始并以停止条件结束。起始条件和停止条件都是在主模式下由软件控制产生。

从模式时，I²C 接口能识别它自己的地址（7 位或 10 位）和广播呼叫地址。软件能够控制开启或禁止广播呼叫地址的识别。

数据和地址按 8 位/字节进行传输，高位在前。跟在起始条件后的 1 或 2 字节是地址（7 位模式为 1 字节，10 位模式为 2 字节）。地址只在主模式发送。在一个字节传输的 8 个时钟后的第 9 个时钟期间，接收器必须回送一个应答位（ACK）给发送器。

9.3　STM32F103 的 I²C 库函数

STM32 标准库中提供了几乎覆盖所有 I²C 操作的函数，I²C 库函数见表 9-1。为了帮助读者理解这些函数的具体使用方法，本节将对标准库中部分函数做详细介绍。

表 9-1　I²C 库函数

函数名称	功能描述
I2C_DeInit	将外设 I²Cx 寄存器重设为缺省值
I2C_Init	根据 I²C_InitStruct 中指定的参数初始化外设 I²Cx 寄存器
I2C_StructInit	把 I²C_InitStruct 中的每一个参数按缺省值填入
I2C_Cmd	使能或者失能 I²C 外设
I2C_DMACmd	使能或者失能指定 I²C 的 DMA 请求
I2C_DMALastTransferCmd	使下一次 DMA 传输为最后一次传输
I2C_GenerateSTART	产生 I²Cx 传输 START 条件
I2C_GenerateSTOP	产生 I²Cx 传输 STOP 条件
I2C_AcknowledgeConfig	使能或者失能指定 I²C 的应答功能
I2C_OwnAddress2Config	设置指定 I²C 的自身地址 2
I2C_DualAddressCmd	使能或者失能指定 I²C 的双地址模式
I2C_GeneralCallCmd	使能或者失能指定 I²C 的广播呼叫功能
I2C_ITConfig	使能或者失能指定的 I²C 中断
I2C_SendData	通过外设 I²Cx 发送一个数据
I2C_ReceiveData	读取 I²Cx 最近接收的数据
I2C_Send7bitAddress	向指定的从 I²C 设备传送地址字
I2C_ReadRegister	读取指定的 I²C 寄存器并返回其值
I2C_SoftwareResetCmd	使能或者失能指定 I²C 的软件复位
I2C_SMBusAlertConfig	驱动指定 I²Cx 的 SMBusAlert 引脚电平为高或低
I2C_TransmitPEC	使能或者失能指定 I²C 的 PEC 传输
I2C_PECPositionConfig	选择指定 I²C 的 PEC 位置
I2C_CalculatePEC	使能或者失能指定 I²C 的传输字 PEC 值计算
I2C_GetPEC	返回指定 I²C 的 PEC 值
I2C_ARPCmd	使能或者失能指定 I²C 的 ARP

（续）

函数名称	功能描述
I2C_StretchClockCmd	使能或者失能指定 I²C 的时钟延展
I2C_FastModeDutyCycleConfig	选择指定 I²C 的快速模式占空比
I2C_GetLastEvent	返回最近一次 I²C 事件
I2C_CheckEvent	检查最近一次 I²C 事件是否是输入的事件
I2C_GetFlagStatus	检查指定的 I²C 标志位设置与否
I2C_ClearFlag	清除 I²Cx 的待处理标志位
I2C_GetITStatus	检查指定的 I²C 中断发生与否
I2C_ClearITPendingBit	清除 I²Cx 的中断待处理标志位

1. 函数 I2C_DeInit

函数名称：I2C_DeInit。

函数原型：void I2C_DeInit（I2C_TypeDef* I2Cx）。

功能描述：将外设 I2Cx 寄存器重设为缺省值。

输入参数：I2Cx，x 可以是 1 或者 2，用来选择 I2C 外设。

输出参数：无。

返回值：无。

先决条件：无。

被调用函数：RCC_APB1PeriphClockCmd()。

例如：

```
/*Deinitialize I2C2 interface*/
I2C_DeInit（I2C2）;
```

2. 函数 I2C_Init

函数名称：I2C_Init。

函数原型：void I2C_Init（I2C_TypeDef* I2Cx，I2C_InitTypeDef* I2C_InitStruct）。

功能描述：根据 I2C_InitStruct 中指定的参数初始化外设 I2Cx 寄存器。

输入参数 1：I2Cx，x 可以是 1 或者 2，用来选择 I2C 外设。

输入参数 2：I2C_InitStruct，指向结构 I2C_InitTypeDef 的指针，包含了外设 GPIO 的配置信息。

输出参数：无。

返回值：无。

先决条件：无。

被调用函数：无。

（1）I2C_InitTypeDef structure　I2C_InitTypeDef 定义于文件 stm32f10x_i2c.h：

```
typedef struct
{
u16 I2C_Mode;
u16 I2C_DutyCycle;
u16 I2C_OwnAddress1;
u16 I2C_Ack;
u16 I2C_AcknowledgedAddress;
u32 I2C_ClockSpeed;
```

```
}I2C_InitTypeDef;
```

（2）I2C_Mode　I2C_Mode 用于设置 I2C 的模式，表 9-2 给出了该参数可取的值。

表 9-2　I2C_Mode 值

I2C_Mode 值	描述
I2C_Mode_I2C	设置 I²C 为 I²C 模式
I2C_Mode_SMBusDevice	设置 I²C 为 SMBus 设备模式
I2C_Mode_SMBusHost	设置 I²C 为 SMBus 主控模式

（3）I2C_DutyCycle　I2C_DutyCycle 用以设置 12C 的占空比。表 9-3 给出了该参数可取的值。

表 9-3　I2C_DutyCycle 值

I2C_DutyCycle 值	功能描述
I2C_DutyCycle_16_9	I²C 快速模式 Tlow/Thigh=16/9
I2C_DutyCycle_2	I²C 快速模式 Tlow/Thigh=2

注意：该参数只有在 I²C 工作在快速模式（时钟工作频率高于 100kHz）下才有意义。

（4）I2C_OwnAddress1　该参数用来设置第一个设备自身地址，它可以是一个 7 位或 10 位地址。

（5）I2C_Ack　I2C_Ack 使能或者失能应答（ACK），表 9-4 给出了该参数可取的值。

表 9-4　I2C_Ack 值

I2C_Ack 值	描述
I2C_Ack_Enable	使能应答（ACK）
I2C_Ack_Disable	失能应答（ACK）

（6）I2C_AcknowledgedAddress　I2C_AcknowledgedAddres 定义了应答 7 位地址还是 10 位地址。表 9-5 给出了该参数可取的值。

表 9-5　I2C_AcknowledgedAddres 值

I2C_AcknowledgedAddres 值	描述
I2C_AcknowledgedAddress_7bit	应答 7 位地址
I2C_AcknowledgedAddress_10bit	应答 10 位地址

（7）I2C_ClockSpeed　该参数用来设置时钟频率，这个值不能高于 400kHz。

例如：

```
/*Initialize the I2C1 according to the I2C_InitStructure members */
I2C_InitTypeDef   I2C_InitStructure;
I2C_InitStructure.I2C_Mode =I2C_Mode_SMBusHost；
I2C_InitStructure.I2C_DutyCycle = I2C_DutyCycle_2;
I2C_InitStructure.I2C_OwnAddress1=0x03A2;
I2C_InitStructure.I2C_Ack =I2
I2C_InitStructure.I2C_AcknowledgedAddress=I2C_AcknowledgedAddress_7bit;
I2C_InitStructure.I2C_ClockSpeed = 200000;
I2C_Init(I2C1,&I2C_InitStructure);
```

3．函数 I2C_Cmd

函数名称：函数 I2C_ Cmd。

函数原型：void I2C_Cmd（I2C_TypeDef* I2Cx，FunctionalState NewState）。

功能描述：使能或者失能 I2C 外设。

输入参数 1：I2Cx，x 可以是 1 或者 2，用来选择 I2C 外设。

输入参数 2：NewState，外设 I2Cx 的新状态，可以为 ENABLE 或者 DISABLE。

输出参数：无。

返回值：无。

先决条件：无。

被调用函数：无。

例如：

```
/*Enable I2C1 peripheral*/
I2C_Cmd(I2C1,ENABLE);
```

4．函数 I2C_GenerateSTART

函数名称：I2C_GenerateSTART。

函数原型：void I2C_GenerateSTART（I2C_TypeDef* I2Cx，FunctionalState NewState）。

功能描述：产生 I2Cx 传输 START 条件。

输入参数 1：I2Cx，x 可以是 1 或者 2，用来选择 I2C 外设。

输入参数 2：NewState，I2Cx START 条件的新状态，可以为 ENABLE 或者 DISABLE。

输出参数：无。

返回值：无。

先决条件：无。

被调用函数：无。

例如：

```
/*Generate a START condition on I2C1 */
I2C_GenerateSTART（I2C1，ENABLE）;
```

5．函数 I2C_GenerateSTOP

函数名称：I2C_GenerateSTOP。

函数原型：void I2C_GenerateSTOP（I2C_TypeDef* I2Cx，FunctionalState NewState）。

功能描述：产生 I2Cx 传输 STOP 条件。

输入参数 1：I2Cx，x 可以是 1 或者 2，用来选择 I2C 外设。

输入参数 2：NewState，I2Cx STOP 条件的新状态，可以为 ENABLE 或者 DISABLE。

输出参数：无。

返回值：无。

先决条件：无。

被调用函数：无。

例如：

```
/*Generate a STOP condition on I2C2 */
I2C_GenerateSTOP（I2C2，ENABLE）;
```

6．函数 I2C_Send7bitAddress

函数名称：I2C_ Send7bitAddress。

函数原型：void I2C_Send7bitAddress（I2C_TypeDef* I2Cx，u8 Address，u8 I2C_ Direction）。

功能描述：向指定的从 I2C 设备传送地址字。

输入参数 1：I2Cx，x 可以是 1 或者 2，用来选择 I2C 外设。

输入参数 2：Address，待传输的从 I2C 地址。

输入参数 3：I2C_Direction，设置指定的 I²C 设备工作为发送端还是接收端。见表 9-6。

输出参数：无。

返回值：无。

先决条件：无。

被调用函数：无。

表 9-6　I2C_Direction 值

I2C_Direction 值	描述
I2C_Direction_Transmitter	选择发送方向
I2C_Direction_Recciver	选择接收方向

例如：

```
/*Send,as transmitter,the Slave device address 0xA8 in 7-bit addressing mode in I2C1 I2C_
Send7bitAddress(I2C1, 0xA8, I2C_Direction_Transmitter);
```

7．函数 I2C_SendData

函数名称：I2C_SendData。

函数原型：void I2C_SendData（I2C_TypeDef* I2Cx，u8 Data）。

功能描述：通过外设 I2Cx 发送一个数据。

输入参数 1：I2Cx，x 可以是 1 或者 2，用来选择 I2C 外设。

输入参数 2：Data，待发送的数据。

输出参数：无。

返回值：无。

先决条件：无。

被调用函数：无。

例如：

```
/* Transmit 0x5D byte on I2C2*/
I2C_SendData(I2C2,0x5D);
```

8．函数 I2C_ReceiveData

函数名称：I2C_ReceiveData。

函数原型：u8 I2C_ReceiveData（I2C_TypeDef* I2Cx）。

功能描述：读取 I2Cx 最近接收的数据。

输入参数：I2Cx，x 可以是 1 或者 2，用来选择 I2C 外设。

输出参数：无。

返回值：接收到的字。

先决条件：无。

被调用函数：无。

例如：

```
/*Read thereceived byte on I2C1 */
u8 ReceivedData;
ReceivedData=I2C_ReceiveData(I2C1);
```

9.4　I²C 控制器应用实例

EEPROM 是一种掉电后数据不丢失的存储器，常用来存储一些配置信息，以便系统重新上电的时候加载之。EEPROM 最常用的通信方式就是 I²C 协议，本节以 EEPROM 的读写实验为例，讲解 STM32 的 I²C 使用方法。实例中 STM32 的 I²C 外设采用主模式，分别用作主发送器和主接收器，通过查询事件的方式来确保正常通信。

9.4.1　STM32 的 I²C 配置流程

虽然不同器件实现的功能不同，但是只要遵守 I²C 协议，其通信方式都是一样的，配置流程也基本相同。对于 STM32，首先要对 I²C 进行配置，使其能够正常工作，再结合不同器件的驱动程序，完成 STM32 与不同器件的数据传输。STM32 的 I²C 配置流程如图 9-10 所示。

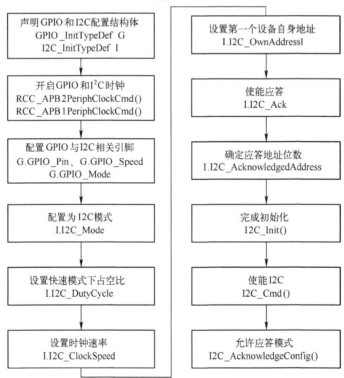

图 9-10　STM32 的 I²C 配置流程图

9.4.2 I²C 与 EEPROM 接口的硬件设计

STM32 开发板采用 AT24C02 串行 EEPROM，AT24C02 的 SCL 及 SDA 引脚连接到了 STM32 对应的 I²C 的引脚中，结合上拉电阻器，构成了 I²C 通信总线，如图 9-11 所示。EEPROM 的设备地址一共有 7 位，其中高 4 位固定为 1010b，低 3 位则由 A0、A1、A2 信号线的电平决定。

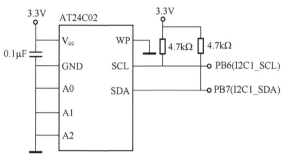

图 9-11 AT24C02 串行 EEPROM 硬件接口电路

9.4.3 I²C 与 EEPROM 接口的软件设计

编程要点包括以下几点：

1）配置通信使用的目标引脚为开漏模式。

2）使能 IC 外设的时钟。

3）配置 IC 外设的模式、地址、速率等参数，并使能 IC 外设。

4）编写基本 IC 按字节收发的函数。

5）编写读写 EEPROM 存储内容的函数。

6）编写测试程序，对读写数据进行校验。

1. myiic.h 头文件

```
#ifndef _MYIIC_H
#define _MYIIC_H
#include "sys.h"

//I/O 方向设置

#define SDA_IN()   {GPIOB->CRL&=0X0FFFFFFF;GPIOB->CRL|=(u32)8<<28;}
#define SDA_OUT() {GPIOB->CRL&=0X0FFFFFFF;GPIOB->CRL|=(u32)3<<28;}

//I/O 操作函数
#define IIC_SCL          PBout(6) //SCL
#define IIC_SDA          PBout(7) //SDA
#define READ_SDA         PBin(7)  //输入 SDA

//IIC 所有操作函数
void IIC_Init(void);                          //初始化 IIC 的 I/O 口
void IIC_Start(void);                         //发送 IIC 开始信号
void IIC_Stop(void);                          //发送 IIC 停止信号
```

```
void IIC_Send_Byte(u8 txd);                          //IIC 发送一个字节
u8 IIC_Read_Byte(unsigned char ack);                 //IIC 读取一个字节
u8 IIC_Wait_Ack(void);                               //IIC 等待 ACK 信号
void IIC_Ack(void);                                  //IIC 发送 ACK 信号
void IIC_NAck(void);                                 //IIC 不发送 ACK 信号

void IIC_Write_One_Byte(u8 daddr,u8 addr,u8 data);
u8 IIC_Read_One_Byte(u8 daddr,u8 addr);
#endif
```

2. 24cxx.h 头文件

```
#ifndef _24CXX_H
#define _24CXX_H
#include "myiic.h"
#define AT24C01      127
#define AT24C02      255
#define AT24C04      511
#define AT24C08      1023
#define AT24C16      2047
#define AT24C32      4095
#define AT24C64      8191
#define AT24C128     16383
#define AT24C256     32767
//Mini STM32 开发板使用的是 AT24C02，所以定义 EE_TYPE 为 AT24C02
#define EE_TYPE AT24C02

u8 AT24CXX_ReadOneByte(u16 ReadAddr);//指定地址读取一个字节
void AT24CXX_WriteOneByte(u16 WriteAddr,u8 DataToWrite);//指定地址写入一个字节
void AT24CXX_WriteLenByte(u16 WriteAddr,u32 DataToWrite,u8 Len);//指定地址开始写入指定长
度的数据
u32 AT24CXX_ReadLenByte(u16 ReadAddr,u8 Len);//指定地址开始读取指定长度数据
void AT24CXX_Write(u16 WriteAddr,u8 *pBuffer,u16 NumToWrite);//从指定地址开始写入指定长度
的数据
void AT24CXX_Read(u16 ReadAddr,u8 *pBuffer,u16 NumToRead); //从指定地址开始读出指定长度
的数据

u8 AT24CXX_Check(void); //检查器件
void AT24CXX_Init(void); //初始化 IIC
#endif
```

3. myiic.c 代码

```
#include "myiic.h"
#include "delay.h"

//初始化 I2C
void IIC_Init(void)
{
    GPIO_InitTypeDef GPIO_InitStructure;
    RCC_APB2PeriphClockCmd( RCC_APB2Periph_GPIOB, ENABLE );      //使能 GPIOB 时钟
```

```
        GPIO_InitStructure.GPIO_Pin = GPIO_Pin_6|GPIO_Pin_7;
        GPIO_InitStructure.GPIO_Mode = GPIO_Mode_Out_PP ; //推挽输出
        GPIO_InitStructure.GPIO_Speed = GPIO_Speed_50MHz;
        GPIO_Init(GPIOB, &GPIO_InitStructure);
        GPIO_SetBits(GPIOB,GPIO_Pin_6|GPIO_Pin_7);//PB6，PB7 输出高电平
}
//产生 I²C 起始信号
void IIC_Start(void)
{
    SDA_OUT();//SDA 线输出
    IIC_SDA=1;
    IIC_SCL=1;
    delay_us(4);
            IIC_SDA=0;//起始位：当 CLK 为高电平时，DATA 由高变低
    delay_us(4);
    IIC_SCL=0;//钳住 I²C，准备发送或接收数据
}
//产生 I²C 停止信号
void IIC_Stop(void)
{
    SDA_OUT();//SDA 输出
    IIC_SCL=0;
    IIC_SDA=0;//停止位：当 CLK 为高电平时，DATA 由低变为高
            delay_us(4);
    IIC_SCL=1;
    IIC_SDA=1;//发送 I²C 总线结束信号
    delay_us(4);
}
//等待应答信号到来
//返回值：1，接收应答失败
//        0，接收应答成功
u8 IIC_Wait_Ack(void)
{
    u8 ucErrTime=0;
    SDA_IN(); //SDA 设置为输入
    IIC_SDA=1;delay_us(1);
    IIC_SCL=1;delay_us(1);
    while(READ_SDA)
    {
            ucErrTime++;
            if(ucErrTime>250)
            {
                    IIC_Stop();
                    return 1;
            }
    }
    IIC_SCL=0;//时钟输出 0
    return 0;
}
//产生 ACK 应答
```

```c
void IIC_Ack(void)
{
    IIC_SCL=0;
    SDA_OUT();
    IIC_SDA=0;
    delay_us(2);
    IIC_SCL=1;
    delay_us(2);
    IIC_SCL=0;
}
//不产生 ACK 应答
void IIC_NAck(void)
{
    IIC_SCL=0;
    SDA_OUT();
    IIC_SDA=1;
    delay_us(2);
    IIC_SCL=1;
    delay_us(2);
    IIC_SCL=0;
}
//I²C 发送一个字节
//返回从机有无应答
//1，有应答
//0，无应答
void IIC_Send_Byte(u8 txd)
{
    u8 t;
    SDA_OUT();
    IIC_SCL=0;//拉低时钟开始数据传输
    for(t=0;t<8;t++)
    {
                //IIC_SDA=(txd&0x80)>>7;
        if((txd&0x80)>>7)
                IIC_SDA=1;
        else
                IIC_SDA=0;
        txd<<=1;
        delay_us(2);     //对 TEA5767 这三个延时都是必需的
        IIC_SCL=1;
        delay_us(2);
        IIC_SCL=0;
        delay_us(2);
    }
}
//读 1 个字节，ACK=1 时，发送 ACK，ack=0，发送 nACK
u8 IIC_Read_Byte(unsigned char ack)
{
    unsigned char i,receive=0;
    SDA_IN();//SDA 设置为输入
        for(i=0;i<8;i++ )
```

```
            {
                    IIC_SCL=0;
                    delay_us(2);
            IIC_SCL=1;
                    receive<<=1;
                    if(READ_SDA)receive++;
            delay_us(1);
            }
            if (!ack)
                    IIC_NAck();//发送 NACK
            else
                    IIC_Ack(); //发送 ACK
            return receive;
}
```

4. 24cxx.c 代码

```
#include "24cxx.h"
#include "delay.h"

//初始化 I²C 接口
void AT24CXX_Init(void)
{
    IIC_Init();
}
//在 AT24CXX 指定地址读出一个数据
//ReadAddr：开始读数据的地址
//返回值：读到的数据
u8 AT24CXX_ReadOneByte(u16 ReadAddr)
{
    u8 temp=0;

    IIC_Start();
    if(EE_TYPE>AT24C16)
    {
            IIC_Send_Byte(0XA0);                        //发送写命令
            IIC_Wait_Ack();
            IIC_Send_Byte(ReadAddr>>8);                 //发送高地址
            IIC_Wait_Ack();
    }else IIC_Send_Byte(0XA0+((ReadAddr/256)<<1));      //发送器件地址 0XA0，写数据

    IIC_Wait_Ack();
    IIC_Send_Byte(ReadAddr%256);                        //发送低地址
    IIC_Wait_Ack();
    IIC_Start();
    IIC_Send_Byte(0XA1);                                //进入接收模式
    IIC_Wait_Ack();
     temp=IIC_Read_Byte(0);
    IIC_Stop();                                         //产生一个停止条件
    return temp;
```

```
}
//在 AT24CXX 指定地址写入一个数据
//WriteAddr：写入数据的目的地址
//DataToWrite：要写入的数据
void AT24CXX_WriteOneByte(u16 WriteAddr,u8 DataToWrite)
{

        IIC_Start();
    if(EE_TYPE>AT24C16)
    {
        IIC_Send_Byte(0XA0);                          //发送写命令
        IIC_Wait_Ack();
        IIC_Send_Byte(WriteAddr>>8);                  //发送高地址
        }else
    {
        IIC_Send_Byte(0XA0+((WriteAddr/256)<<1));     //发送器件地址 0XA0，写数据
    }
    IIC_Wait_Ack();
    IIC_Send_Byte(WriteAddr%256);                     //发送低地址
    IIC_Wait_Ack();
    IIC_Send_Byte(DataToWrite);                       //发送字节
    IIC_Wait_Ack();
    IIC_Stop();                                       //产生一个停止条件
    delay_ms(10);
}
//在 AT24CXX 里面的指定地址开始写入长度为 Len 的数据
//该函数用于写入 16bit 或者 32bit 的数据
//WriteAddr：开始写入的地址
//DataToWrite：数据数组首地址
//Len：要写入数据的长度2、4
void AT24CXX_WriteLenByte(u16 WriteAddr,u32 DataToWrite,u8 Len)
{
    u8 t;
    for(t=0;t<Len;t++)
    {
     AT24CXX_WriteOneByte(WriteAddr+t,(DataToWrite>>(8*t))&0xff);
    }
}

//在 AT24CXX 里面的指定地址开始读出长度为 Len 的数据
//该函数用于读出 16bit 或者 32bit 的数据.
//ReadAddr：开始读出的地址
//返回值：数据
//Len：要读出数据的长度2、4
u32 AT24CXX_ReadLenByte(u16 ReadAddr,u8 Len)
{
    u8 t;
    u32 temp=0;
    for(t=0;t<Len;t++)
```

```
        {
            temp<<=8;
            temp+=AT24CXX_ReadOneByte(ReadAddr+Len-t-1);

        }
    return temp;


}
//检查 AT24CXX 是否正常
//这里用了 24XX 的最后一个地址(255)来存储标志字
//如果用其他 24C 系列，这个地址要修改
//返回 1：检测失败
//返回 0：检测成功
u8 AT24CXX_Check(void)
{
    u8 temp;
    temp=AT24CXX_ReadOneByte(255);//避免每次开机都写 AT24CXX
    if(temp==0X55)return 0;
    else//排除第一次初始化的情况
    {
            AT24CXX_WriteOneByte(255,0X55);
            temp=AT24CXX_ReadOneByte(255);
            if(temp==0X55)return 0;
    }
    return 1;
}


//在 AT24CXX 里面的指定地址开始读出指定个数的数据
//ReadAddr：开始读出的地址 对 24c02 为 0～255
//pBuffer：数据数组首地址
//NumToRead：要读出数据的个数
void AT24CXX_Read(u16 ReadAddr,u8 *pBuffer,u16 NumToRead)
{
    while(NumToRead)
    {
            *pBuffer++=AT24CXX_ReadOneByte(ReadAddr++);
            NumToRead--;
    }
}
//在 AT24CXX 里面的指定地址开始写入指定个数的数据
//WriteAddr：开始写入的地址 对 AT24C02 为 0～255
//pBuffer：数据数组首地址
//NumToWrite：要写入数据的个数
void AT24CXX_Write(u16 WriteAddr,u8 *pBuffer,u16 NumToWrite)
{
    while(NumToWrite--)
    {
            AT24CXX_WriteOneByte(WriteAddr,*pBuffer);
            WriteAddr++;
```

```
            pBuffer++;
        }
    }
```

5．main.c 代码

```
        #include "led.h"
        #include "delay.h"
        #include "key.h"
        #include "sys.h"
        #include "lcd.h"
        #include "usart.h"
        #include "usmart.h"
        #include "24cxx.h"


        //要写入到 AT24C02 的字符串数组
        const u8 TEXT_Buffer[]={"WarShipSTM32 IIC TEST"};
        #define SIZE sizeof(TEXT_Buffer)

         int main(void)
         {
            u8 key;
            u16 i=0;
            u8 datatemp[SIZE];
            delay_init();//延时函数初始化
            NVIC_PriorityGroupConfig(NVIC_PriorityGroup_2);//设置中断优先级分组为组 2：2 位抢占式
优先级，2 位响应式优先级
            uart_init(115200);//串口初始化为 115200
            LED_Init();//初始化与 LED 连接的硬件接口
            LCD_Init();//初始化 LCD
            KEY_Init();//按键初始化
            AT24CXX_Init();//I²C 初始化

            POINT_COLOR=RED;//设置字体为红色
            LCD_ShowString(30,50,200,16,16,"WarShip STM32");
            LCD_ShowString(30,70,200,16,16,"IIC TEST");
            LCD_ShowString(30,90,200,16,16,"ATOM@ALIENTEK");
            LCD_ShowString(30,110,200,16,16,"2022/5/31");
            LCD_ShowString(30,130,200,16,16,"KEY1:Write    KEY0:Read"); //显示提示信息

                while(AT24CXX_Check())//检测不到 24C02
            {
                LCD_ShowString(30,150,200,16,16,"24C02 Check Failed!");
                delay_ms(500);
                LCD_ShowString(30,150,200,16,16,"Please Check!");
                delay_ms(500);
                LED0=!LED0;//DS0 闪烁
            }
                LCD_ShowString(30,150,200,16,16,"24C02 Ready!");
                POINT_COLOR=BLUE;//设置字体为蓝色
```

```
        while(1)
        {
                key=KEY_Scan(0);
                if(key==KEY1_PRES)//KEY_UP 按下,写入 24C02
                {
                        LCD_Fill(0,170,239,319,WHITE);//清除半屏
                        LCD_ShowString(30,170,200,16,16,"Start Write 24C02....");
                        AT24CXX_Write(0,(u8*)TEXT_Buffer,SIZE);
                        LCD_ShowString(30,170,200,16,16,"24C02 Write Finished!");//提示传送完成
                }
                if(key==KEY0_PRES)//KEY1 按下，读取字符串并显示
                {
                        LCD_ShowString(30,170,200,16,16,"Start Read 24C02.... ");
                        AT24CXX_Read(0,datatemp,SIZE);
                        LCD_ShowString(30,170,200,16,16,"The Data Readed Is:    ");//提示传送完成
                        LCD_ShowString(30,190,200,16,16,datatemp);//显示读到的字符串
                }
                i++;
                delay_ms(10);
                if(i==20)
                {
                        LED0=!LED0;//提示系统正在运行
                        i=0;
                }
        }
}
```

该段代码通过 KEY1 按键来控制 AT24C02 的写入，通过另外一个按键 KEY0 来控制 AT24C02 的读取，并在 LCD 模块上面显示相关信息。I²C 程序运行效果如图 9-12 所示。

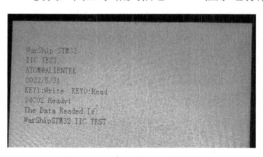

图 9-12 I²C 程序运行效果

习题

1. 简要说明 I²C 的结构与通信原理。
2. 简要说明 I²C 总线控制程序的编写。
3. 写出在 I²C 主模式时的操作顺序。
4. 写出利用 DMA 发送 I²C 数据时需要做的配置步骤。
5. 简要说明 I²C 的中断事件有哪些?

第 10 章 STM32 模数转换器（ADC）

本章介绍了 STM32 模数转换器（ADC），包括模拟量输入通道、模拟量输入信号类型与量程自动转换、STM32F103ZET6 集成的 ADC 模块、ADC 库函数、模数转换器（ADC）应用实例。

10.1 模拟量输入通道

当计算机用作测控系统时，系统总要有被测量信号的输入通道，由计算机拾取必要的输入信息。对于测量系统而言，如何准确获取被测信号是其核心任务；而对测控系统来讲，对被控对象状态的测试和对控制条件的检测也是不可缺少的环节。

系统需要的被测信号，一般可分为开关量输入和模拟量输入两种。所谓开关量输入，是指输入信号为状态信号，其信号电平只有两种，即高电平或低电平，对于这类信号，只需经放大、整形和电平转换等处理后，即可直接送入计算机系统。对于模拟量输入，由于模拟信号的电压或电流是连续变化信号，其信号幅度在任何时刻都有定义，因此对其进行处理就较为复杂，在进行小信号放大、滤波量化等处理过程中需考虑干扰信号的抑制、转换精度及线性等诸多因素，而这种信号又是测控系统中最普通、最常见的输入信号，如对温度、湿度、压力、流量、液位、气体成份等信号的处理等。

模拟量输入通道根据应用要求的不同，可以有不同的结构形式。图 10-1 是多路模拟量输入通道的组成框图。

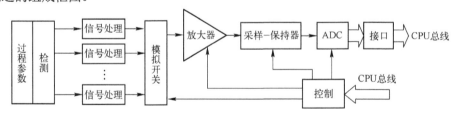

图 10-1 多路模拟量输入通道的组成框图

从图 10-1 可看出，模拟量输入通道一般由信号处理、模拟开关、放大器、采样-保持器和 ADC 组成。

根据需要，信号处理可选择的内容包括小信号放大、信号滤波、信号衰减、阻抗匹配、电平变换、非线性补偿、电流/电压转换等。

 10.2 模拟量输入信号类型与量程自动转换

10.2.1 模拟量输入信号类型

在接到一个具体的测控任务后，需根据被测控对象选择合适的传感器，从而完成非电的物理量到电学量的转换，经传感器转换后的量，如电流、电压等，往往信号幅度很小，很难直接进行模数转换，因此，需对这些模拟电信号进行幅度处理并完成阻抗匹配、波形变换、噪声的抑制等工作，而这些工作需要放大器完成。模拟量输入信号主要有以下两类。

第一类为传感器输出的信号，如：

（1）电压信号　一般为 mV 信号，如热电偶（TC）的输出或电桥输出。

（2）电阻信号　单位为 Ω，如热电阻（RTD）信号，通过电桥转换成 mV 信号。

（3）电流信号　一般为 μA 信号，如电流型集成温度传感器 AD590 的输出信号，通过取样电阻器转换成 mV 信号。

以上这些信号往往不能直接送至 ADC，因为这些信号的幅值太小，需经运算放大器放大，转换成标准电压信号后，如 0～5V、1～5V、0～10V、−5～+5V 等，再送往 ADC 进行采样。有些双积分 ADC 的输入为−200～+200mV 或−2～+2V，有些 ADC 内部带有可编程增益放大器（Programmable Gain Amplifier，PGA），可直接接受电压信号。

第二类为变送器输出的信号，如：

（1）电流信号　0～10mA（0～1.5kΩ 负载）或 4～20mA（0～500Ω 负载）。

（2）电压信号　0～5V 或 1～5V 等。

电流信号可以远传，通过一个标准精密取样电阻就可以变成标准电压信号，送往 ADC 进行采样，这类信号一般不需要放大处理。

10.2.2 量程自动转换

由于传感器所提供的信号变化范围很宽（从微伏到伏），特别是在多回路检测系统中，当各回路的参数信号不一样时，必须提供各种量程的放大器，才能保证送到计算机的信号一致（如 0～5V）。在模拟系统中，为了放大不同的信号，需要使用不同倍数的放大器。而在电动单位组合仪表中，常常使用各种类型的变送器，如温度变送器、差压变送器、位移变送器等。但是，这种变送器造价比较贵，系统也比较复杂。随着计算机的应用，为了减少硬件设备，已经研制出 PGA。它是一种通用性很强的放大器，其放大倍数可根据需要用程序进行控制。采用这种放大器，可通过程序调节放大倍数，使 ADC 满量程信号达到均一化，因而大大提高测量精度，这就是量程自动转换。

10.3 STM32F103ZET6 集成的 ADC 模块

真实世界的物理量，如温度、压力、电流和电压等，都是连续变化的模拟量。但数字计算机处理器主要由数字电路构成，无法直接认知这些连续变换的物理量。ADC 和 DAC

（数模转换器）就是模拟量和数字量之间的桥梁。ADC 将连续变化的物理量转换为数字计算机可以理解的、离散的数字信号。DAC 则反过来将数字计算机产生的离散的数字信号转换为连续变化的物理量。如果把微控制器比作人的大脑，ADC 可以理解为这个大脑的眼、耳、鼻等感觉器官。嵌入式系统作为一种在真实物理世界中和宿主对象协同工作的专用计算机系统，ADC 和 DAC 是其必不可少的组成部分。

传统意义上的嵌入式系统会使用独立的单片的 ADC 或 DAC 实现其与真实世界的接口，但随着片上系统技术的普及，设计和制造集成了 ADC 和 DAC 功能的微控制器变得越来越容易。目前市面上常见的微控制器都集成了 ADC 的功能。STM32 微控制器则是最早把 12 位高精度的 ADC 和 DAC，以及 Cortex-M 系列处理器集成到一起的主流微控制器。

STM32F103ZET6 微控制器集成有 18 路 12 位高速逐次逼近型 ADC，可测量 16 个外部和 2 个内部信号源。各通道的 ADC 可以单次、连续、扫描或间断模式执行，ADC 的结果能够以左对齐或右对齐方式存储在 16 位数据寄存器中。

模拟看门狗特性允许应用程序检测输入电压是否超出用户定义的高/低阈值。

ADC 的输入时钟信号不得超过 14MHz，由 PCLK2 经分频产生。

10.3.1　STM32F103ZET6 的 ADC 的主要特征

STM32F103ZET6 的 ADC 的主要特征如下：

1）12 位分辨率。

2）转换结束、注入转换结束和发生模拟看门狗事件时产生中断。

3）单次和连续转换模式。

4）从通道 0 到通道 n 的自动扫描模式。

5）自校准功能。

6）带内嵌数据一致性的数据对齐。

7）采样间隔可以按通道分别编程。

8）规则转换和注入转换均有外部触发选项。

9）间断模式。

10）双重模式（带两个或两个以上的 ADC）。

11）ADC 转换时间：时钟信号为 56MHz 时为 1μs（时钟信号为 72MHz 时为 1.17μs）。

12）ADC 供电要求：2.4～3.6V。

13）ADC 输入范围：$V_{REF-} \leqslant V_{IN} \leqslant V_{REF+}$。

14）规则通道转换期间有 DMA 请求产生。

10.3.2　STM32F103ZET6 的 ADC 模块结构

STM32F103ZET6 的 ADC 模块结构如图 10-2 所示，其中 ADC3 只存在于大容量产品中。

ADC 相关引脚有：

1）模拟电源 V_{DDA}：等效于 V_{DD} 的模拟电源，且 $2.4V \leqslant V_{DDA} \leqslant V_{DD}$（3.6V）。

2）模拟电源地 V_{SSA}：等效于 V_{ss} 的模拟电源地。

3）模拟参考正极 V_{REF+}：ADC 使用的高端/正极参考电压，$2.4V \leqslant V_{REF+} \leqslant V_{DDA}$。

4）模拟参考负极 V_{REF-}：ADC 使用的低端/负极参考电压，$V_{REF-}=V_{SSA}$。

5）模拟信号输入端 ADCx_IN[15:0]，共 16 个模拟输入通道。

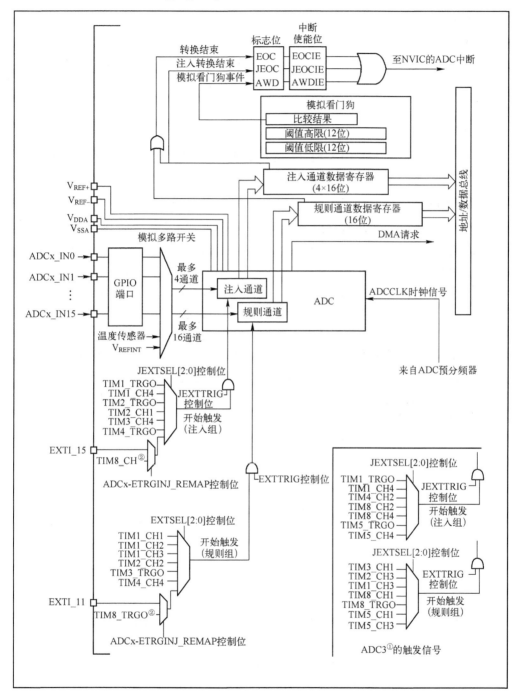

图 10-2　STM32F103ZET6 的 ADC 模块结构

注：① ADC3 的规则转换和注入转换触发与 ADC1 和 ADC2 的不同。

　　② TIM8_CH 和 TIM8_TRGO 及它们的重映射位只存在于大容量产品中。

10.3.3 STM32F103ZET6 的 ADC 配置

1．ADC 开关控制

ADC_CR2 的 ADON 位可给 ADC 上电。当第一次设置 ADON 位时，它将 ADC 从断电状态下唤醒。ADC 上电延迟一段时间后（t_{STAB}），再次设置 ADON 位时开始进行转换。

通过清除 ADON 位可以停止转换，并将 ADC 置于断电模式。在这个模式中，ADC 耗电仅几微安。

2．ADC 时钟

由时钟控制器提供的 ADCCLK 时钟信号和 PCLK2（APB2 时钟）信号同步。RCC 控制器为 ADC 时钟提供一个专用的可编程预分频器。

3．通道选择

有 16 个多路通道。可以把转换组织成两组，即规则通道和注入通道。

规则通道由多达 16 个转换通道组成。对一组指定的通道，按照指定的顺序，逐个转换这组通道，转换结束后，再从头循环；这些指定的通道就称为规则通道。例如，可以按如下顺序完成转换，即通道 3、通道 8、通道 2、通道 2、通道 0、通道 2、通道 2、通道 15。规则通道和它们的转换顺序在 ADC_SQRx 中选择。规则通道中转换的总数应写入 ADC_SQRl 的 L[3:0]位中。

注入通道由 4 个转换通道组成。在实际应用中，有可能需要临时中断规则通道的转换，对某些通道进行转换，这些需要中断规则通道而进行转换的通道，就称为注入通道。注入通道和它们的转换顺序在 ADC_JSQR 中选择。注入通道里的转换总数目应写入 ADC_JSQR 的 L[1:0]位中。

如果 ADC_SQRx 或 ADC_JSQR 在转换期间被更改，当前的转换被清除，一个新的启动脉冲将发送到 ADC 以转换新选择的组。

内部通道：温度传感器和 V_{REFINT}。

温度传感器和通道 ADC1_IN16 相连接，内部参照电压 V_{REFINT} 和 ADC1_IN17 相连接。可以按注入或规则通道对这两个内部通道进行转换。温度传感器和 V_{REFINT} 只能出现在 ADC1 中。

4．单次转换模式

在单次转换模式下，ADC 只执行一次转换。该模式既可通过设置 ADC_CR2 的 ADON 位（只适用于规则通道）启动，也可通过外部触发启动（适用于规则通道或注入通道），这时 CONT 位为 0。

一旦选择通道的转换完成，规则通道和注入通道实现的结果分别如下所示：

1）如果一个规则通道转换完成，则转换数据储存在 16 位的 ADC_DR 中；EOC（转换结束）标志置位；如果设置了 EOCIE，则产生中断。

2）如果一个注入通道转换完成，则转换数据储存在 16 位的 ADC_DRJ1 中；JEOC（注入转换结束）标志置位；如果设置了 JEOCIE 位，则产生中断。

完成以上工作后，ADC 停止工作。

5．连续转换模式

在连续转换模式中，当前面 ADC 的转换一结束，马上就启动另一次转换。此模式可通过外部触发启动或通过设置 ADC_CR2 上的 ADON 位启动，此时 CONT 位是 1。每次转换后，规则通道和注入通道实现的结果分别如下所示：

1）如果一个规则通道转换完成，则转换数据存储在 16 位的 ADC_DR 中；EOC（转换结束）标志置位；如果设置了 EOCIE，则产生中断。

2）如果一个注入通道转换完成，则转换数据储存在 16 位的 ADC_DRJ1 中；JEOC（注入转换结束）标志置位；如果设置了 JEOCIE 位，则产生中断。

6．时序图

ADC 的转换时序图如图 10-3 所示，ADC 在开始精确转换前需要一个稳定时间 t_{STAB}，在 ADC 转换 14 个时钟周期后，EOC 标志被设置，16 位 ADC 包含转换后的结果。

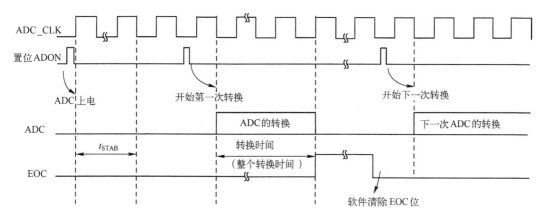

图 10-3　ADC 的转换时序图

7．模拟看门狗

如果模拟看门狗被 ADC 的模拟电压低于低阈值或高于高阈值，模拟看门狗 AWD 的状态位将被置位，如图 10-4 所示。

阈值位于 ADC_HTR 和 ADC_LTR 的最低 12 个有效位中。通过设置 ADC_CR1 的 AWDIE 位以允许产生相应中断。

阈值的数据对齐模式与 ADC_CR2 中的 ALIGN 位选择无关，比较是在对齐之前完成的。

图 10-4　模拟看门狗警戒区域

通过配置 ADC_CR1，模拟看门狗可以作用于一个或多个通道。

8．扫描模式

扫描模式用来扫描一组模拟通道，此模式可通过设置 ADC_CR1 的 SCAN 位来选择。一旦这个位被设置，ADC 就扫描所有被 ADC_SQRX（对规则通道）或 ADC_JSQR（对注入通道）选中的所有通道。在每个组的每个通道上执行单次转换。在每个转换结束时，同一组的下一个通道被自动转换。如果设置了 CONT 位，转换不会在选择组的最后一个通道停止，而是再次从选择组的第一个通道继续转换。如果设置了 DMA 位，在每次 EOC 事件后，DMA 控制器把规则通道的转换数据传输到 SRAM 中。而在注入通道转换的数据总是存储在 ADC_JDRx 中。

9．注入通道管理

（1）触发注入功能　清除 ADC_CR1 的 JAUTO 位，并设置 SCAN 位，即可使用触发注入功能。过程如下：

1）利用外部触发或通过设置 ADC_CR2 的 ADON 位，启动一组规则通道的转换。

2）如果在规则通道转换期间产生一个外部注入触发，当前转换被复位，注入通道序列被以单次扫描方式进行转换。

3）然后恢复上次被中断的规则通道转换。如果在注入转换期间产生一个规则事件，则注入转换不会被中断，但是规则序列将在注入序列结束后被执行。触发注入转换时序图如图 10-5 所示。

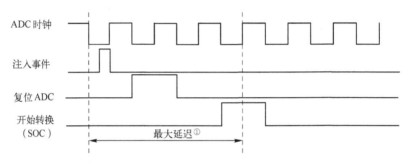

注：① 最大延迟数值请参考数据手册中有关电气特性部分。

图 10-5　触发注入转换时序图

当使用触发注入转换时，必须保证触发事件的间隔长于注入序列。例如，序列长度为 28 个 ADC 时钟周期（即两个具有 1.5 个时钟间隔采样时间的转换周期），触发之间最小的间隔必须是 29 个 ADC 时钟周期或更长。

（2）自动注入　如果设置了 JAUTO 位，在规则通道之后，注入通道被自动转换。这种方式可以用来转换在 ADC_SQRx 和 ADC_JSQR 中设置的多至 20 个转换序列。在该模式中，必须禁止注入通道的外部触发。

如果除 JAUTO 位外还设置了 CONT 位，规则通道至注入通道的转换序列被连续执行。

当 ADC 预分频系数为 4～8 时，从规则转换切换到注入序列或从注入转换切换到规则序列，会自动插入 1 个 ADC 时钟间隔；当 ADC 预分频系数为 2 时，则有 2 个 ADC 时钟间隔的延迟。

10．间断模式

（1）规则通道模式　此模式通过将 ADC_CR1 上的 DISCEN 位激活，可以用来执行一个短序列的 n 次转换（n≤8），此转换是 ADC_SQRx 所选择的转换序列的一部分。转换数值由 ADC_CR1 的 DISCNUM[2:0]位给出。

一个外部触发信号可以启动 ADC_SQRx 中描述的下一轮 n 次转换，直到此序列所有的转换完成为止。总的序列长度由 ADC_SQR1 的 L[3:0]定义。

例如，若 n=3，被转换的通道=0、1、2、3、6、7、9、10，则会有以下 4 种情况出现：

第 1 次触发，转换的序列为 0、1、2。

第 2 次触发，转换的序列为 3、6、7。

第 3 次触发，转换的序列为 9、10，并产生 EOC 事件。

第 4 次触发，转换的序列 0、1、2。

当以间断模式转换一个规则通道时，转换序列结束后并不自动从头开始。当所有子组被转换完成，下一次触发启动第一个子组的转换。例如，在上面的例子中，第 4 次触发重新转换第一子组的通道 0、1 和 2。

（2）注入通道模式　此模式通过设置 ADC_CR1 的 JDISCEN 位激活。在一个外部触发事件后，该模式按通道顺序逐个转换 ADC_JSQR 中选择的序列。

一个外部触发信号可以启动 ADC_JSQR 选择的下一个通道序列的转换，直到序列中所有的转换完成为止。总的序列长度由 ADC_JSQR 的 JL[1:0]位定义。例如，若 n=1，被转换的通道=1、2、3，则会有以下 4 种情况出现：

第 1 次触发，通道 1 被转换。

第 2 次触发，通道 2 被转换。

第 3 次触发，通道 3 被转换，并且产生 EOC 和 JEOC 事件。

第 4 次触发，通道 1 被转换。

需要注意的是：

1）当完成所有注入通道转换，下一个触发启动第一个注入通道的转换。在上述例子中，第 4 次触发重新转换第一个注入通道 1。

2）不能同时使用自动注入模式和间断模式。

3）必须避免同时为规则通道和注入通道设置间断模式，因为间断模式只能作用于一组转换。

10.3.4　STM32F103ZET6 的 ADC 应用特征

1. 校准

ADC 有一个内置自校准模式。校准可大幅度减小因内部电容器组的变化而造成的精度误差。在校准期间，在每个电容器上都会计算出一个误差修正码（数字值），这个码用于消除在随后的转换中每个电容器上产生的误差。

通过设置 ADC_CR2 的 CAL 位启动校准。一旦校准结束，CAL 位被硬件复位，可以开始正常转换。建议在每次上电后执行一次 ADC 校准。启动校准前，ADC 必须处于关电状态（ADON=0）至少两个 ADC 时钟周期。校准阶段结束后，校准码储存在 ADC_DR 中。ADC 校准时序图如图 10-6 所示。

2. 数据对齐

ADC_CR2 中的 ALIGN 位选择转换后数据储存的对齐方式。数据可以右对齐或左对齐，如图 10-7 和图 10-8 所示。

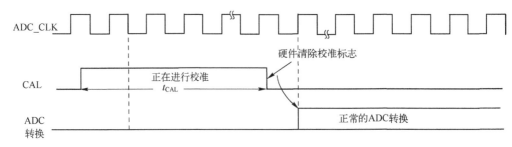

图 10-6　ADC 校准时序图

注入通道

SEXT	SEXT	SEXT	SEXT	D11	D10	D9	D8	D7	D6	D5	D4	D3	D2	D1	D0

规则通道

0	0	0	0	D11	D10	D9	D8	D7	D6	D5	D4	D3	D2	D1	D0

图 10-7　数据右对齐

注入通道

SEXT	D11	D10	D9	D8	D7	D6	D5	D4	D3	D2	D1	D0	0	0	0

规则通道

D11	D10	D9	D8	D7	D6	D5	D4	D3	D2	D1	D0	0	0	0	0

图 10-8　数据左对齐

注入通道转换的数据值已经减去了 ADC_JOFRx 中定义的偏移量，因此结果可以是一个负值。SEXT 位是扩展的符号值。

对于规则通道，不需要减去偏移值，因此只有 12 个位有效。

3. 可编程的通道采样时间

ADC 使用若干个 ADC_CLK 周期对输入电压采样，采样周期数目可以通过 ADC_SMPR1 和 ADC_SMPR2 中的 SMP[2:0]位更改。每个通道可以分别用不同的时间采样。

总转换时间按下面公式计算：

$$T_{CONV}=采样时间+12.5 个周期$$

例如，当 ADCCLK=14MHz，采样时间为 1.5 周期时，$T_{CONV}=1.5+12.5=14$ 个周期= 1μs。

4. 外部触发转换

外部触发转换可以由外部事件触发（例如定时器捕获、EXTI 线）。如果设置了 EXTTRIG 控制位，则外部事件就能够触发转换，EXTSEL[2:0]和 JEXTSEL[2:0]控制位允许应用程序 8 个可能事件中的一个，可以触发规则通道和注入通道的采样。ADC1 和 ADC2 用于规则通道的外部触发源见表 10-1。

ADC1 和 ADC2 用于注入通道的外部触发源见表 10-2。ADC3 用于规则通道的外部触发源见表 10-3。ADC3 用于注入通道的外部触发源见表 10-4。

表 10-1　ADC1 和 ADC2 用于规则通道的外部触发源

触发源	连接类型	EXTSEL[2:0]
TIM1_CC1 事件	来自片上定时器的内部信号	000
TIM1_CC2 事件		001

（续）

触发源	连接类型	EXTSEL[2:0]
TIM1_CC3 事件	来自片上定时器的内部信号	010
TIM2_CC2 事件		011
TIM3_TRGO 事件		100
TIM4_CC4 事件		101
EXTI_11/TIM8_TRGO 事件[①][②]	外部引脚/来自片上定时器的内部信号	110
SWSTART	软件控制位	111

注：① TIM8_TRGO 事件只存在于大容量产品。

② 对于规则通道，选中 EXTI_11 或 TIM8_TRGO 作为外部触发事件，可以分别通过设置 ADC1 和 ADC2 的 ADC1_ ETRGREG_REMAP 位和 ADC2_ETRGREG_REMAP 位实现。

表 10-2　ADC1 和 ADC2 用于注入通道的外部触发源

触发源	连接类型	EXTSEL[2:0]
TIM1_TRGO 事件	来自片上定时器的内部信号	000
TIM1_CC4 事件		001
TIM2_TRGO 事件		010
TIM2_CC1 事件		011
TIM3_CC4 事件		100
TIM4_TRGO 事件		101
EXTI_15/TIM8_CC4 事件[①][②]	外部引脚/来自片上定时器的内部信号	110
JSWSTART	软件控制位	111

注：① TIM8_CC4 事件只存在于大容量产品。

② 对于注入通道，选中 EXTI_15 或 TIM8_CC4 作为外部触发事件，可以分别通过设置 ADC1 和 ADC2 的 ADC1_ ETRGINJ_REMAP 位和 ADC2_ ETRGINJ_REMAP 位实现。

表 10-3　ADC3 用于规则通道的外部触发源

触发源	连接类型	EXTSEL[2:0]
TIM3_CC1 事件	来自片上定时器的内部信号	000
TIM2_CC3 事件		001
TIM1_CC3 事件		010
TIM8_CC1 事件		011
TIM8_TRGO 事件		100
TIM5_CC1 事件		101
TIM5_CC3 事件		110
SWSTART 事件	软件控制位	111

表 10-4　ADC3 用于注入通道的外部触发源

触发源	连接类型	EXTSEL[2:0]
TIM1_TRGO 事件	来自片上定时器的内部信号	000
TIM1_CC4 事件		001
TIM4_CC3 事件		010

（续）

触发源	连接类型	EXTSEL[2:0]
TIM8_CC2 事件		011
TIM8_CC4 事件	来自片上定时器的内部信号	100
TIM5_TRGO 事件		101
TIM5_CC4 事件		110
JSWSTART 事件	软件控制位	111

当外部触发信号被选为 ADC 规则或注入转换时，只有上升沿可以启动转换。

软件触发事件可以通过对 ADC_CR2 的 SWSTART 位或 JSWSTART 位置 1 产生。规则通道的转换可以被注入触发打断。

5. DMA 请求

因为规则通道转换的值存储在一个相同的数据 ADC_DR 中，所以当转换多个规则通道时需要使用 DMA，这可以避免丢失已经存储在 ADC_DR 中的数据。

只有在规则通道的转换结束时才产生 DMA 请求，并将转换的数据从 ADC_DR 传输到用户指定的目的地址。

只有 ADC1 和 ADC3 拥有 DMA 功能。由 ADC2 转换的数据可以通过双 ADC 模式，利用 ADC1 的 DMA 功能传输。

6. 双 ADC 模式

在有两个或以上 ADC 的产品中，可以使用双 ADC 模式，在双 ADC 模式下，根据 ADC1_CR1 中 DUALMOD[2:0]位所选的模式，转换的启动可以是主 ADC1 和从 ADC2 的交替触发或同步触发。

在双 ADC 模式下，当转换配置成由外部事件触发时，用户必须将其设置成仅触发主 ADC，从 ADC 设置成软件触发，这样可以防止意外触发从 ADC。但是，ADC 主和从 ADC 的外部触发必须同时被激活。

双 ADC 共有 6 种可能的模式：同步注入模式、同步规则模式、快速交叉模式、慢速交叉模式、交替触发模式和独立模式。

还可以用下列方式组合使用上面的模式：

1）同步注入模式+同步规则模式。

2）同步规则模式+交替触发模式。

3）同步注入模式+交叉模式。

在双 ADC 模式下，为了在主数据寄存器上读取从转换数据，必须使能 DMA 位，即使不使用 DMA 传输规则通道数据。

10.4 ADC 库函数

STM32 标准库中提供了几乎覆盖所有 ADC 操作的函数，表 10-5 中写明了所有 ADC 相关函数均在 stm32f10x_adc.c 和 stm32f10x_adc.h 中进行定义和声明。为了帮助读者理解这些函数的具体使用方法，本节对标准库中部分函数做详细介绍。

表 10-5　ADC 库函数

函数名称	功能描述
ADC_DeInit	将外设 ADCx 的全部寄存器重设为缺省值
ADC_Init	根据 ADC_InitStruct 中指定的参数初始化外设 ADCx 的寄存器
ADC_StructInit	把 ADC_InitStruct 中的每一个参数按缺省值填入
ADC_Cmd	使能或者失能指定的 ADC
ADC_DMACmd	使能或者失能指定的 ADC 的 DMA 请求
ADC_ITConfig	使能或者失能指定的 ADC 的中断
ADC_ResetCalibration	重置指定的 ADC 的校准寄存器
ADC_GetResetCalibrationStatus	获取 ADC 重置校准寄存器的状态
ADC_StartCalibration	开始指定 ADC 的校准程序
ADC_GetCalibrationStatus	获取指定 ADC 的校准状态
ADC_SoftwareStartConvCmd	使能或者失能指定的 ADC 的软件转换启动功能
ADC_GetSoftwareStartConvStatus	获取 ADC 软件转换启动状态
ADC_DiscModeChannelCountConfig	对 ADC 规则通道配置间断模式
ADC_DiscModeCmd	使能或者失能指定的 ADC 规则通道的间断模式
ADC_RegularChannelConfig	设置指定 ADC 的规则通道，设置它们的转化顺序和采样时间
ADC_ExternalTrigConvConfig	使能或者失能 ADCx 的经外部触发启动转换功能
ADC_GetConversionValue	得到最近一次 ADCx 规则通道的转换结果
ADC_GetDuelModeConversionValue	得到最近一次双 ADC 模式下的转换结果
ADC_AutoInjectedConvCmd	使能或者失能指定 ADC 在规则通道转化后自动开始注入通道转换
ADC_InjectedDiscModeCmd	使能或者失能指定 ADC 的注入通道间断模式
ADC_ExternalTrigInjectedConvConfig	配置 ADCx 的外部触发启动注入通道转换功能
ADC_ExternalTrigInjectedConvCmd	使能或者失能 ADCx 的经外部触发启动注入通道转换功能
ADC_SoftwareStartinjectedConvCmd	使能或者失能 ADCx 软件启动注入通道转换功能
ADC_GetSoftwareStartinjectedConvStatus	获取指定 ADC 的软件启动注入通道转换状态
ADC_InjectedChannelConfig	设置指定 ADC 的注入通道，设置它们的转化顺序和采样时间
ADC_InjectedSequencerLengthConfig	设置注入通道的转换序列长度
ADC_SetinjectedOffset	设置注入通道的转换偏移值
ADC_GetInjectedConversionValue	返回 ADC 指定注入通道的转换结果
ADC_AnalogWatchdogCmd	使能或者失能指定单个/全体；规则通道/注入通道上的模拟看门狗
ADC_AnalogWatchdogThresholdsConfig	设置模拟看门狗的高/低阈值
ADC_AnalogWatchdogSingleChannelConfig	对单个 ADC 通道设置模拟看门狗
ADC_TampSensorVrefintCmd	使能或者失能温度传感器和内部参考电压通道
ADC_GetFlagStatus	检查指定的 ADC 标志位置 1 与否
ADC_ClearFlag	清除 ADCx 的待处理标志位
ADC_GetITStatus	检查指定的 ADC 中断是否发生
ADC_ClearITPendingBit	清除 ADCx 的中断待处理标志位

1. 函数 ADC_DeInit

函数名称：ADC_DeInit。

函数原型：void ADC_DeInit（ADC_TypeDef* ADCx）。

功能描述：将外设 ADCx 的全部寄存器重设为缺省值。

输入参数：ADCx，x 可以是 1、2 或 3，用来选择 ADC 外设。

输出参数：无。

返回值：无。

例如：

```
/*Resets ADC2*/
ADC_DeInit（ADC2）；
```

2．函数 ADC_Init

函数名称：ADC_Init。

函数原型：void ADC_Init（ADC_TypeDef* ADCx，ADC_InitTypeDef* ADC_InitStruct）。

功能描述：根据 ADC_InitStruct 中指定的参数初始化外设 ADCx 的寄存器。

输入参数 1：ADCx，x 可以是 1、2 或 3，用来选择 ADC 外设。

输入参数 2：ADC_InitStruct，指向结构 ADC_InitTypeDef 的指针，包含了指定外设 ADC 的配置信息。

输出参数：无。

返回值：无。

（1）ADC_InitTypeDef structure。

```
ADC_InitTypeDef 定义于文件 stm32f10x_adc.h:
typedef struct
{
u32 ADC_Mode；
FunctionalState ADC_ScanConvMode；
FunctionalState ADC_Cont inuousConvMode；
u32 ADC_ExternalTrigConv；
u32 ADC_DataAlign；
u8 ADC_NbrOfChannel；
}ADC_InitTypeDef
```

（2）ADC_Mode ADC_Mode 设置 ADC 工作在独立或者双 ADC 模式。这个参数可以取的值见表 10-6。

表 10-6 函数 ADC_Mode 定义

ADC_Mode 值	描述
ADC_Mode_Independent	ADC1 和 ADC2 工作在独立模式
ADC_Mode_RegInjecSimult	ADC1 和 ADC2 工作在同步规则和同步注入模式
ADC_Mode_RegSimult_AlterTrig	ADC1 和 ADC2 工作在同步规则模式和交替触发模式
ADC_Mode_InjecSimult_FastInterl	ADC1 和 ADC2 工作在同步规则模式和快速交替模式
ADC_Mode_InjecSimult_SlowInterl	ADC1 和 ADC2 工作在同步注入模式和慢速交替模式
ADC_Mode_InjecSimult	ADC1 和 ADC2 工作在同步注入模式
ADC_Mode_RegSimult	ADC1 和 ADC2 工作在同步规则模式

（续）

ADC_Mode 值	描述
ADC_Mode_FastInterl	ADC1 和 ADC2 工作在快速交替模式
ADC_Mode_SlowInterl	ADC1 和 ADC2 工作在慢速交替模式
ADC_Mode_AlterTrig	ADC1 和 ADC2 工作在交替触发模式

（3）ADC_ScanConvMode　ADC_ScanConvMode 规定了模数转换工作在扫描模式（多通道）还是单次（单通道）模式。可以设置这个参数为 ENABLE 或者 DISABLE。

（4）ADC_ContinuousConvMode　ADC_ContinuousConvMode 规定了模数转换工作在连续还是单次模式。可以设置这个参数为 ENABLE 或者 DISABLE。

（5）ADC_ExternalTrigConv　ADC_ExternalTrigConv 定义了使用外部触发来启动规则通道的模数转换，这个参数可以取的值见表 10-7。

表 10-7　ADC_ExternalTrigConv 的值

ADC_ExternalTrigConv 值	描述
ADC_ExternalTrigConv_T1_CC1	选择定时器 1 的捕获比较 1 作为转换外部触发
ADC_ExternalTrigConv_T1_CC2	选择定时器 1 的捕获比较 2 作为转换外部触发
ADC_ExternalTrigConv_T1_CC3	选择定时器 1 的捕获比较 3 作为转换外部触发
ADC_ExternalTrigConv_T2_CC2	选择定时器 2 的捕获比较 2 作为转换外部触发
ADC_ExternalTrigConv_T3_TRGO	选择定时器 3 的 TRGO 作为转换外部触发
ADC_ExternalTrigConv_T4_CC4	选择定时器 4 的捕获比较 4 作为转换外部触发
ADC_ExternalTrigConv_Ext_IT11	选择外部中断线 11 事件作为转换外部触发
ADC_ExternalTrigConv_None	转换由软件而不是外部触发启动

（6）ADC_DataAlign　ADC_DataAlign 规定了 ADC 数据是左对齐还是右对齐，这个参数可以取的值见表 10-8。

表 10-8　ADC_DataAlign 定义表

ADC_DataAlign 值	描述
ADC_DataAlign_Right	ADC 数据右对齐
ADC_DataAlign_Left	ADC 数据左对齐

（7）ADC_NbrOfChannel　ADC_NbrOfChannel 规定了顺序进行规则转换的 ADC 通道的数目。这个数目的取值范围是 1～16。

例如：

```
/* Initialize the ADC1 according to the ADC_InitStructure members */
ADC_InitTypeDef   ADC_InitStructure;
ADC_InitStructure.ADC_Mode = ADC_Mode_Independent;
ADC_InitStructure.ADC_ScanConvMode=ENABLE;
ADC_InitStructure.ADC_Cont inuousConvMode=DISABLE;
ADC_InitStructure.ADC_ExternalTrigConv=ADC_ExternalTrigConv_Ext_IT11;
ADC_InitStructure.ADC_DataAlign = ADC_DataAlign_Right;
ADC_InitStructure.ADC_NbrOfChannel=16;
ADC_Init(ADC1,&ADC_InitStructure);
```

为了能够正确地配置每一个 ADC 通道，用户在调用 ADC_Init()之后，必须调用 ADC_ChannelConfig()配置每个所使用通道的转换次序和采样时间。

3. 函数 ADC_RegularChannelConfig

函数名称：ADC_RegularChannelConfig。

函数原型：void ADC_RegularChannelConfig（ADC_TypeDef* ADCx，u8 ADC_Channel，u8 Rank，u8 ADC_SampleTime）。

功能描述：设置指定 ADC 的规则通道，设置它们的转化顺序和采样时间。

输入参数 1：ADCx，x 可以是 1、2 或 3，用来选择 ADC 外设。

输入参数 2：ADC_Channel，被设置的 ADC 通道。

输入参数 3：Rank，规则通道采样顺序，取值范围 1～16。

输入参数 4：ADC_SampleTime，指定 ADC 通道的采样时间值。

输出参数：无。

返回值：无。

（1）ADC_Channel　参数 ADC_Channel 指定了通过调用函数 ADC_RegularChannelConfig 来设置的 ADC 通道。表 10-9 列举了 ADC_Channel 可取的值。

表 10-9　ADC_Channel 值

ADC_Channel 值	描述
ADC_Channel_0	选择 ADC 通道 0
ADC_Channel_1	选择 ADC 通道 1
ADC_Channel_2	选择 ADC 通道 2
ADC_Channel_3	选择 ADC 通道 3
ADC_Channel_4	选择 ADC 通道 4
ADC_Channel_5	选择 ADC 通道 5
ADC_Channel_6	选择 ADC 通道 6
ADC_Channel_7	选择 ADC 通道 7
ADC_Channel_8	选择 ADC 通道 8
ADC_Channel_9	选择 ADC 通道 9
ADC_Channel_10	选择 ADC 通道 10
ADC_Channel_11	选择 ADC 通道 11
ADC_Channel_12	选择 ADC 通道 12
ADC_Channel_13	选择 ADC 通道 13
ADC_Channel_14	选择 ADC 通道 14
ADC_Channel_15	选择 ADC 通道 15
ADC_Channel_16	选择 ADC 通道 16
ADC_Channel_17	选择 ADC 通道 17

（2）ADC_SampleTime　ADC_SampleTime 设定了选中通道的 ADC 采样时间。表 10-10 列举了 ADC_SampleTime 可取的值。

表 10-10　ADC_SampleTime 值

ADC_SampleTime 值	描述
ADC_SampleTime_1Cycles5	采样时间为 1.5 周期
ADC_SampleTime_7Cycles5	采样时间为 10.5 周期
ADC_SampleTime_13Cycles5	采样时间为 13.5 周期
ADC_SampleTime_28Cycles5	采样时间为 28.5 周期
ADC_SampleTime_41Cycles5	采样时间为 41.5 周期
ADC_SampleTime_55Cycles5	采样时间为 55.5 周期
ADC_SampleTime_71Cycles5	采样时间为 71.5 周期
ADC_SampleTime_239Cycles5	采样时间为 239.5 周期

例如：

> /*配置 ADC1 Channel2 为第一个转换通道，具有 10.5 周期采样时间*/ ADC_RegularChannelConfig（ADC1，ADC_Channel_2，1，ADC_SampleTime_7Cycles5）；
> /*配置 ADC1 Channe18 为第二个转换通道，具有 1.5 周期采样时间*/ ADC_RegularChannelConfig（ADC1，ADC_Channel_B，2，ADC_SampleTime_1Cycles5）；

4. 函数 ADC_InjectedChannelConfig

函数名称：ADC_InjectedChannelConfig。

函数原型：void ADC_InjectedChannelConfig（ADC_TypeDef* ADCx，u8 ADC_Channel，u8 Rank，u8 ADC_SampleTime）。

功能描述：设置指定 ADC 的注入通道，设置它们的转化顺序和采样时间。

输入参数 1：ADCx，x 可以是 1、2 或 3，用来选择 ADC 外设。

输入参数 2：ADC_Channel，被设置的 ADC 通道。

输入参数 3：Rank，规则通道采样顺序，取值范围 1~4。

输入参数 4：ADC_SampleTime，指定 ADC 通道的采样时间值。

输出参数：无。

返回值：无。

1）参数 ADC_Channel 指定了需设置的 ADC 通道。

2）ADC_SampleTime 设定了选中通道的 ADC 采样时间。

例如：

> /*配置 ADC1 Channel12 为第二个转换通道，具有 28.5 周期采样时间*/ ADC_InjectedChannelConfig（ADC1，ADC_Channel_12，2，ADC_SampleTime_28Cycles5）；

5. 函数 ADC_Cmd

函数名称：ADC_Cmd。

函数原型：ADC_Cmd（ADC_TypeDef* ADCx，FunctionalState NewState）。

功能描述：使能或者失能指定的 ADC。

输入参数 1：ADCx，x 可以是 1、2 或 3，用来选择 ADC 外设。

输入参数 2：NewState，外设 ADCx 的新状态，这个参数可以取 ENABLE 或者 DISABLE。

输出参数：无。

返回值：无。

例如：

```
/*使能 ADC1*/
ADC_Cmd(ADC1,ENABLE);
```

注意：函数 ADC_Cmd 只能在其他 ADC 设置函数之后被调用。

6. 函数 ADC_ResetCalibration

函数名称：ADC_ResetCalibration。

函数原型：void ADC_ResetCalibration（ADC_TypeDef* ADCx）。

功能描述：重置指定的 ADC 的校准寄存器。

输入参数：ADCx，x 可以是 1、2 或 3，用来选择 ADC 外设。

输出参数：无。

返回值：无。

例如：

```
/*重置 ADC1 校准寄存器*/
ADC_ResetCalibration(ADC1);
```

7. 函数 ADC_GetResetCalibrationStatus

函数名称：ADC_GetResetCalibrationStatus。

函数原型：FlagStatus ADC_GetResetCalibrationStatus（ADC_TypeDef* ADCx）。

功能描述：获取 ADC 重置校准寄存器的状态。

输入参数：ADCx，x 可以是 1、2 或 3，用来选择 ADC 外设。

输出参数：无。

返回值：ADC 重置校准寄存器的新状态（SET 或者 RESET）。

例如：

```
/*获取 ADC2 复位校准寄存器状态*/
FlagStatus    Status;
Status = ADC_GetResetCalibrationStatus(ADC2);
```

8. 函数 ADC_StartCalibration

函数名称：ADC_StartCalibration。

函数原型：void ADC_StartCalibration（ADC_TypeDef* ADCx）。

功能描述：开始指定 ADC 的校准程序。

输入参数：ADCx，x 可以是 1、2 或 3，用来选择 ADC 外设。

输出参数：无。

返回值：无。

例如：

```
/*开始 ADC2 校准*/
ADC_StartCalibration(ADC2);
```

9．函数 ADC_GetCalibrationStatus

函数名称：ADC_GetCalibrationStatus。

函数原型：FlagStatus ADC_GetCalibrationStatus（ADC_TypeDef* ADCx）。

功能描述：获取指定 ADC 的校准状态。

输入参数：ADCx，x 可以是 1、2 或 3，用来选择 ADC 外设。

输出参数：无。

返回值：ADC 校准的新状态（SET 或者 RESET）。

例如：

```
/*获取 ADC2 校准状态*/
FlagStatus    Status;
Status =ADC_GetCalibrationStatus(ADC2); 262
```

10．函数 ADC_SoftwareStartConvCmd

函数名称：ADC_SoftwareStartConvCmd。

函数原型：void ADC_SoftwareStartConvCmd（ADC_TypeDef* ADCx，FunctionalState NewState）。

功能描述：使能或者失能指定的 ADC 的软件转换启动功能。

输入参数 1：ADCx，x 可以是 1、2 或 3，用来选择 ADC 外设。

输入参数 2：NewState，指定 ADC 的软件转换启动新状态，这个参数可以取 ENABLE 或者 DISABLE。

输出参数：无。

返回值：无。

例如：

```
/*由软件开始 ADC1 转换*/
ADC_SoftwareStartConvCmd(ADC1,ENABLE);
```

11．函数 ADC_GetConversionValue

函数名称：ADC_GetConversionValue。

函数原型：u16 ADC_GetConversionValue（ADC_TypeDef * ADCx）。

功能描述：返回最近一次 ADCx 规则通道的转换结果。

输入参数：ADCx，x 可以是 1、2 或 3，用来选择 ADC 外设。

输出参数：无。

返回值：转换结果。

例如：

```
/*返回最后一个转换通道的 ADC1 主数据值*/ u16 DataValue;
DataValue = ADC_GetConversionValue(ADC1);
```

12．函数 ADC_GetFlagStatus

函数名称：ADC_GetFlagStatus。

函数原型：FlagStatus ADC_GetFlagStatus（ADC_TypeDef* ADCx，u8 ADC_FLAG）。

功能描述：检查制定 ADC 标志位置 1 与否。

输入参数 1：ADCx，x 可以是 1、2 或 3，用来选择 ADC 外设。

输入参数 2：ADC_FLAG，指定需检查的标志位。

输出参数：无。

返回值：无。

ADC_FLAG

表 10-11 给出了 ADC_FLAG 的值。

表 10-11　ADC_FLAG 的值

ADC_FALG 值	描述
ADC_FLAG_AWD	模拟看门狗标志位
ADC_FLAG_EOC	转换结束标志位
ADC_FLAG_JEOC	注入通道转换结束标志位
ADC_FLAG_JSTRT	注入通道转换开始标志位
ADC_FLAG_STRT	规则通道转换开始标志位

例如：

```
/*检测 ADC1 EOC 是否开启*/
FlagStatus    Status;
Status=ADC_GetFlagStatus（ADC1，ADC_FLAG_EOC）;
```

13. 函数 ADC_DMACmd

函数名称：ADC_DMACmd。

函数原型：ADC_DMACmd（ADC_TypeDef* ADCx，FunctionalState NewState）。

功能描述：使能或者失能指定的 ADC 的 DMA 请求。

输入参数 1：ADCx，x 可以是 1、2 或 3，用来选择 ADC 外设。

输入参数 2：NewState，ADC DMA 传输的新状态，这个参数可以取 ENABLE 或者 DISABLE。

输出参数：无。

返回值：无。

例如：

```
/*开启 ADC2 DMA 传输*/
ADC_DMACmd（ADC2，ENABLE），
```

10.5　模数转换器（ADC）应用实例

STM32 的 ADC 功能繁多，比较基础实用的是单通道采集，实现开发板上电位器的动触点输出引脚电压的采集，并通过串口输出至 PC 端串口调试助手。单通道采集适用 ADC 完成中断，在中断服务函数中读取数据，不使用 DMA 传输，在多通道采集时才使用 DMA 传输。

10.5.1 STM32 的 ADC 配置流程

STM32 的 ADC 功能较多，能够以 DMA、中断等方式进行数据的传输，结合标准库并根据实际需要，按步骤进行配置，可以大大提高 ADC 的使用效率。ADC 配置流程如图 10-9 所示。

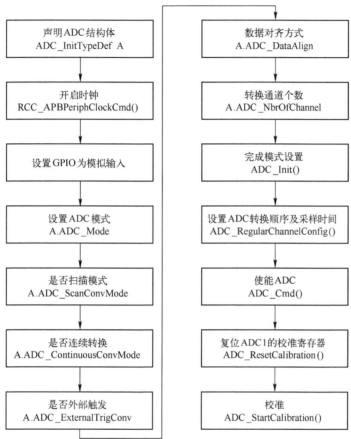

图 10-9 ADC 配置流程图

如果使用中断功能，还需要进行中断配置；如果使用 DMA 功能，需要进行 DMA 配置。值得注意的是 DMA 通道外设基地址的计算，对于 ADC1，其 DMA 通道外设基地址为 ADC1 外设基地址（0x4001 2400）加上 ADC 数据寄存器（ADC_DR）的偏移地址（0x4C），即 0x4001 244C。

ADC 设置完成后，根据触发方式，当满足触发条件时 ADC 进行转换。如不使用 DMA 传输，通过函数 ADC_GetConversion Value 可得到转换后的值。

10.5.2 STM32 的 ADC 应用硬件设计

本应用实例用到的硬件资源有：指示灯 DS0、TFT LCD 模块、ADC、杜邦线。

10.5.3 STM32 的 ADC 应用软件设计

编程要点包括以下内容：

1）初始化 ADC 用到的 GPIO。

2）设置 ADC 的工作参数并初始化。

3）设置 ADC 工作时钟。

4）设置 ADC 转换通道顺序及采样时间。

5）配置使能 ADC 转换完成中断，在中断内读取转换完的数据。

6）使能 ADC。

7）使能软件触发 ADC 转换。

ADC 转换结果数据使用中断方式读取，这里没有使用 DMA 进行数据传输。

1. adc.h 头文件

```
#ifndef _ADC_H
#define _ADC_H
#include "sys.h"

void Adc_Init(void);
u16 Get_Adc(u8 ch);
u16 Get_Adc_Average(u8 ch,u8 times);
#endif
```

2. adc.c 代码

```
#include "adc.h"
#include "delay.h"

//初始化 ADC
//这里仅以规则通道为例
//默认将开启通道 0～3


void    Adc_Init(void)
{
    ADC_InitTypeDef ADC_InitStructure;
    GPIO_InitTypeDef GPIO_InitStructure;

    RCC_APB2PeriphClockCmd(RCC_APB2Periph_GPIOA |RCC_APB2Periph_ADC1, ENABLE );
//使能 ADC1 通道时钟
    RCC_ADCCLKConfig(RCC_PCLK2_Div6);//设置 ADC 分频因子 6,72MHz/6=12MHz，ADC 最
大频率不能超过 14MHz
    //PA1 作为模拟通道输入引脚
    GPIO_InitStructure.GPIO_Pin = GPIO_Pin_1;
    GPIO_InitStructure.GPIO_Mode = GPIO_Mode_AIN; //模拟输入引脚
    GPIO_Init(GPIOA, &GPIO_InitStructure);

    ADC_DeInit(ADC1);//复位 ADC1

    ADC_InitStructure.ADC_Mode = ADC_Mode_Independent;//ADC 工作模式 ADC1 和 ADC2 工
作在独立模式
    ADC_InitStructure.ADC_ScanConvMode = DISABLE;//模数转换工作在单通道模式
    ADC_InitStructure.ADC_ContinuousConvMode = DISABLE;//模数转换工作在单次转换模式
    ADC_InitStructure.ADC_ExternalTrigConv = ADC_ExternalTrigConv_None; //转换由软件而不是
```

外部触发启动

```
        ADC_InitStructure.ADC_DataAlign = ADC_DataAlign_Right;//ADC 数据右对齐
        ADC_InitStructure.ADC_NbrOfChannel = 1;//顺序进行规则转换的 ADC 通道的数目
        ADC_Init(ADC1, &ADC_InitStructure);//根据 ADC_InitStruct 中指定的参数初始化外设 ADCx
的寄存器

        ADC_Cmd(ADC1, ENABLE);//使能指定的 ADC1
        ADC_ResetCalibration(ADC1);//使能复位校准
        while(ADC_GetResetCalibrationStatus(ADC1));          //等待复位校准结束
        ADC_StartCalibration(ADC1);//开启 AD 校准
        while(ADC_GetCalibrationStatus(ADC1));               //等待校准结束
        //ADC_SoftwareStartConvCmd(ADC1, ENABLE);      //使能指定的 ADC1 的软件转换启动功能
}
//获得 ADC 值
//ch：通道值 0~3
u16 Get_Adc(u8 ch)
{
        //设置指定 ADC 的规则通道，一个序列，采样时间
        ADC_RegularChannelConfig(ADC1, ch, 1, ADC_SampleTime_239Cycles5 );//ADC1,ADC 通道，采样
时间为 239.5 周期

        ADC_SoftwareStartConvCmd(ADC1, ENABLE);//使能指定的 ADC1 的软件转换启动功能

        while(!ADC_GetFlagStatus(ADC1, ADC_FLAG_EOC ));//等待转换结束

        return ADC_GetConversionValue(ADC1);//返回最近一次 ADC1 规则通道的转换结果
}

u16 Get_Adc_Average(u8 ch,u8 times)
{
    u32 temp_val=0;
    u8 t;
    for(t=0;t<times;t++)
    {
            temp_val+=Get_Adc(ch);
            delay_ms(5);
    }
    return temp_val/times;
}
```

此部分代码有 3 个函数。Adc_Init 函数用于初始化 ADC1。第二个函数 Get_Adc 用于读取某个通道的 ADC 值，例如读取通道 1 上的 ADC 值就可以通过 Get_Adc（1）得到。最后一个函数 Get_Adc_Average 用于多次获取 ADC 值，取平均，用来提高准确度。

3．main.c 代码

```
#include "led.h"
#include "delay.h"
#include "key.h"
#include "sys.h"
#include "lcd.h"
#include "usart.h"
#include "adc.h"
```

```
int main(void)
{
    u16 adcx;
    float temp;
    delay_init();              //延时函数初始化
    NVIC_PriorityGroupConfig(NVIC_PriorityGroup_2);//设置中断优先级分组为组 2: 2 位抢占式
优先级，2 位响应式优先级
    uart_init(115200);         //串口初始化为 115200
    LED_Init();                //LED 端口初始化
    LCD_Init();
    Adc_Init();                //ADC 初始化

    POINT_COLOR=RED;//设置字体为红色
    LCD_ShowString(60,50,200,16,16,"WarShip STM32");
    LCD_ShowString(60,70,200,16,16,"ADC TEST");
    LCD_ShowString(60,90,200,16,16,"ATOM@ALIENTEK");
    LCD_ShowString(60,110,200,16,16,"2022/5/31");
    //显示提示信息
    POINT_COLOR=BLUE;//设置字体为蓝色
    LCD_ShowString(60,130,200,16,16,"ADC_CH0_VAL:");
    LCD_ShowString(60,150,200,16,16,"ADC_CH0_VOL:0.000V");
    while(1)
    {
        adcx=Get_Adc_Average(ADC_Channel_1,10);
        LCD_ShowxNum(156,130,adcx,4,16,0);//显示 ADC 的值
        temp=(float)adcx*(3.3/4096);
        adcx=temp;
        LCD_ShowxNum(156,150,adcx,1,16,0);//显示电压值
        temp-=adcx;
        temp*=1000;
        LCD_ShowxNum(172,150,temp,3,16,0X80);
        LED0=!LED0;
        delay_ms(250);
    }
}
```

此部分代码中，程序先在 TFT LCD 模块上显示一些提示信息，然后每隔 250ms 读取一次 ADC 通道 0 的值，并显示读到的 ADC 值（数字量）以及转换成模拟量后的电压值。同时控制 LED0 闪烁，以提示程序正在运行。

在代码编译成功之后，下载代码到 ALIENTEK 战舰 STM32 开发板上，可以看到 LCD 显示如图 10-10 所示。图 10-10 中是将 ADC 和 TPAD 连接在一起，可以看到，TPAD 信号电平值为 3V 左右，这是因为存在上拉电阻的缘故。可以试试用杜邦线连接 ADC 的 PA1 输入到其他地方，看看电压值是否准确。但是一定不要接到 5V 电压上，以免烧坏 ADC。

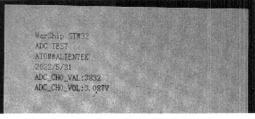

图 10-10　ADC 测试图

习题

1．STM32F103x 系列微控制器上集成了一个逐次逼近型模拟数字转换器，请简要叙述它的转换过程，并指出使用该 ADC 的注意事项。

2．写出 STM32F103ZET6 微控制器的 ADC 的所有可配置模式。

3．简要叙述 STM32F103x 系列微控制器所集成的 ADC 的特征。

4．简要叙述 ADC 模块的自校准模式及其意义。

5．计算当 ADCCLK 为 28MHz，采样周期为 1.5 周期时的总转换时间。

第 11 章 STM32 DMA 控制器

本章介绍了 STM32 DMA 控制器，包括 STM32 DMA 的基本概念、DMA 的结构和主要特征、DMA 的功能描述、DMA 库函数和 DMA 应用实例。

11.1 STM32 DMA 的基本概念

在很多实际应用中，有进行大量数据传输的需求，这时如果 CPU 参与数据的转移，则在数据传输过程中，CPU 不能进行其他工作。如果能找到一种不需要 CPU 参与的数据传输方式，就可解放 CPU，让其去完成其他操作。

直接存储器访问（Direct Memory Access，DMA）就是基于以上设想设计的，它的作用就是解决大量数据转移过度消耗 CPU 资源的问题。DMA 是一种可以大大减轻 CPU 工作量的数据转移方式，用于在外设与存储器之间及存储器与存储器之间提供高速数据传输。DMA 操作可以在无须任何 CPU 操作的情况下快速移动数据，使 CPU 更专注于更加实用的操作——计算、控制等。

DMA 传输方式无须 CPU 直接控制传输，也没有中断处理方式那样保留现场和恢复现场的过程，通过硬件为 RAM 和外设开辟一条直接传输数据的通道，使得 CPU 的效率大大提高。

DMA 的作用就是实现数据的直接传输，虽然去掉了传统数据传输需要 CPU 参与的环节，但本质上是一样的，数据都是从内存的某一区域传输到内存的另一区域（外设的数据寄存器本质上就是内存的一个存储单元）。在用户设置好参数（主要涉及源地址、目标地址、传输数据量）后，DMA 控制器就会启动数据传输，传输的终点就是剩余传输数据量为 0（循环传输不是这样的）。

11.1.1 DMA 的定义

DMA 是一个计算机术语，它是一种完全由硬件执行数据交换的工作方式，用来提供在外设与存储器之间，或者存储器与存储器之间的高速数据传输。DMA 在无须 CPU 干预的情况下能够实现存储器之间的数据快速移动。图 11-1 所示为 DMA 数据传输的示意图。

CPU 通常是存储器或外设间数据交互的中介和核心，在 CPU 上运行的软件控制了数据交互的规则和时机。但许多数据交互的规则是非常简单的，例如，很多数据传输会从某个地址区域连续地读出数据转存到另一个连续的地址区域。这类简单的数据交互工作往往由于传输的数据量巨大而占据了大量的 CPU 时间。DMA 的设计思路正是通过硬件控制逻辑电路产生简单数据交互所需的地址调整信息，在无须 CPU 参与的情况下完成存储器或外设之间的数据交互。从图 11-1 中可以看到，DMA 越过 CPU 构建了一条直接的数据通路，这将 CPU 从繁重、简单的数据传输工作中解脱出来，提高了计算机系统的可用性。

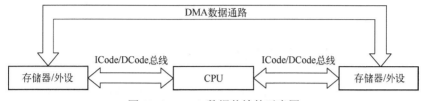

图 11-1　DMA 数据传输的示意图

11.1.2　DMA 在嵌入式实时系统中的价值

DMA 可以在存储器之间交换数据，还可以在存储器和 STM32 的外围设备（外设）之间交换数据。这种交互方式对应了 DMA 另一种更简单的地址变更规则——地址持续不变。STM32 将外设的数据寄存器映射为地址空间中的一个固定地址，当使用 DMA 在固定地址的外设数据寄存器和连续地址的存储器之间进行数据传输时，就能够将外设产生的连续数据自动存储到存储器中，或者将存储器中存储的数据连续地传输到外设中。以 ADC 为例，当 DMA 被配置成从 ADC 的结果寄存器向某个连续的存储区域传输数据后，就能够在 CPU 不参与的情况下，得到连续的模数转换结果。

这种外设和 CPU 之间的数据 DMA 交换方式，在实时性要求很高的嵌入式系统中的价值往往被低估。同样以 DMA 控制模数转换为例，嵌入式工程师通常习惯于通过定时器中断实现等时间间隔的模数转换，即 CPU 在定时器中断后通过软件控制 ADC 采样和存储。但 CPU 进入中断并控制模数转换往往需要几条乃至几十条指令，还可能被其他中断打断，且每次进入中断所需的指令条数也不一定相等，从而造成采样率达不到要求和采样间隔抖动等问题。而 DMA 由更为简单的硬件电路实现数据转存，在每次模数转换事件发生后很短时间内将数据转存到存储器。只要 ADC 能够实现严格、快速的定时采样，DMA 就能够将 ADC 得到的数据实时地转存到存储器中，从而大大提高嵌入式系统的实时性。实际上，在嵌入式系统中 DMA 对实时性的作用往往高于它对于节省 CPU 时间的作用，这一点希望引起读者的注意。

11.1.3　DMA 传输的基本要素

每次 DMA 传输都由以下基本要素构成：

（1）传输源地址和目的地址　顾名思义，定义了 DMA 传输的源头地址和目的地址。

（2）触发信号　引发 DMA 进行数据传输的信号。如果是存储器之间的数据传输，则可由软件一次触发后连续传输直至完成即可。数据何时传输，则要由外设的工作状态决定，并且可能需要多次触发才能完成。

（3）传输的数据量　每次 DMA 数据传输的数据量及 DMA 传输存储器的大小。

（4）DMA 通道　每个 DMA 控制器能够支持多个通道的 DMA 传输，每个 DMA 通道都有自己独立的传输源地址和目的地址，以及触发信号和传输数量。当然各个 DMA 通道使用总线的优先级也不相同。

（5）传输方式　每次 DMA 传输是在两块存储器间还是存储器和外设之间进行；传输方向是从存储器到外设，还是从外设到存储器；存储器地址递增的方式和递增值的大小，以及

每次传输的数据宽度（8 位、16 位或 32 位等）；到达存储区域边界后地址是否循环等要素
（循环方式多用于存储器和外设之间的 DMA 数据传输）。

（6）其他要素　包括 DMA 传输通道使用总线资源的优先级，DMA 完成或出错后是否
起中断等要素。

11.2　DMA 的结构和主要特征

DMA 用来提供在外设和存储器之间或者存储器和存储器之间的高速数据传输，无须
CPU 干预，是所有现代计算机的重要特色。在 DMA 模式下，CPU 只需向 DMA 控制器下
达指令，让 DMA 来处理数据的传送，数据传送完毕再把信息反馈给 CPU，这样在很大程
度上减轻了 CPU 资源占有率，可以大大节省系统资源。DMA 主要用于快速设备和主存储
器成批交换数据的场合。在这种应用中，处理问题的出发点集中到两点：一是不能丢失快速
设备提供的数据，二是进一步减少快速设备输入/输出操作过程中对 CPU 的打扰。这可以通
过把这批数据的传输过程交由 DMA 来控制，让 DMA 代替 CPU 控制在快速设备与主存储
器之间直接传输数据。当完成一批数据传输之后，快速设备还是要向 CPU 发一次中断请
求，报告本次传输结束的同时，"请示"下一步的操作要求。

STM32 的两个 DMA 控制器有 12 个通道（DMA1 有 7 个通道，DMA2 有 5 个通道），
每个通道专门用来管理来自一个或多个外设对存储器访问的请求。还有一个仲裁器来协调各
个 DMA 请求的优先权。DMA 的功能框图如图 11-2 所示。

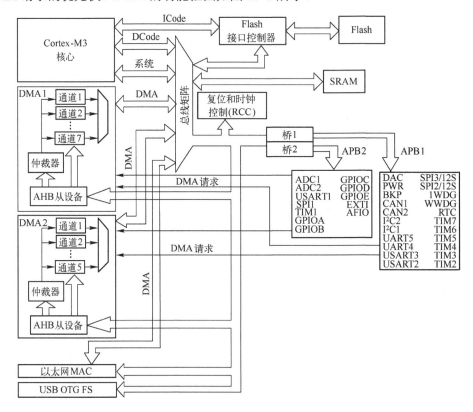

图 11-2　DMA 的功能框图

STM32F103ZET6 的 DMA 模块具有如下特征：

1）12 个独立的可配置的通道（请求）：DMA1 有 7 个通道，DMA2 有 5 个通道。

2）每个通道都直接连接专用的硬件 DMA 请求，每个通道都支持软件触发。这些功能通过软件来配置。

3）在同一个 DMA 模块上，多个请求间的优先权可以通过软件编程设置，优先权设置相等时由硬件决定（请求 0 优先于请求 1，以此类推）。

4）独立数据源和目标数据区的传输宽度（字节、半字、全字）是独立的，模拟打包和拆包的过程。源和目的地址必须按数据传输宽度对齐。

5）支持循环的缓冲器管理。

6）每个通道都有 3 个事件标志（DMA 半传输、DMA 传输完成和 DMA 传输出错），这 3 个事件标志通过逻辑"或"运算成为一个单独的中断请求。

7）可进行存储器和存储器间的传输。

8）可进行外设和存储器、存储器和外设之间的传输。

9）闪存、SRAM，外设的 SRAM、APB1、APB2 和 AHB 外设均可作为访问的源和目标。

10）可编程的数据传输最大数目为 65536。

11.3　DMA 的功能描述

DMA 控制器和 Cortex-M3 核心共享系统数据总线，执行直接存储器数据传输。当 CPU 和 DMA 同时访问相同的目标（RAM 或外设）时，DMA 请求会暂停 CPU 访问系统总线若干个周期，总线仲裁器执行循环调度，以保证 CPU 至少可以得到一半的系统总线（存储器或外设）使用时间。

11.3.1　DMA 处理

发生一个事件后，外设向 DMA 控制器发送一个请求信号，DMA 控制器根据通道的优先权处理请求。当 DMA 控制器开始访问发出请求的外设时，DMA 控制器立即发送给外设一个应答信号。当从 DMA 控制器得到应答信号时，外设立即释放请求。一旦外设释放了请求，DMA 控制器同时撤销应答信号。如果有更多的请求，外设可以在下一个周期启动请求。

总之，每次 DMA 传送由 3 个操作组成：

1）从外设数据寄存器或者从当前外设/存储器地址寄存器指示的存储器地址读取数据，第一次传输时的开始地址是 DMA_CPARx 或 DMA_CMARx 指定的外设基地址或存储器单元。

2）将读取的数据保存到外设数据寄存器或者当前外设/存储器地址寄存器指示的存储器地址，第一次传输时的开始地址是 DMA_CPARx 或 DMA_CMARx 指定的外设基地址或存储器单元。

3）执行一次 DMA_CNDTRx 的递减操作，该寄存器包含未完成的操作数目。

11.3.2　仲裁器

仲裁器根据通道请求的优先级启动外设/存储器的访问。

优先级管理分两个部分。

1）软件：每个通道的优先权可以在 DMA_CCRx 中的 PL[1:0]设置，有 4 个等级，即最高优先级、高优先级、中等优先级、低优先级。

2）硬件：如果两个请求有相同的软件优先级，则较低编号的通道比较高编号的通道有较高的优先级。例如，通道 2 优先于通道 4。

DMA1 控制器的优先级高于 DMA2 控制器的优先级。

11.3.3 DMA 通道

每个通道都可以在有固定地址的外设寄存器和存储器之间执行 DMA 传输。DMA 传输的数据量是可编程的，最大为 65536。数据项数量寄存器包含要传输的数据项数量，在每次传输后递减。

1．可编程的数据量

外设和存储器的传输数据量可以通过 DMA_CCRx 中的 PSIZE 和 MSIZE 位编程设置。

2．指针增量

通过设置 DMA_CCRx 中的 PINC 和 MINC 标志位，外设和存储器的指针在每次传输后可以有选择地完成自动增量。当设置为增量模式时，下一个要传输的地址将是前一个地址加上增量值，增量值取决于所选的数据宽度为 1、2 或 4。第一个传输的地址存放在 DMA_CPARx/DMA_CMARx 中。在传输过程中，这些寄存器保持它们初始的数值，软件不能改变和读出当前正在传输的地址（它在内部的当前外设/存储器地址寄存器中）。

当通道配置为非循环模式时，传输结束后（即传输计数变为 0）将不再产生 DMA 操作。要开始新的 DMA 传输，需要在关闭 DMA 通道的情况下，在 DMA_CNDTRx 中重新写入传输数目。

在循环模式下，最后一次传输结束时，DMA_CNDTRx 的内容会自动地被重新加载为其初始数值，内部的当前外设/存储器地址寄存器也被重新加载为 DMA_CPARx/DMA_CMARx 设定的初始基地址。

3．通道配置过程

下面是配置 DMA 通道 x 的过程（x 代表通道号）：

1）在 DMA_CPARx 中设置外设寄存器的地址。发生外设数据传输请求时，这个地址将是数据传输的源或目标。

2）在 DMA_CMARx 中设置数据存储器的地址。发生存储器数据传输请求时，传输的数据将从这个地址读出或写入这个地址。

3）在 DMA_CNDTRx 中设置要传输的数据量。在每个数据传输后，这个数值递减。

4）在 DMA_CCRx 的 PL[1:0]位中设置通道的优先级。

5）在 DMA_CCRx 中设置数据传输的方向、循环模式、外设和存储器的增量模式、外设和存储器的数据宽度、传输一半产生中断或传输完成产生中断。

6）设置 DMA_CCRx 的 ENABLE 位，启动该通道。

一旦启动了 DMA 通道，即可响应连到该通道上的外设的 DMA 请求。

当传输一半的数据后，半传输标志位（HTIF）被置 1，当设置了允许半传输中断位（HTIE）时，将产生中断请求。在数据传输结束后，传输完成标志位（TCIF）被置 1，如果设置了允许传输完成中断位（TCIE），则将产生中断请求。

4. 循环模式

循环模式用于处理循环缓冲区和连续的数据传输（如 ADC 的扫描模式）。DMA_CCR 中的 CIRC 位用于开启这一功能。当循环模式启动时，要被传输的数据数目会自动地被重新装载成配置通道时设置的初值，DMA 操作将会继续进行。

5. 存储器到存储器模式

DMA 通道的操作可以在没有外设请求的情况下进行，这种操作就是存储器到存储器模式。

如果设置了 DMA_CCRx 中的 MEM2MEM 位，在软件设置了 DMA_CCRx 中的 EN 位启动 DMA 通道时，DMA 传输将马上开始。当 DMA_CNDTRx 为 0 时，DMA 传输结束。存储器到存储器模式不能与循环模式同时使用。

11.3.4　DMA 中断

每个 DMA 通道都可以在 DMA 传输过半、传输完成和传输错误时产生中断。为应用的灵活性考虑，通过设置寄存器的不同位来打开这些中断。相关的中断事件标志位及对应的使能控制位分别为：

1）"传输过半"的中断事件标志位是 HTIF，中断使能控制位是 HTIE。

2）"传输完成"的中断事件标志位是 TCIF，中断使能控制位是 TCIE。

3）"传输错误"的中断事件标志位是 TEIF，中断使能控制位是 TEIE。

读写一个保留的地址区域，将会产生 DMA 传输错误。在 DMA 读写操作期间发生 DMA 传输错误时，硬件会自动清除发生错误的通道所对应的通道配置寄存器（DMA_CCRx）的 EN 位，该通道操作被停止。此时，在 DMA_IFR 中对应该通道的 TEIF 位将被置位，如果在 DMA_CCRx 中设置了 TEIE 位，则将产生中断。

11.4　DMA 库函数

DMA 固件库支持 10 种库函数，见表 11-1。为了帮助读者理解这些函数的具体使用方法，本节将对这些函数做详细介绍。

表 11-1　DMA 库函数

函数名称	功能描述
DMA_DeInit	将 DMA 的通道 x 寄存器重设为缺省值
DMA_Init	根据 DMA_InitStruct 中指定的参数，初始化 DMA 的通道 x 寄存器
DMA_StructInit	把 DMA_InitStruct 中的每一个参数按缺省值填入
DMA_Cmd	使能或者失能指定通道 x
DMA_ITConfig	使能或者失能指定通道 x 的中断
DMA_GetCurrDataCounter	得到当前 DMA 通道 x 剩余的待传输数据数目
DMA_GetFlagStatus	检查指定的 DMA 通道 x 标志位设置与否
DMA_ClearFlag	清除 DMA 通道 x 待处理标志位
DMA_GetITStatus	检查指定的 DMA 通道 x 中断发生与否
DMA_ClearITPendingBit	清除 DMA 通道 x 中断待处理标志位

1. 函数 DMA_DeInit

函数名称：DMA_DeInit。

函数原型：void DMA_DeInit（DMA_Channel_TypeDef* DMAy_Channelx）。

功能描述：DMA 的通道 x 寄存器重设为缺省值。

输入参数：DMAy_Channelx，DMAy 的通道 x，其中 y 可以是 1 或 2，对于 DMA1，x 可以是 1～7，对于 DMA2，x 可以是 1～5。

输出参数：无。

返回值：无。

例如：

```
/*反初始化 DMA1 Channe22*/
DMA_DeInit(DMA1_Channe12);
```

2. 函数 DMA_Init

函数名称：DMA_Init。

函数原型：void DMA_Init（DMA_Channel_TypeDef* DMAy_Channelx，DMA_InitType-Def * DMA_InitStruct）。

功能描述：根据 DMA_InitStruct 中指定的参数，初始化 DMA 的通道 x 寄存器。

输入参数 1：DMAy_Channelx，DMAy 的通道 x，其中 y 可以是 1 或 2，对于 DMA1，x 可以是 1～7，对于 DMA2，x 可以是 1～5。

输入参数 2：DMA_InitStruct，指向结构 DMA_InitTypeDef 的指针，包含了 DMAy 通道 x 的配置信息。

输出参数：无。

返回值：无。

（1）DMA_InitTypeDef structure　DMA_InitTypeDef 定义于文件"stm32f10x_dma.h"：

```
typedef struct
{
u32 DMA_PeripheralBaseAddr;
u32 DMA_MemoryBaseAddr;
u32 DMA_DIR;
u32 DMA_BufferSize;
u32 DMA_PeripheralInc;
u32 DMA_MemoryInc;
u32 DMA_PeripheralDataSize;
u32 DMA_MemoryDataSize;
u32 DMA_Mode;
u32 DMA_Priority；
u32 DMA_M2M；
}DMA_InitTypeDef；
```

（2）DMA_PeripheralBaseAddr　该参数用来定义 DMA 外设基地址。

（3）DMA_MemoryBaseAddr　该参数用来定义 DMA 内存基地址。

（4）DMA_DIR　DMA_DIR 规定了外设是作为数据传输的目的地还是来源，表 11-2 给出了该参数的取值范围。

表 11-2　DMA_DIR 取值范围

DMA_DIR 值	描述
DMA_DIR_PeripheralDST	外设作为数据传输的目的地
DMA_DIR_PeripheralSRC	外设作为数据传输的来源

DMA_DIR

（5）DMA_BufferSize　DMA_BufferSize 用来定义指定 DMA 通道的 DMA 缓存的大小，单位为数据单位。根据传输方向，数据单位等于结构中参数 DMA_PeripheralDataSize 或者参数 DMA_ Memory DataSize 的值。

（6）DMA_PeripheralInc　DMA_PeripheralInc 用来设定外设地址寄存器递增与否，表 11-3 给出了该参数的取值范围。

表 11-3　DMA_PeripheralInc 取值范围

DMA_PeripheralInc 值	描述
DMA_PeripheralInc_Enable	外设地址寄存器递增
DMA_PeripheralIne_Disable	外设地址寄存器不变

（7）DMA_MemoryInc　DMA_MemoryInc 用来设定内存地址寄存器递增与否，表 11-4 给出了该参数的取值范围。

表 11-4　DMA_MemoryInc 取值范围

DMA_MemoryInc 值	描述
DMA_MemoryInc_Enable	外设地址寄存器递增
DMA_MemoryInc_Disable	外设地址寄存器不变

（8）DMA_PeripheralDataSize　DMA_PeripheralDataSize 设定了外设数据宽度，表 11-5 给出了该参数的取值范围。

表 11-5　DMA_PeripheralDataSize 取值范围

DMA_PeripheralDataSize 值	描述
DMA_PeripheralDataSize_Byte	数据宽度为 8 位
DMA_PeripheralDataSize_HalfWord	数据宽度为 16 位
DMA_PeripheralDataSize_Word	数据宽度为 32 位

（9）DMA_MemoryDataSize　DMA_MemoryDataSize 设定了外设数据宽度，表 11-6 给出了该参数的取值范围。

表 11-6　DMA_MemoryDataSize 取值范围

DMA_MemoryDataSize 值	描述
DMA_MemoryDataSize_Byte	数据宽度为 8 位
DMA_MemoryDataSize_HalfWord	数据宽度为 16 位
DMA_MemoryDataSize_Word	数据宽度为 32 位

（10）DMA_Mode　DMA_Mode 设置了 DMA 的工作模式，表 11-7 给出了该参数可取的值。

表 11-7　DMA_Mode 取值范围

DMA_Mode 值	描述
DMA_Mode_Circular	工作在循环缓存模式
DMA_Mode_Normal	工作在正常缓存模式

注意：当指定 DMA 通道数据传输配置为内存到内存时，不能使用循环缓存模式。

（11）DMA_Priority　DMA_Priority 设定 DMA 通道 x 的软件优先级，表 11-8 给出了该参数可取的值。

表 11-8　DMA_Priority 取值范围

DMA_Priority 值	描述
DMA_Priority_VeryHigh	DMA 通道 x 拥有非常高优先级
DMA_Priority_High	DMA 通道 x 拥有高优先级
DMA_Priority_Medium	DMA 通道 x 拥有中优先级
DMA_Priority_Low	DMA 通道 x 拥有低优先级

（12）DMA_M2M　DMA_M2M 使能 DMA 通道的内存到内存传输，表 11-9 给出了该参数可取的值。

表 11-9　DMA_M2M 取值范围

DMA_M2M 值	描述
DMA_M2M_Enable	DMA 通道 x 设置为内存到内存传输
DMA_M2M_Disable	DMA 通道 x 没有设置为内存到内存传输

例如：

```
/*根据 DMA_InitStructuremembers 初始化 DMA1 Channell*/
DMA_InitTypeDef   DMA_InitStructure;
DMA_InitStructure.DMA_PeripheralBaseAddr=0x40005400;
DMA_InitStructure.DMA_MemoryBaseAddr=0x20000100;
DMA_InitStructure.DMA_DIR=DMA_DIR_PeripheralSRC;
DMA_InitStructure.DMA_BufferSize=256;
DMA_InitStructure.DMA_PeripheralInc-DMA_PeripheralInc_Disable;
DMA_InitStructure.DMA_MemoryInc-DMA_MemoryInc_Enable;
DMA_InitStructure.DMA_PeripheralDataSize=DMA_PeripheralDataSize_HalfWord;
DMA_InitStructure.DMA_MemoryDataSize=DMA_MemoryDataSize_HalfWord;
DMA_InitStructure.DMA_Mode=DMA_Mode_Normal;
DMA_InitStructure.DMA_Priority=DMA_Priority_Medium;
DMA_InitStructure.DMA_M2M=DMA_M2M_Disable;
DMA_Init(DMA1_Channel1,&DMA_InitStructure);
```

3. 函数 DMA_GetCurrDataCounter

函数名称：DMA_GetCurrDataCounter。

函数原型：u16 DMA_GetCurrDataCounter（DMA_Channel_TypeDef* DMAy_Channelx）。

功能描述：得到当前 DMA 通道 x 剩余的待传输数据数目。

输入参数：DMAy_Channelx，选择 DMAy 通道 x。

输出参数：无。

返回值：当前 DMA 通道 x 剩余的待传输数据数目。

例如：

```
/*获取当前 DMA1 Channe12 传输中剩余的数据单元数*/
u16 CurrDataCount;
CurrDataCount-DMA_GetCurrDataCounter(DMA1_Channe12);
```

4．函数 DMA_Cmd

函数名称：DMA_Cmd。

函数原型：void DMA_Cmd（DMA_Channel_TypeDef* DMAy_Channelx，Functional-State NewState）。

功能描述：使能或者失能指定通道 x。

输入参数 1：DMAy_Channelx，选择 DMAy 通道 x。

输入参数 2：NewState，DMA 通道 x 的新状态。这个参数可以取 ENABLE 位或者 DISABLE 位。

输出参数：无。

返回值：无。

例如：

```
/*开启 DMA1 Channe17*/
DMA_Cmd(DMA1_Channe17,ENABLE);
```

5．函数 DMA_GetFlagStatus

函数名称：DMA_GetFlagStatus。

函数原型：FlagStatus DMA_GetFlagStatus（uint32_t DMAy_FLAG）。

功能描述：检查指定的 DMA 通道 x 标志位设置与否。

输入参数：DMAyFLAG，待检查的 DMAy 通道 x 标志位。

输出参数：无。

返回值：DMA_FLAG 的新状态（SET 或者 RESET）。

DMAy_FLAG

参数 DMA_FLAG 定义了待检查的标志位类型。表 11-10 列出了更多 DMA_FLAG 取值描述。

表 11-10　DMA_FLAG 取值范围

DMA_FLAG 值	描述
DMA1_FLAG_GL1	DMA1 通道 1 全局标志位
DMA1_FLAG_TC1	DMA1 通道 1 传输完成标志位
DMA1_FLAG_HT1	DMA1 通道 1 传输过半标志位
DMA1_FLAG_TE1	DMA1 通道 1 传输错误标志位
DMA1_FLAG_GL2	DMA1 通道 2 全局标志位

例如：

```
/*测试是否设置了 DMA1 Channe16 半传输中断标志*/
```

```
FlagStatus Status;
Status=DMA_GetFlagStatus(DMA1_FLAG_HT6);
```

6. 函数 DMA_ClearFlag

函数名称：DMA_ClearFlag。

函数原型：void DMA_ClearFlag（u32 DMAy_FLAG）。

功能描述：清除 DMA 通道 x 待处理标志位。

输入参数：DMAyFLAG，待清除的 DMA 标志位，使用操作符"|"可以同时选中多个 DMA 标志位。

输出参数：无。

返回值：无。

例如：

```
/*消除 DMA1 Channe13 传输错误中断挂起位*/
DMA_ClearFlag(DMA1_FLAG_TE3);
```

7. 函数 DMA_ITConfig

函数名称：DMA_ITConfig。

函数原型：void DMA_ITConfig（DMA_Channel_TypeDef * DMAy_Channelx，u32 DMA_IT，FunctionalState NewState）。

功能描述：使能或者失能指定通道 x 的中断。

输入参数 1：DMAy Channelx，选择 DMAy 通道 x。

输入参数 2：DMA_IT，待使能或者失能的 DMA 中断源，可以取表 11-11 中的一个或者多个取值的组合作为该参数的值。使用操作符"|"可以同时选中多个 DMA 中断源。

输入参数 3：NewState，DMA 通道 x 中断的新状态，这个参数可以取 ENABLE 位或者 DISABLE 位。

输出参数：无。

返回值：无。

表 11-11 DMA_IT 取值范围

DMA_IT 值	描述
DMA_IT_TC	传输完成中断屏蔽
DMA_IT_HT	传输过半中断屏蔽
DMA_IT_TE	传输错误中断屏蔽

例如：

```
/*使能 DMA1 Channe15 完全传输中断*/
DMA_ITConfig（DMA1_Channe15，DMA_IT_TC，ENABLE）;
```

8. 函数 DMA_GetITStatus

函数名称：DMA_GetITStatus。

函数原型：ITStatus DMA_GetITStatus（uint32_t DMAy_IT）。

功能描述：检查指定的 DMA 通道 x 中断发生与否。表 11-12 中列出了该输入参数取值及描述。

输入参数：DMAy_IT，待检查的 DMAy 的通道 x 中断源。

输出参数：无。

返回值：DMA_IT 的新状态（SET 或者 RESET）。

表 11-12　DMAy_IT 取值范围

DMAy_IT 值	描述
DMA1_IT_GL1	通道 1 全局中断
DMA1_IT_TC1	通道 1 传输完成中断
DMA1_IT_HT1	通道 1 传输过半中断
DMA1_IT_TE1	通道 1 传输错误中断
DMA1_IT_GL2	通道 2 全局中断
DMA1_IT_TC2	通道 2 传输完成中断
DMA1_IT_HT2	通道 2 传输过半中断
DMA1_IT_TE2	通道 2 传输错误中断
……	……

11.5　DMA 应用实例

本节介绍一个从存储器到外设的 DMA 应用实例。先定义一个数据变量，存于 SRAM 中，通过 DMA 的方式传输到串口的数据寄存器，然后通过串口把这些数据发送到计算机显示出来。

11.5.1　DMA 配置流程

DMA 的应用广泛，可完成外设到外设、外设到内存、内存到外设的传输。以使用中断方式为例，其基本使用流程由 3 部分构成，即 NVIC 设置、DMA 模式及中断配置、DMA 中断服务。

1. NVIC 设置

NVIC 设置用来完成中断分组、中断通道选择、中断优先级设置及使能中断的功能，流程图见图 5-5。

2. DMA 模式及中断配置

DMA 模式及中断配置用来配置 DMA 工作模式及开启 DMA 中断，流程图如图 11-3 所示。DMA 使用的是 AHB 总线，使用函数 RCC_AHBPeriphClockCmd()开启 DMA 时钟。

某外设的 DMA 通道外设基地址是由该设备的外设基地址加上相应数据存储器的偏移地址（0x4c）得到的 0x4001 244C，即为 ADC1 的 DMA 通道外设基地址。

如果使用内存，则基地址为内存数组地址。

传输方向是针对外设说的，即外设为源或目标。

缓冲区大小可以为 0～65536。

对于外设，应禁止地址自增；对于存储器，则需要使用地址自增。

数据宽度都有 3 种选择，即字节、半字和字，应根据外设特点选择相应的宽度。

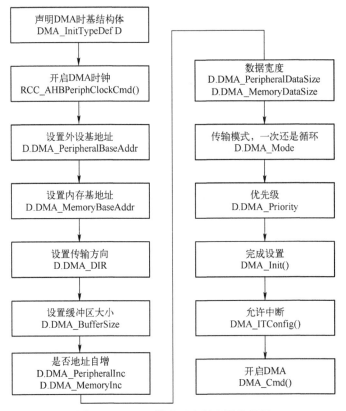

图 11-3 DMA 模式及中断配置流程图

传输模式可选普通模式（传输一次）或者循环模式，内存到内存传输时，只能选择普通模式。以上参数在 DMA_Init()函数中有详细描述，这里不再赘述。

3. DMA 中断服务

进入定时器中断后需根据设计完成响应操作，DMA 中断服务流程图如图 11-4 所示。

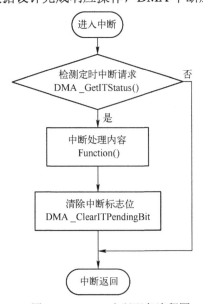

图 11-4 DMA 中断服务流程图

启动文件中定义了定时器中断的入口，对于不同的中断请求，要采用相应的中断函数名。进入中断后首先要检测中断请求是否为所需中断，以防误操作。如果是所需中断，则进行中断处理，中断处理完成后清除中断标志位，避免重复处于中断。

11.5.2　DMA 应用硬件设计

用到的硬件资源有：指示灯 DS0、KEY0 按键、串口、TFT LCD 模块、DMA。利用外部按键 KEY0 来控制 DMA 的传送，每按一次 KEY0，DMA 就传送一次数据到 USART1，然后在 TFT LCD 模块上显示进度等信息。DS0 还是用来作为程序运行的指示灯。

11.5.3　DMA 应用软件设计

这里只讲解部分核心的代码，有些变量的设置、头文件的包含等并没有涉及，完整的代码请参考开发板的工程模板。编写两个串口驱动文件 bsp_usart_dma.c 和 bsp_usartdma.h，有关串口和 DMA 的宏定义以及驱动函数都包含在里边。

编程要点包括以下内容：

1）配置 USART 通信功能。

2）设置串口 DMA 工作参数。

3）使能 DMA。

4）DMA 传输的同时，CPU 可以运行其他任务。

DMA 的初始化设置包括以下几个步骤：

1）开启 DMA 时钟。

2）定义 DMA 通道外设基地址（DMA_InitStructure.DMA_PeripheralBaseAddr）。

3）定义 DMA 通道存储器地址（DMA_InitStructure.DMA_MemoryBaseAddr）。

4）指定源地址/方向（DMA_InitStructure.DMA_DIR）。

5）定义 DMA 缓冲区大小（DMA_InitStructure.DMA_BufferSize）。

6）设置外设寄存器地址的变化特性（DMA_InitStructure.DMA_PeripheralInc）。

7）设置存储器地址的变化特性（DMA_InitStructure.DMA_MemoryInc）。

8）定义外设数据宽度（DMA_InitStructure.DMA_PeripheralDataSize）。

9）定义存储器数据宽度（DMA_InitStructure.DMA_MemoryDataSize）。

10）设置 DMA 的通道操作模式（DMA_InitStructure.DMA_Mode）。

11）设置 DMA 的通道优先级（DMA_InitStructure.DMA_Priority）。

12）设置是否允许 DMA 通道存储器到存储器传输（DMA_InitStructure.DMA_M2M）。

13）初始化 DMA 通道（DMA_Init 函数）。

14）使能 DMA 通道（DMA_Cmd 函数）。

15）中断配置（如果使用中断的话）（DMA_ITConfig 函数）。

1．dma.h 头文件

```
#ifndef _DMA_H
#define _DMA_H
#include "sys.h"
```

```
        void  MYDMA_Config(DMA_Channel_TypeDef*DMA_CHx,u32  cpar,u32  cmar,u16  cndtr);// 配 置
DMA1_CHx

        void MYDMA_Enable(DMA_Channel_TypeDef*DMA_CHx);//使能 DMA1_CHx

        #endif
```

2．dma.c 代码

```
    #include "dma.h"

    DMA_InitTypeDef DMA_InitStructure;
    u16 DMA1_MEM_LEN;//保存 DMA 每次数据传送的长度
    //DMA1 的各通道配置
    //这里的传输形式是固定的
    //从存储器->外设模式/8 位数据宽度/存储器增量模式
    //DMA_CHx：DMA 通道 CHx
    //cpar：外设地址
    //cmar：存储器地址
    //cndtr：数据传输量
    void MYDMA_Config(DMA_Channel_TypeDef* DMA_CHx,u32 cpar,u32 cmar,u16 cndtr)
    {
        RCC_AHBPeriphClockCmd(RCC_AHBPeriph_DMA1, ENABLE);   //使能 DMA 传输

        DMA_DeInit(DMA_CHx);     //将 DMA 的通道 1 寄存器重设为缺省值

        DMA1_MEM_LEN=cndtr;
        DMA_InitStructure.DMA_PeripheralBaseAddr = cpar;   //DMA 外设基地址
        DMA_InitStructure.DMA_MemoryBaseAddr = cmar;   //DMA 内存基地址
        DMA_InitStructure.DMA_DIR = DMA_DIR_PeripheralDST;   //数据传输方向，从内存读取发
送到外设
        DMA_InitStructure.DMA_BufferSize = cndtr;   //DMA 通道的 DMA 缓存的大小
        DMA_InitStructure.DMA_PeripheralInc = DMA_PeripheralInc_Disable;   //外设地址寄存器不变
        DMA_InitStructure.DMA_MemoryInc = DMA_MemoryInc_Enable;   //内存地址寄存器递增
        DMA_InitStructure.DMA_PeripheralDataSize = DMA_PeripheralDataSize_Byte;   //数据宽度为 8 位
        DMA_InitStructure.DMA_MemoryDataSize = DMA_MemoryDataSize_Byte;//数据宽度为 8 位
        DMA_InitStructure.DMA_Mode = DMA_Mode_Normal;   //工作在正常模式
        DMA_InitStructure.DMA_Priority = DMA_Priority_Medium; //DMA 通道 x 拥有中优先级
        DMA_InitStructure.DMA_M2M = DMA_M2M_Disable;   //DMA 通道 x 没有设置为内存到内存传输
        DMA_Init(DMA_CHx, &DMA_InitStructure);   //根据 DMA_InitStruct 中指定的参数初始化
DMA 的通道 USART1_Tx_DMA_Channel 所标识的寄存器

    }
    //开启一次 DMA 传输
    void MYDMA_Enable(DMA_Channel_TypeDef*DMA_CHx)
    {
        DMA_Cmd(DMA_CHx, DISABLE );   //关闭 USART1 TX DMA1 所指示的通道
        DMA_SetCurrDataCounter(DMA_CHx,DMA1_MEM_LEN);//DMA 通道的 DMA 缓存的大小
        DMA_Cmd(DMA_CHx, ENABLE);   //使能 USART1 TX DMA1 所指示的通道

    }
```

3．main.c 代码

```
#include "led.h"
#include "delay.h"
#include "key.h"
#include "sys.h"
#include "lcd.h"
#include "usart.h"
#include "dma.h"

#define SEND_BUF_SIZE 8200    //发送数据长度，最好等于 sizeof(TEXT_TO_SEND)+2 的整数倍

u8 SendBuff[SEND_BUF_SIZE];  //发送数据缓冲区
const u8 TEXT_TO_SEND[]={"ALIENTEK WarShip STM32F1 DMA 串口实验"};
 int main(void)
 {
    u16 i;
    u8 t=0;
    u8 j,mask=0;
    float pro=0;//进度

    delay_init();      //延时函数初始化
    NVIC_PriorityGroupConfig(NVIC_PriorityGroup_2);//设置中断优先级分组为组 2：2 位抢占式
优先级，2 位响应式优先级
    uart_init(115200);       //串口初始化为 115200
    LED_Init();      //初始化与 LED 连接的硬件接口
    LCD_Init();      //初始化 LCD
    KEY_Init();      //按键初始化
    MYDMA_Config(DMA1_Channel4,(u32)&USART1->
DR,(u32)SendBuff,SEND_BUF_SIZE);//DMA1 通道 4，外设为串口 1，存储器为 SendBuff，长度 SEND_
BUF_SIZE

    POINT_COLOR=RED;//设置字体为红色
    LCD_ShowString(30,50,200,16,16,"WarShip STM32");
    LCD_ShowString(30,70,200,16,16,"DMA TEST");
    LCD_ShowString(30,90,200,16,16,"ATOM@ALIENTEK");
    LCD_ShowString(30,110,200,16,16,"2022/5/31");
    LCD_ShowString(30,130,200,16,16,"KEY0:Start");
    //显示提示信息
    j=sizeof(TEXT_TO_SEND);
    for(i=0;i<SEND_BUF_SIZE;i++)//填充数据到 SendBuff
    {
        if(t>=j)//加入换行符
        {
            if(mask)
            {
                SendBuff[i]=0x0a;
                t=0;
            }else
            {
```

```
                              SendBuff[i]=0x0d;
                              mask++;
                    }
          }else//复制 TEXT_TO_SEND 语句
          {
                    mask=0;
                    SendBuff[i]=TEXT_TO_SEND[t];
                    t++;
          }
    }
    POINT_COLOR=BLUE;//设置字体为蓝色
    i=0;
    while(1)
    {
          t=KEY_Scan(0);
          if(t==KEY0_PRES)//KEY0 按下
          {
                    LCD_ShowString(30,150,200,16,16,"Start Transimit....");
                    LCD_ShowString(30,170,200,16,16,"     %");//显示百分号
                    printf("\r\nDMA DATA:\r\n");
              USART_DMACmd(USART1,USART_DMAReq_Tx,ENABLE); //使能串口 1 的 DMA 发送
                    MYDMA_Enable(DMA1_Channel4);//开始一次 DMA 传输
                    //等待 DMA 传输完成,此时来做另外一些事,点灯
                    //实际应用中,传输数据期间,可以执行另外的任务
                    while(1)
                    {
                              if(DMA_GetFlagStatus(DMA1_FLAG_TC4)!=RESET)//判断通道 4 传输完成
                              {
                                        DMA_ClearFlag(DMA1_FLAG_TC4);//清除通道 4 传输完成标志
                                        break;
                              }
                              pro=DMA_GetCurrDataCounter(DMA1_Channel4);//得到当前还剩余多少个数据
                              pro=1-pro/SEND_BUF_SIZE;//得到百分比
                              pro*=100;//扩大 100 倍
                              LCD_ShowNum(30,170,pro,3,16);
                    }
                    LCD_ShowNum(30,170,100,3,16);//显示 100%
                    LCD_ShowString(30,150,200,16,16,"Transimit Finished!");//提示传送完成
          }
          i++;
          delay_ms(10);
          if(i==20)
          {
                    LED0=!LED0;//提示系统正在运行
                    i=0;
          }
    }
}
```

main 函数的流程大致是：先初始化内存 SendBuff 的值，然后通过 KEY0 开启串口 DMA 发送，在发送过程中，通过 DMA_GetCurrDataCounter()函数获取当前还剩余的数据量，从而计算传输百分比；最后在传输结束之后清除相应标志位，提示已经传输完成。注意，因为使用串口 1 DMA 发送，所以代码中使用 USART_DMACmd 函数开启串口的 DMA 发送：

USART_DMACmd（USART1，USART_DMAReq_Tx，ENABLE）；//使能串口 1 的 DMA 发送

至此，DMA 串口传输的软件设计就完成了。

编译成功后，程序下载到开发板，DMA 串口数据传输如图 11-5 所示，串口收到的数据内容如图 11-6 所示。

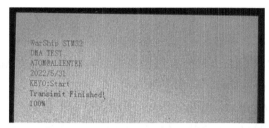

图 11-5　DMA 串口数据传输

图 11-6　DMA 串口收到的数据内容

习题

1．简要说明 DMA 的概念与作用。

2．什么是 DMA 传输方式?

3．在 STM32F103x 系列微控制器上拥有 12 通道的 DMA 控制器，分为 2 个 DMA，分别是什么? 各有什么特点?

4．STM32F103x 支持哪几种外部 DMA 请求/应答协议?

5．在使用 DMA 时，都需要做哪些配置?

ARM：Advanced RISC Machine，高级精简指令集机器（也是 ARM 公司的名字）

ALU：Arithmetic Logic Unit，算术逻辑单元

API：Application Programming Interface，应用程序编程接口

AMBA：Advanced Microcontroller Bus Architecture，高级微控制器总线架构

AHB：Advanced High Performance Bus，先进的高性能总线

APB：Advanced Peripheral Bus，高级外设总线

AOA：Angle of Attack，迎角传感器

ADC：Analog to Digital Converter，模拟数字转换器

BGA：Ball Grid Array，球栅阵列封装

BSP：Board Support Package，板级支持包

CISC：Complex Instruction Set Computer，复杂指令集计算机

CMSIS：Cortex Microcontroller Software Interface Standard，Cortex 微控制器软件接口标准

CPAL：Core Peripheral Access Layer，核内外设访问层

CRC：Cyclic Redundancy Check，循环冗余码校验

CAN：Controller Area Network，控制器局域网络

DSP：Digital Signal Processor，数字信号处理器

DAC：Digital to Analog Converter，数字模拟转换器

DMA：Direct Memory Access，直接存储器访问

ES：Embedded Systems，嵌入式系统

EDSP：Embedded Digital Signal Processor，嵌入式数字信号处理器

EEPROM：Electrically Erasable Programmable Read Only Memory，电擦除只读存储器

ETM：Embedded Trace Macrocell，嵌入式跟踪宏单元

FPGA：Field Programmable Gate Array，现场可编程门阵列

FIFO：First In，First Out，先入先出

FSMC：Flexible Static Memory Controller，可变静态存储控制器

GPIO：General Purpose Input Output，通用输入/输出口

HSI：High Speed Internal，高速内部时钟

HSE：High Speed External，高速外部时钟

HAL：Hardware Abstract Layer，硬件抽象层

IWDG：Independent Watch Dog，独立看门狗

I^2C：Inter-Integrated Circuit，集成电路总线

JTAG：Joint Test Action Group，联合测试行动组调试接口

Keil MDK：Keil Microcontroller Development Kit，Keil 微控制器开发套件

LSI：Low Speed Internal，低速内部时钟

LSE：Low Speed External，低速外部时钟

LQFP：Low- profile Quad Flat Package，薄型四侧引脚扁平封装

MCU：Microcontroller Unit，嵌入式微控制器

MOSI：Master Output Slave Input，即主设备数据输出/从设备数据输入线

MISO：Master Input Slave Output，即主设备数据输入/从设备数据输出线

NVIC：Nested Vectored Interrupt Controller，嵌套向量中断控制器

PC：Personal Computer，个人计算机

PLL：Phase Locked Loop，锁相环

PWM：Pulse Width Modulation，脉冲宽度调制

PMBus：Power Management Bus，电源管理总线

PGA：Programmable Gain Amplifier，可编程增益放大器

PSRAM：Pseudo Static Random Access Memory，伪静态随机存储器

RVCT：RealView Compilation Tools，RealView 编译器

RAM：Random Access Memory，随机存取存储器

RISC：Reduced Instruction Set Computer，精简指令集计算机

RTOS：Real Time Operating System，实时操作系统

SPI：Serial Peripheral Interface，串行外设接口，是由美国摩托罗拉（Motorola）公司提出的一种高速全双工串行同步通信接口

SCK：Serial Clock，时钟线

SS：Slave Select，SPI 从设备选择信号线

SBC：Single Board Computer，单板机

SMBus：System Management Bus，系统管理总线

USB：Universal Serial Bus，通用串行总线

UART：Universal Asynchronous Receiver/Transmitter，通用异步收发器

USART：Universal Synchronous/Asynchronous Receiver and Transmitter，通用同步/异步收发器

VFQFPN：Very thin Fine pitch Quad Flat Pack No-lead package，超薄细间距四方扁平无铅封装

Wintel：Windows-Intel，计算机行业的联盟

WWDG：Window Watch Dog，窗口看门狗

WLCSP：Wafer Level Chip Scale Packaging，晶圆片级芯片规模封装

参 考 文 献

[1] 李正军. 现场总线及其应用技术[M]. 2 版. 北京：机械工业出版社，2019.

[2] 李正军，李潇然. 现场总线与工业以太网[M]. 武汉：华中科技大学出版社，2021.

[3] 李正军. 计算机控制系统[M]. 4 版. 北京：机械工业出版社，2022.

[4] 李正军，李潇然. 计算机控制技术[M]. 北京：机械工业出版社，2022.

[5] 陈桂友. 基于 ARM 的微机原理及接口技术[M]. 北京：清华大学出版社，2020.

[6] 何乐生，周永录，葛孚华，等. 基于 STM32 的嵌入式系统原理及应用[M]. 北京：科学出版社，2021.

[7] 黄克亚. ARM Cortex-M3 嵌入式开发及应用[M]. 北京：清华大学出版社，2020.

[8] 徐灵飞，黄宇，贾国强. 嵌入式系统设计[M]. 北京：电子工业出版社，2021.

[9] 张洋，刘军，严汉宇，等. 原子教你玩 STM32 库函数版[M]. 北京：北京航空航天大学出版社，2021.

[10] ST. 32 位基于 ARM 微控制器 STM32F101xx 与 STM32F103xx 固件函数库 UM0427 用户手册[Z]. 2007.